高等学校“十三五”规划教材

ArcGIS 基础实例教程

田洪阵 主编

刘沁萍　石培宏 副主编

化学工业出版社

·北京·

《ArcGIS基础实例教程》介绍了ArcGIS的重要产品ArcGIS for Desktop的基本功能，具体包括数据显示与管理、数据查询、数据输入、数据处理与分析和地图设计与出版。本书以地理数据处理的基本流程为框架，同时以实例的方式介绍软件的具体功能，有助于读者了解ArcGIS for Desktop的基本功能，掌握地理数据的处理步骤。

《ArcGIS基础实例教程》可以作为土地资源管理、地图学与地理信息系统、地理科学等相关专业本科生的教材使用，也可供相关专业研究生参考，同时也可以作为从事土地资源管理、水资源管理、林业管理、地质矿产管理、区域规划、城市规划等相关行业的从业者学习ArcGIS for Desktop的参考用书。

图书在版编目（CIP）数据

ArcGIS基础实例教程/田洪阵主编.—北京：化学工业出版社，2017.12（2024.7重印）

高等学校"十三五"规划教材

ISBN 978-7-122-31228-0

Ⅰ.①A… Ⅱ.①田… Ⅲ.①地理信息系统-应用软件-教材 Ⅳ.①P208

中国版本图书馆CIP数据核字（2017）第315582号

责任编辑：李 琰　　装帧设计：关 飞

责任校对：王素芹

出版发行：化学工业出版社（北京市东城区青年湖南街13号 邮政编码100011）

印　　刷：三河市航远印刷有限公司

装　　订：三河市宇新装订厂

787mm×1092mm 1/16 印张15 字数319千字 2024年7月北京第1版第8次印刷

购书咨询：010-64518888　　售后服务：010-64518899

网　　址：http：//www.cip.com.cn

凡购买本书，如有缺损质量问题，本社销售中心负责调换。

定　　价：**49.80元**

前 言

对地理信息的处理、分析、可视化广泛应用于国民经济的各个领域，如土地资源管理、水资源管理、林业管理、地质矿产管理、区域规划、城市规划、军事等，而掌握一款广泛使用的地理信息系统软件对于相关从业者来说具有重要意义。ESRI公司的ArcGIS产品因功能齐全、操作简便被国内外广泛使用。然而当前的教材多是通过对菜单命令或Arctoolbox中的工具进行分组介绍来组织内容。有些教材甚至为了追求全面性，变成了类似于帮助文档的简写版。而根据编者多年学习、使用、讲授软件的经验，该类教材可以作为参考书以供查阅，但是要用于学习软件常常会使学生失去学习兴趣，即使勉强看下去也难以深入体会并掌握软件的功能。通过实例的方式学习，因目标明确往往可以提高学习者的兴趣，同时也有助于加深对软件功能的理解。因此，本书采用实例的形式来介绍 ArcGIS 的基本功能。

本书内容以地理信息的处理流程作为大的框架，便于读者定位选择自己所需要的内容。初识 ArcGIS 介绍了 ArcGIS 的产品构成（ArcGIS for Desktop、ArcGIS for Server、ArcGIS for Mobile、ArcGIS Online 和 ArcGIS Engine）、ArcGIS for Desktop 的构成及版本级别（基础版、标准版和高级版）、ArcMap 的界面和 ArcGIS 的帮助。数据显示与管理介绍了文件夹的连接方法、不同类型数据的加载方法和图层显示控制的设置方法。数据查询介绍空间数据的查询方法和属性数据的查询方法。数据输入介绍了地图文件的创建方法、地图配准的方法、图层创建的方法、空间数据的输入方法以及属性数据的输入方法。数据处理与分析介绍了坐标定义与转换的方法、空间插值的方法、栅格数据的分析方法和矢量数据的分析方法。地图设计与出版介绍了地图布局设置的内容与方法、格网设置的方法、地图图例的设置方法、地图整饰的方法和地图输出的方法。

考虑到大多数单位和公司软件的更新都会有滞后性，本书并没有使用当前的最新版软件（ArcGIS 10.3）作为演示软件，而是使用了目前广泛使用的 ArcGIS 10.1 版。这两个版本的界面、功能并无大的差异，读者学习时使用 ArcGIS 10.1 版，对将来若使用 ArcGIS 10.2 版或 ArcGIS 10.3 版并无大的影响，当然如果读者所用的是高版本的软件，本教材也同样适用。

本书以中文版作为演示软件，但是同时也给出了相关命令的英文版本。建议在工作中需要成为 ArcGIS 高级用户的读者使用英文版的软件。本教材所有操作均是在简体中文 Windows 7 旗舰版下进行，使用其他操作系统的用户所用界面会略有差异。

若作为本科生的教材使用时，各章建议的课时如下：初识 ArcGIS（2 个课时）、数据显示与管理（4 个课时）、数据查询（4 个课时）、数据输入（8 个课时）、数据处理与分析（8 个课时）、地图设计与出版（6 个课时）。

在使用本教材时，建议先使用带有图的部分（第一篇）完成实例练习，然后再使用不带图的部分（第二篇）完成同样的操作，只有在实在找不到位置的情况下再看图，最后仅看任务要求不看操作步骤来完成任务。经过这三步练习，使用者能够基本掌握 ArcGIS 各种任务的完成方法和操作步骤。

田洪阵负责编写本书的第一章、第五章和第六章，其他章节由刘沁萍、石培宏编写，最后由田洪阵负责统稿。感谢崔昊、张静媛、宁贝旺、付朋雨、隆黎达等同学帮助校稿。

由于编者水平有限，本书疏漏和不妥之处在所难免，敬请读者批评指正。

本书数据可通过邮件 broad_sky@163.com 索取，请将邮件标题设为“索取 GIS 数据”。

编者

2017 年 12 月 28 日于天津工业大学

体例说明

为便于读者阅读，下面将本书中所用的各种窗口组件的表示方式做如下说明。

1. 菜单

1.1 顶级菜单

顶级菜单指的是无更高一级菜单的菜单，表示方法是在其名称上加双引号，同时给出英文顶级菜单名，如：“文件（F）”（“File”）菜单、“视图（V）”（“View”）菜单、“帮助（H）”（“Help”）菜单。

1.2 次级菜单

次级菜单指的是具有更高一级菜单的菜单，更高一级的菜单也称父菜单，次级菜单往往包含菜单命令。次级菜单的表示方法是在其名称前后加上中括号，同时给出英文次级菜单名，如：顶级菜单“文件（F）”（“File”）菜单下包含有次级菜单【添加数据(T)】(【Add Data】)。

1.3 下拉菜单

下拉菜单指的是带有下拉箭头的，包含次一级菜单或菜单命令的菜单，它们的表示方法是在其名称上加双引号，同时给出英文菜单名，如：“编辑器（R）”（“Editor”）下拉菜单。

1.4 菜单命令

菜单命令指的是能执行操作或计算的包含在各级菜单（如顶级菜单、次级菜单、下拉菜单、快捷菜单）中的菜单项，它们的表示方法是在其名称前后加上中括号，同时给出菜单命令的英文，如：【新建（N）】(【New】)菜单命令、【图例(L)…】(【Legend…】)菜单命令。

2. 窗口名称

窗口是包含其他窗口要素的容器，它们的表示方法是在其名称上加双引号，同时给出英文名，如：“内容列表”（“Table of Contents”）窗口、“另存为”（“Save AS”）窗口、“图例属性”（“Legend Properties”）窗口。

3. 工具栏

工具栏是一组命令的容器，它们的表示方法是在其名称上加双引号，同时给出英文名，如：“标准工具”（“Standard”）栏、“工具”（“Tools”）栏、“布局”（“Lay-out”）工具栏、“绘图”（“Draw”）工具栏。

4. 图标

图标指的是各个工具栏上以图形方式表示的命令，它们的表示方法是在其名称上加双引号，同时给出英文名，如：“添加数据”（“Add Data”）图标、“全图”（“Full Ex-tent”）图标、“放大”（“Zoom In”）图标 。

5. 命令按钮

命令按钮指的是能够执行某种命令的按钮，它们的表示方法是在其名称前后加上中括号，同时给出英文表示，如【保存】(【Save】) 按钮、【确定】(【OK】) 按钮、【是(Y)】(【Yes】) 按钮、【添加】(【Add】) 按钮。

6. 选项卡

选项卡是包含一组待选参数的容器，它们的表示方法是在其名称上加双引号，同时给出英文名，如：“符号系统”（“Symbology”）选项卡、“标注”（“Labels”）选项卡、“坐标系”（“Coordinate System”）选项卡、“常规”（“General”）选项卡。

7. 工具

工具是 ArcToolbox 中完成某种计算的程序，它们的表示方法是在其名称上加双引号，同时给出英文名，如：“定义投影”（“Define Projection”）工具、“投影”（“Pro-ject”）工具。

8. 属性

控制某一要素特征的各项指标，它们的表示方法是在其名称上加双引号，同时给出英文表示，如：“灰色 80%”（“Gray 80%”）、“火星红”（“Mars Red”）、“太阳黄”（“Solar Yellow”）。

9. 多级菜单或工具

当需要表示多级菜单或工具时，不同级别之间用“⟶”表示，如“数据管理工具”⟶“投影和变换”⟶“要素”（“Data Management Tools”⟶“Projections and Transformations”⟶“Feature”）。

目录

第一篇　包含图形界面 / 1

1　初识 ArcGIS ………… 2

本章学习目标 ………… 2
1.1　ArcGIS 简介 ………… 2
1.2　ArcGIS for Desktop 的版本分级 ………… 3
　　· 多学一点：如何查看 ArcGIS for Desktop 的级别？ ………… 3
1.3　ArcGIS for Desktop 的构成 ………… 5
1.4　ArcMap 界面 ………… 6
　　· 实例 1-1　初识 ArcMap ………… 7
　　· 多学一点：如何定制 ArcMap 的界面？ ………… 7
1.5　ArcGIS 的帮助 ………… 7
　1.5.1　帮助文档 ………… 7
　1.5.2　悬停窗口帮助 ………… 8
小结 ………… 9
练习 ………… 9

2　数据显示与管理 ………… 11

本章学习目标 ………… 11
2.1　文件夹连接 ………… 12
　　· 实例 2-1　文件夹连接 ………… 12
2.2　数据的加载 ………… 14
　　· 实例 2-2　数据加载 ………… 14
　　· 多学一点：地图文档 ………… 31
2.3　图层的显示 ………… 33
　　· 实例 2-3　图层显示的设置 ………… 34

小结 49
练习 49

3 数据查询 50

本章学习目标 50
3.1 空间数据查询 50
· 实例 3-1 查看海南有哪些城市 50
3.2 属性数据查询 55
· 实例 3-2 查看面积大于等于 50 万平方公里的省份 55
小结 58
练习 58

4 数据输入 59

本章学习目标 59
4.1 新建地图 59
· 实例 4-1 创建新地图文件 59
4.2 地图配准 61
· 实例 4-2 地图配准 62
4.3 图层创建 71
· 实例 4-3 Shapefile 文件的创建 71
4.4 空间数据输入 75
· 实例 4-4 数字化操作 75
4.5 属性数据输入 83
· 实例 4-5 属性数据输入 83
小结 87
练习 88

5 数据处理与分析 89

本章学习目标 89
5.1 坐标定义与转换 89
· 实例 5-1 指定坐标系统 89
· 实例 5-2 坐标系统转换 98
5.2 空间插值 108

· 实例 5-3 高程数据插值 108
5.3 栅格数据分析 114
· 实例 5-4 坡向分析 114
5.4 矢量数据分析 118
· 实例 5-5 缓冲区分析 118
小结 125
练习 125

6 地图设计与出版 126

本章学习目标 126
6.1 布局设置 126
· 实例 6-1 数据加载 126
· 实例 6-2 图层名更改 131
· 实例 6-3 地图符号设置 135
· 实例 6-4 透明度设置 143
· 实例 6-5 布局设置 145
6.2 格网设置 153
· 实例 6-6 格网设置 153
6.3 图例设置 161
· 实例 6-7 插入图例 161
· 实例 6-8 自定义图例 166
· 实例 6-9 比例尺设置 168
6.4 地图整饰 174
· 实例 6-10 地图整饰 174
6.5 地图输出 180
· 实例 6-11 地图导出 180
· 实例 6-12 地图打印 182
小结 183
练习 184

第二篇 无图形界面 / 185

7 初识 ArcGIS 186

本章学习目标 186

7.1　ArcGIS 简介 186
7.2　ArcGIS for Desktop 的版本分级 187
・多学一点：如何查看 ArcGIS for Desktop 的级别？ 187
7.3　ArcGIS for Desktop 的构成 187
7.4　ArcMap 界面 188
・实例 7-1　初识 ArcMap 188
・多学一点：如何定制 ArcMap 的界面？ 189
7.5　ArcGIS 的帮助 189
7.5.1　帮助文档 189
7.5.2　悬停窗口帮助 189
小结 189

8　数据显示与管理 190

本章学习目标 190
8.1　文件夹连接 190
・实例 8-1　文件夹连接 190
8.2　数据的加载 191
・实例 8-2　数据加载 191
・多学一点：地图文档 194
8.3　图层的显示 194
・实例 8-3　图层显示的设置 194
小结 197

9　数据查询 198

本章学习目标 198
9.1　空间数据查询 198
・实例 9-1　查看海南有哪些城市 198
9.2　属性数据查询 199
・实例 9-2　查看面积大于等于 50 万平方公里的省份 199
小结 200

10　数据输入 201

本章学习目标 201
10.1　新建地图 201

· 实例 10-1 创建新地图文件 201
10.2 地图配准 202
· 实例 10-2 地图配准 202
10.3 图层创建 203
· 实例 10-3 Shapefile 文件的创建 203
10.4 空间数据输入 204
· 实例 10-4 数字化操作 205
10.5 属性数据输入 205
· 实例 10-5 属性数据输入 206
小结 206

11 数据处理与分析 207

本章学习目标 207
11.1 坐标定义与转换 207
· 实例 11-1 指定坐标系统 207
· 实例 11-2 坐标系统转换 208
11.2 空间插值 209
· 实例 11-3 高程数据插值 209
11.3 栅格数据分析 210
· 实例 11-4 坡向分析 210
11.4 矢量数据分析 211
· 实例 11-5 缓冲区分析 211
小结 212

12 地图设计与出版 213

本章学习目标 213
12.1 布局设置 213
· 实例 12-1 数据加载 213
· 实例 12-2 图层名更改 214
· 实例 12-3 地图符号设置 215
· 实例 12-4 透明度设置 216
· 实例 12-5 布局设置 216
12.2 格网设置 217
· 实例 12-6 格网设置 217
12.3 图例设置 218

· 实例 12-7 插入图例 218
· 实例 12-8 自定义图例 219
· 实例 12-9 比例尺设置 219
12.4 地图整饰 220
· 实例 12-10 地图整饰 220
12.5 地图输出 221
· 实例 12-11 地图导出 221
· 实例 12-12 地图打印 222
小结 222

重要概念 223

参考文献 227

第一篇

包含图形界面

1 初识 ArcGIS

本章学习目标

- 了解 ArcGIS 基本功能；
- 熟悉 ArcMap 的界面；
- 了解 ArcGIS 的产品构成；
- 掌握 ArcGIS 帮助的使用。

为了方便以后的练习，请先在自己的硬盘上创建一个文件夹，如“D：\ GIS”。然后将练习数据（文件夹“Exercises”）拷贝到该文件夹下。同时在“GIS”目录下创建一个新的文件夹“My Exercises”用于存放自己的练习数据。将文件夹“Exercises”下的“Chp01”文件夹拷贝到“My Exercises”文件夹下备用。

1.1 ArcGIS 简介

ArcGIS 是美国 ESRI 公司出品的一套完整的地理信息系统（Geographic Information Systems，GIS）平台产品，它包括如下组成部分。

- ArcGIS for Desktop：一套集成的、桌面端的专业 GIS 应用程序。
- ArcGIS for Server：将 GIS 信息和地图以 Web 服务形式发布，提供一系列 Web GIS 应用程序，并且支持企业级数据管理。
- ArcGIS for Mobile：为野外计算提供移动 GIS 工具和应用程序。
- ArcGIS Online：提供可通过 Web 进行访问的在线 GIS 功能，外加 ESRI 与合作伙伴发布的可供用户在自己的 Web GIS 应用程序中使用的地图和数据。
- ArcGIS Engine：为使用 C++、. NET 或 Java 的 ArcGIS 开发人员提供软件组件库。

本书主要介绍 ArcGIS for Desktop 软件的应用。

名词解释： GIS

GIS 是地理信息系统（Geographic Information Systems）的英文缩写，它是在计算机软、硬件系统支持下，对地理数据进行采集、存储、管理、处理、分析、显示和输出的技术系统。

1.2 ArcGIS for Desktop 的版本分级

ArcGIS for Desktop 可以分成三个不同的级别，功能由弱至强依次是基础版（Basic）、标准版（Standard）和高级版（Advanced）。高级别的产品包含低级别产品的所有功能，并提供更多的功能。

ArcGIS for Desktop 基础版：提供了综合性的数据使用、制图、分析以及简单的数据编辑和空间处理工具。

ArcGIS for Desktop 标准版：在 ArcGIS for Desktop 基础版的功能基础上，增加了对 Shapefile 和 Geodatabase 的高级编辑和管理功能。

ArcGIS for Desktop 高级版：是 ESRI 公司提供的功能最强的 GIS 桌面产品，它在 ArcGIS for Desktop 标准版的基础上，拓宽了复杂的 GIS 分析功能和丰富的空间处理工具。

ArcGIS for Desktop 不同级别产品的功能分级见图 1.1。

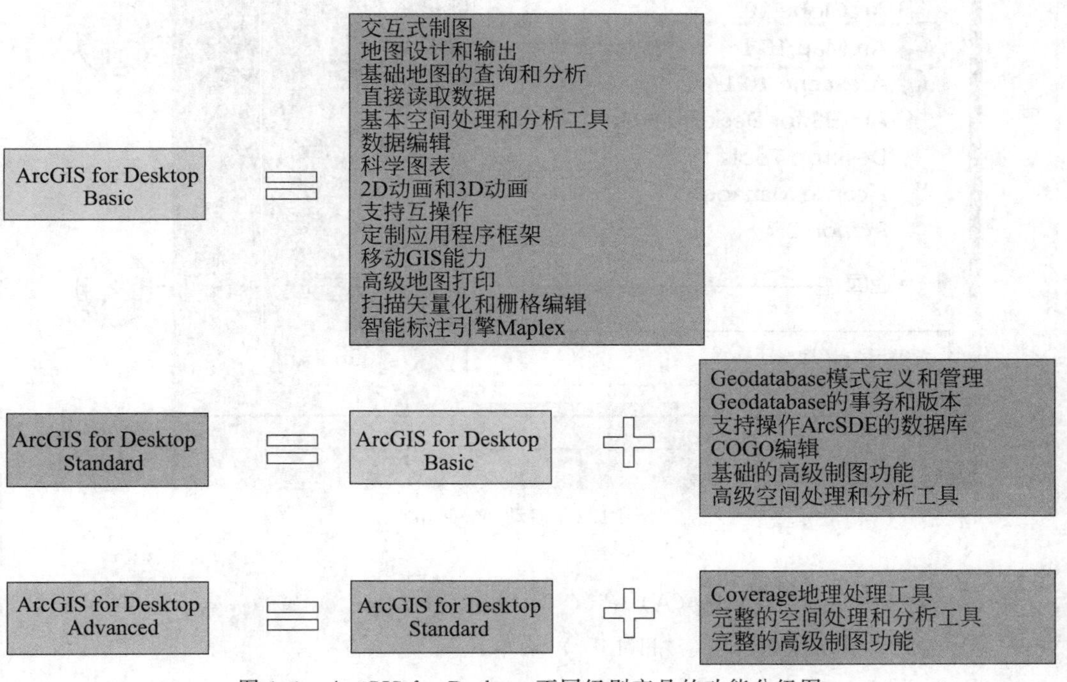

图 1.1 ArcGIS for Desktop 不同级别产品的功能分级图

★ **多学一点**：如何查看 ArcGIS for Desktop 的级别？

如果想了解自己的 ArcGIS for Desktop 的级别，可以通过点击 Help 菜单中的 About ArcMap 来查看。

（1）启动 ArcMap

① 点击 Windows“开始”按钮；

② 点击“所有程序”(点击后“所有程序”变为“返回”);

③ 点击“ArcGIS”,展开该文件夹;

④ 点击“ArcMap 10.1”,如图 1.2 所示。

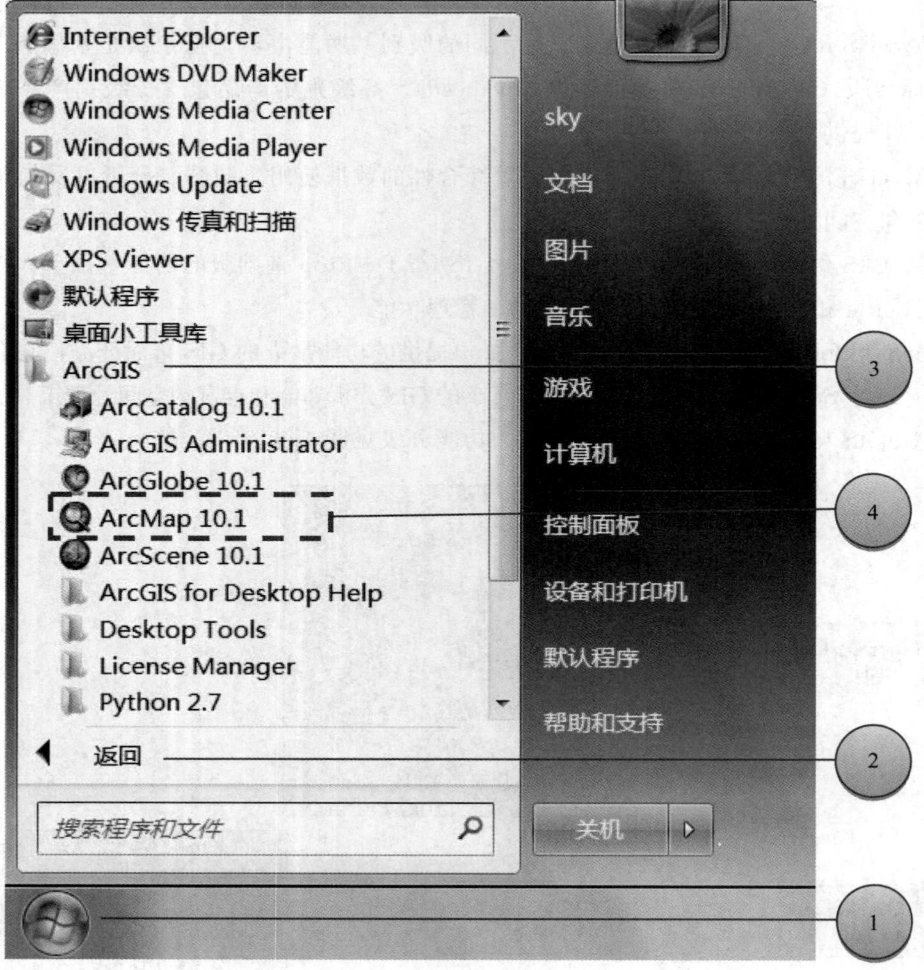

图 1.2 启动 ArcMap

(2) 打开“关于 ArcMap(A)…”(“About ArcMap”)窗口

① 点击“帮助(H)”(“Help”)菜单;

② 点击【关于 ArcMap(A)…】(【About ArcMap…】)菜单命令,如图 1.3 所示。

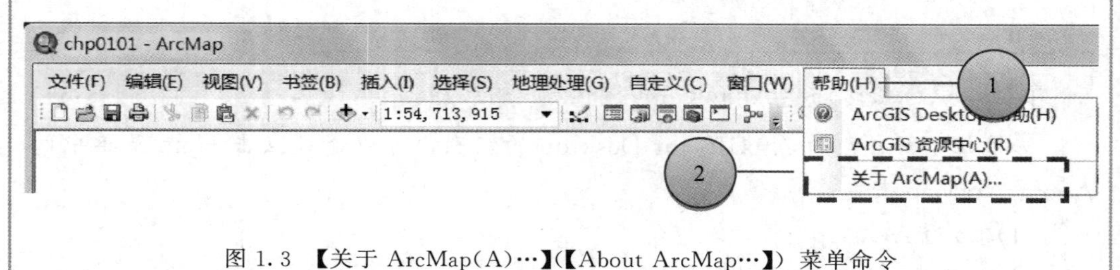

图 1.3 【关于 ArcMap(A)…】(【About ArcMap…】)菜单命令

（3）在弹出的“About ArcMap”窗口中可以看到所用的ArcGIS for Desktop的级别，图1.4显示了高级版的ArcGIS for Desktop。

（4）关闭“关于ArcMap”（“About ArcMap”）窗口

点击【确定】（【OK】）按钮关闭“关于ArcMap”（“About ArcMap”）窗口，如图1.4所示。

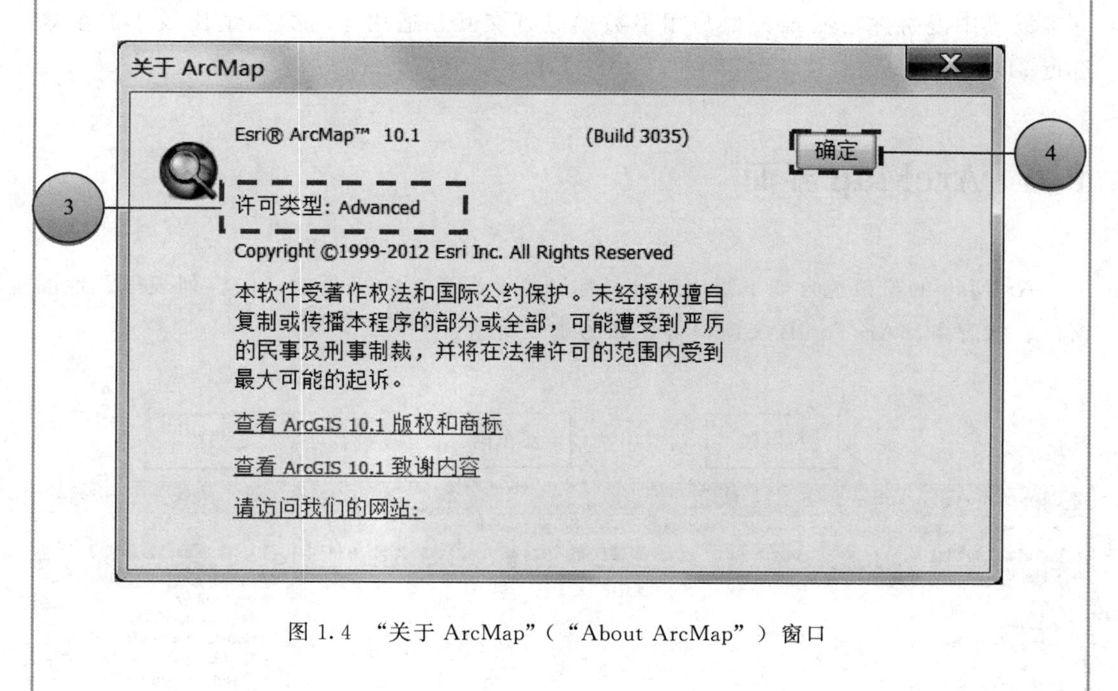

图1.4 “关于ArcMap”（“About ArcMap”）窗口

1.3 ArcGIS for Desktop的构成

ArcGIS for Desktop包含了一系列应用程序：ArcMap、ArcCatalog、ArcGlobe和ArcScene。

（1）ArcMap

ArcMap是ArcGIS for Desktop中最核心的应用程序，它具有数据输入、编辑、查询、分析、制图和图形输出等功能，将是本书介绍的重点。

（2）ArcCatalog

ArcCatalog是用来帮助用户组织和管理GIS数据等信息的程序，能够管理地图、球体、数据文件、Geodatabase、空间处理工具箱、元数据、服务等信息。

（3）ArcGlobe

ArcGlobe是ArcGIS桌面系统中实现3D可视化和3D空间分析的应用程序，需要配备 3D 分析扩展模块才能使用。ArcGlobe 提供了全球地理信息连续、多分辨率的交互式浏览功能，支持海量数据的快速浏览。

（4）ArcScene

ArcScene 是 ArcGIS 桌面系统中实现 3D 可视化和 3D 空间分析的应用程序，需要配备 3D 分析扩展模块才能使用。它是一个适用于展示三维透视场景的平台，可以在三维场景中漫游并与三维矢量与栅格数据进行交互，适用于对数据量比较小的场景进行 3D 分析显示。

1.4 ArcMap 界面

ArcMap 的窗口包含如下组成部分：标题栏、菜单栏、工具栏、内容列表框、地图窗口、状态条、ArcToolBox 窗口等，如图 1.5 所示。

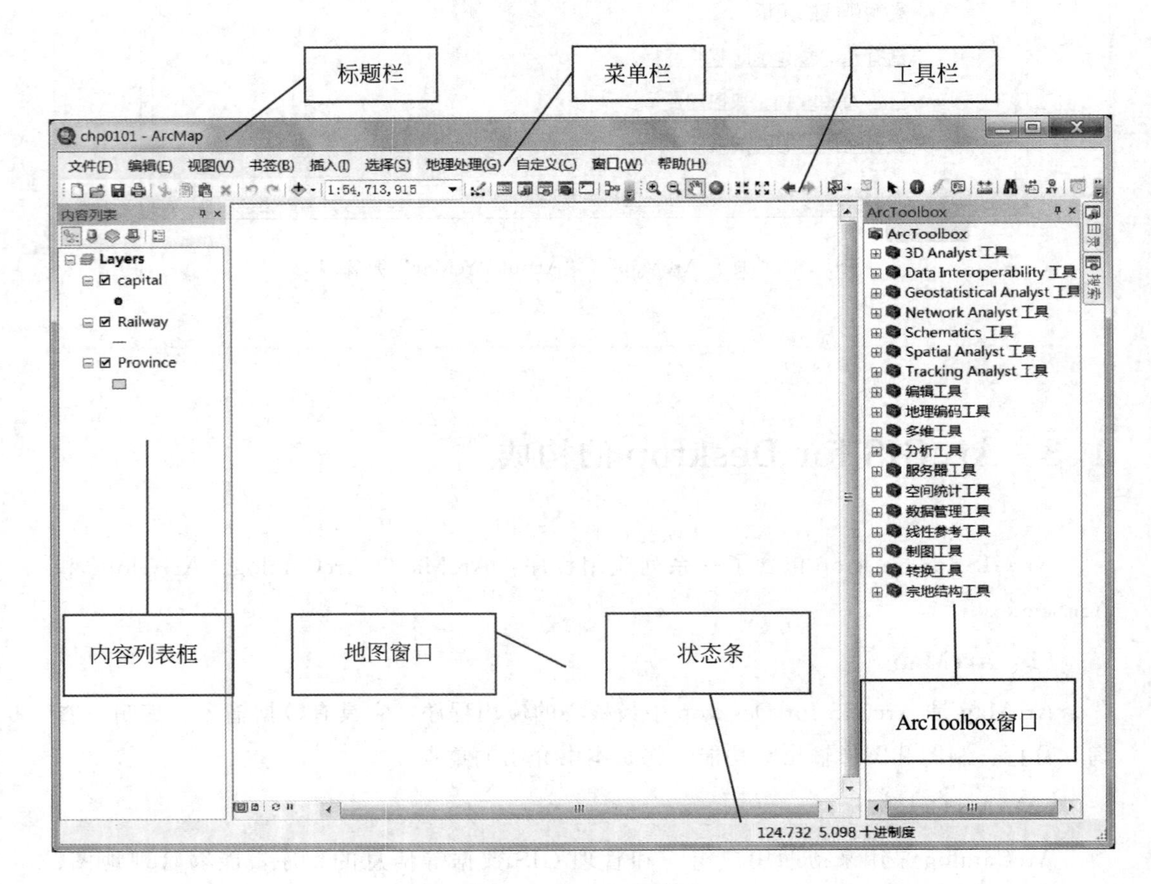

图 1.5 ArcMap 界面

标题栏：用于显示地图文档的名称；

菜单栏：提供了 ArcGIS for Desktop 主要功能的命令集，如地图文件的操作、窗口的组织、帮助等；

工具栏：提供了访问 ArcGIS for Desktop 各种功能的快捷图标；

内容列表框：提供了图层管理与组织的各种功能；

地图窗口：用于显示地图数据；

ArcToolbox 窗口：提供了访问 ArcToolbox 中各个工具的入口；

状态条：用于显示当前的操作状态，如数据处理的状态、鼠标的位置等。

实例 1-1　初识 ArcMap

双击 MyExercises \ Chp01 文件夹下的 Chp0101. mxd 文件可以打开类似于图 1.5 的界面，结合 1.5 节的介绍，可以对 ArcMap 的界面有初步的了解。因为 ArcMap 的界面是可以改变的，所以打开的界面与图 1.5 所显示的界面可能会略有差别。

★ 多学一点：如何定制 ArcMap 的界面？

（1）改变部件的位置

通过对各个部件（如工具栏、内容列表框等）的拖放可以改变它们停放的位置，对于包含窗体的部件（如内容列表框等）可以通过点击自动隐藏按钮来设置其是否自动隐藏，处在状态时为不隐藏，处在状态时为隐藏。

（2）显示关闭部件

右键点击工具栏，在弹出的菜单中，若某工具栏左面出现对钩则该工具栏显示，否则不显示，如图 1.6 表明当前“标准工具”（“Standard”）和“工具”（“Tools”）两个工具栏为显示状态。

对于包含窗体的对象可以像关闭普通 Windows 窗体一样通过点击【关闭】按钮×来关闭，若想打开对应的部件，在“窗口（W）”（“Windows”）菜单中单击对应的菜单项即可。

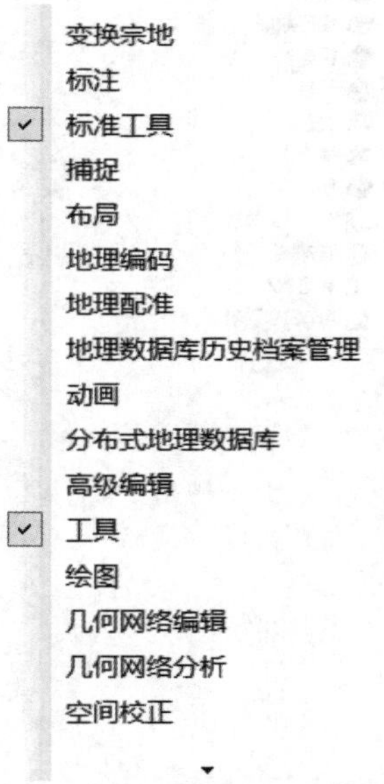

变换宗地
标注
✓ 标准工具
捕捉
布局
地理编码
地理配准
地理数据库历史档案管理
动画
分布式地理数据库
高级编辑
✓ 工具
绘图
几何网络编辑
几何网络分析
空间校正

图 1.6　工具栏右键弹出菜单

1.5　ArcGIS 的帮助

1.5.1　帮助文档

① 点击“帮助（H）”（“Help”）菜单；

② 点击【ArcGIS Desktop 帮助（H）】（【ArcGIS Desktop Help】）菜单命令，如图 1.7 所示，将打开如图 1.8 所示的 ArcGIS 帮助文档。

图 1.7 【ArcGIS Desktop 帮助(H)】(【ArcGIS Desktop Help】) 菜单命令

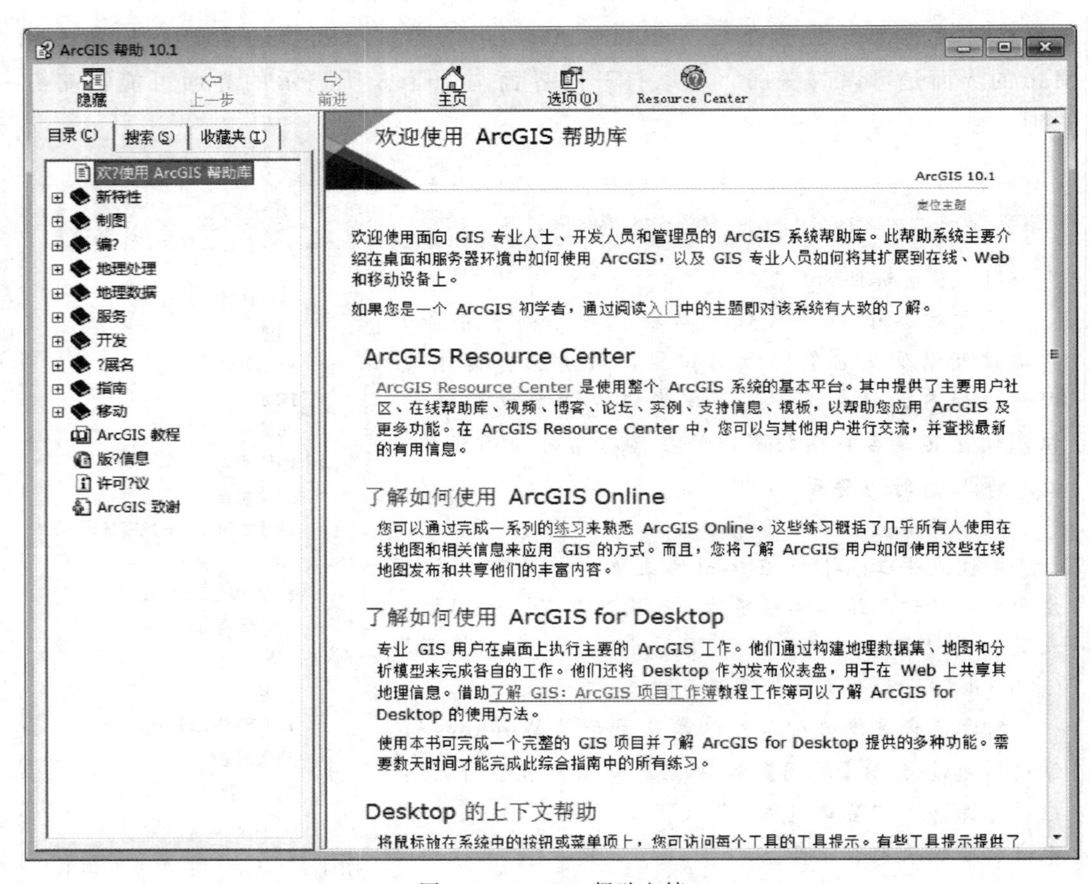

图 1.8 ArcGIS 帮助文档

在帮助文档里可以通过目录查找自己所需要的帮助，也可以通过搜索关键字来查找自己所需要的帮助。

1.5.2 悬停窗口帮助

对于不熟悉的菜单命令或工具栏上的按钮，可以把鼠标悬停在其上面，ArcGIS 会自动弹出悬停窗口帮助，给出其简短的帮助信息，如图 1.9、图 1.10 所示。

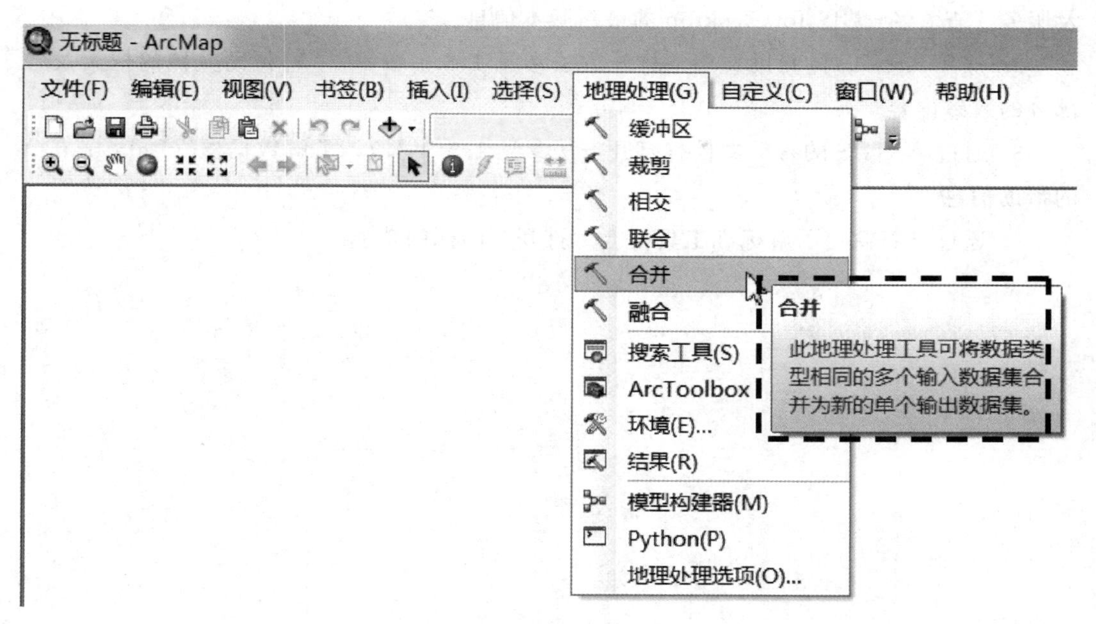

图 1.9　菜单命令的悬停帮助

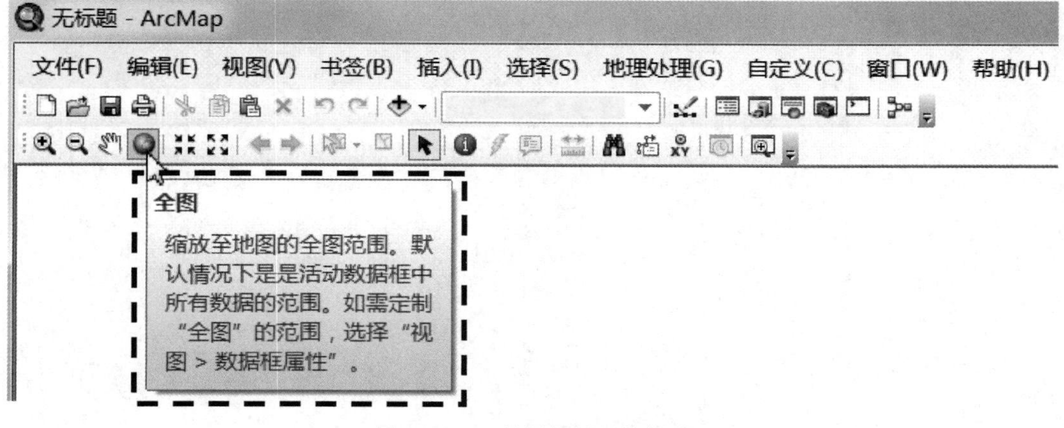

图 1.10　工具图标的悬停帮助

小　结

本章主要介绍了 ArcGIS 的产品构成（ArcGIS for Desktop、ArcGIS for Server、ArcGIS for Mobile、ArcGIS Online 和 ArcGIS Engine）、ArcGIS for Desktop 的版本级别（基础版、标准版和高级版）、ArcMap 的界面和 ArcGIS 的帮助。ArcMap 将是本书介绍的重点。

练　习

1. 打开 ESRI 公司的网站（http://www.esri.com/），了解该公司所提供的产品及服务，查看 ArcGIS for Desktop 的最新版本信息。

2. 打开 ArcGIS 的帮助文档（打开方法参见 1.5.1 节），了解帮助文档的框架及各部分的大致内容。

3. 通过 ArcGIS 的帮助文档（打开方法参见 1.5.1 节），了解数据框（Data frame）的帮助信息。

4. 通过悬停窗口了解标准工具栏上“打开”图标的功能。

2 数据显示与管理

本章学习目标

- 掌握文件夹的连接方法；
- 掌握不同类型数据的加载方法；
- 掌握图层显示控制的设置方法。

为了方便以后的练习，请先在自己的硬盘上创建一个文件夹，如“D：\GIS”。然后将练习数据（文件夹“Exercises”）拷贝到该文件夹下。同时在“GIS”目录下创建一个新的文件夹“MyExercises”用于存放你自己的练习数据。若在第一章中已完成上述操作可以跳过这些步骤。在“MyExercises”文件夹下创建“Chp02”文件夹，在“Chp02”文件夹下创建“data”文件夹备用。本章最终成果图如图 2.1 所示。

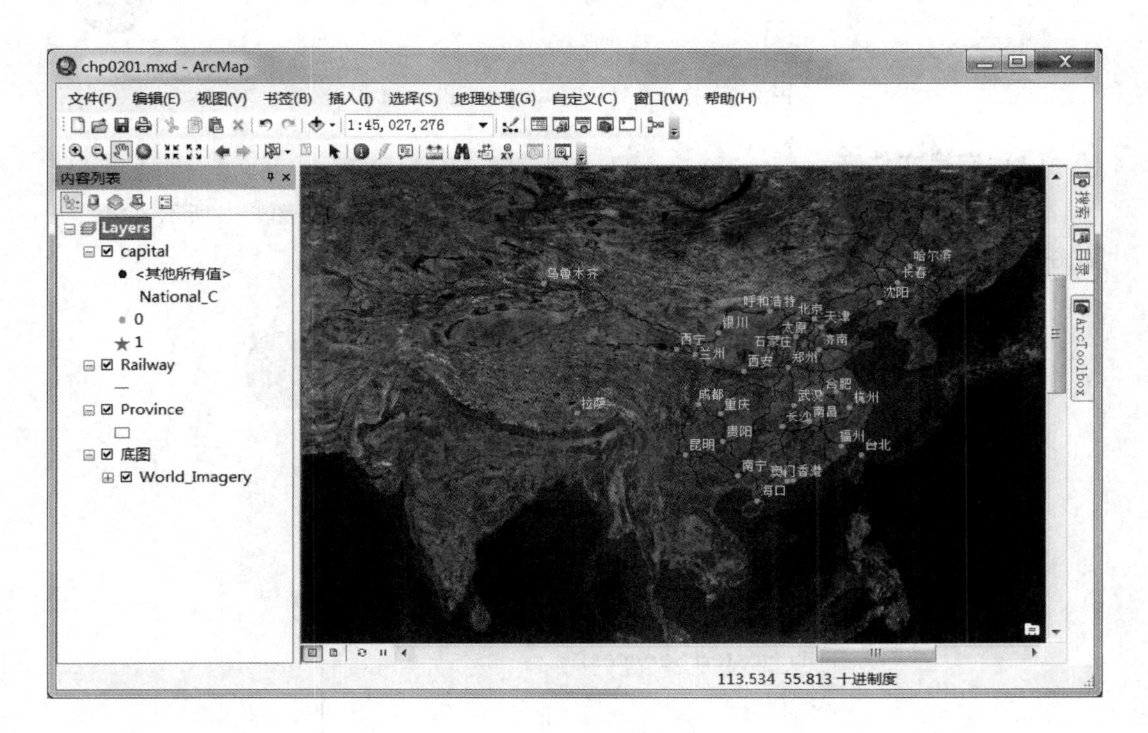

图 2.1 数据显示与管理

2.1 文件夹连接

连接文件夹可以更方便快捷地使用文件夹里的数据。

实例 2-1 文件夹连接

(1) 启动 ArcMap

(2) 打开目录（Catalog）窗口

点击工具栏上的按钮（如图 2.2 所示），启动如图 2.3 所示“目录”（“Catalog”）窗口。

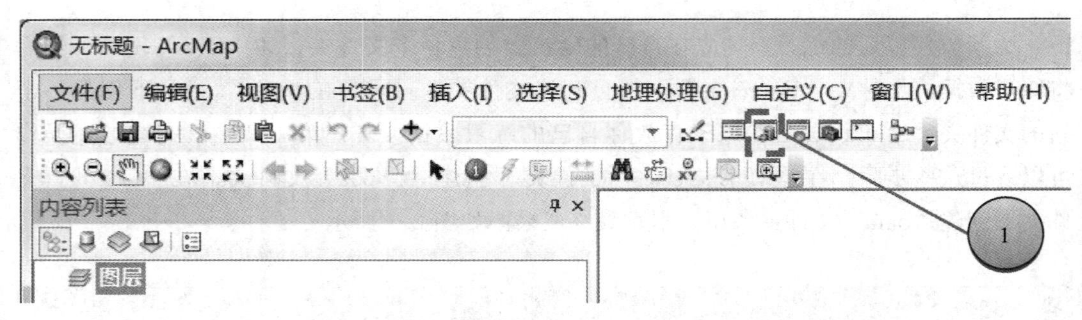

图 2.2 打开“目录”（“Catalog”）窗口

(3) 连接文件夹

① 点击“连接到文件夹”（“Connect To Folder”）图标，如图 2.3 所示，将打开如图 2.4 所示的“连接到文件夹”（“Connect To Folder”）窗口；

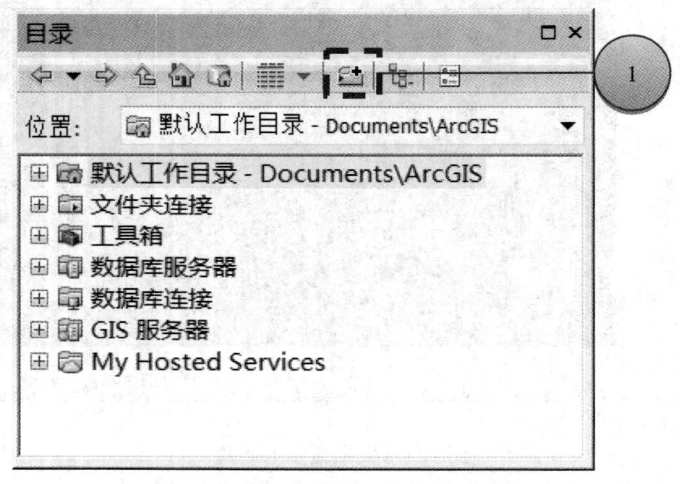

图 2.3 “目录”（“Catalog”）窗口

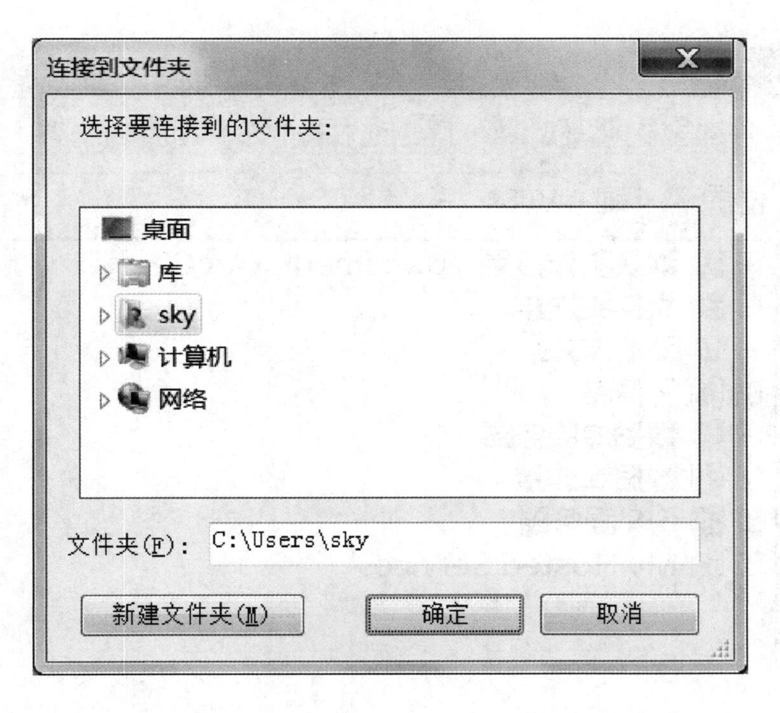

图 2.4 “连接到文件夹”（“Connect To Folder”）窗口

② 找到 D 盘的“GIS”文件夹，选中该文件夹，点击确定，如图 2.5 所示，现在“D:\ GIS”文件夹已经成功连接，如图 2.6 所示。

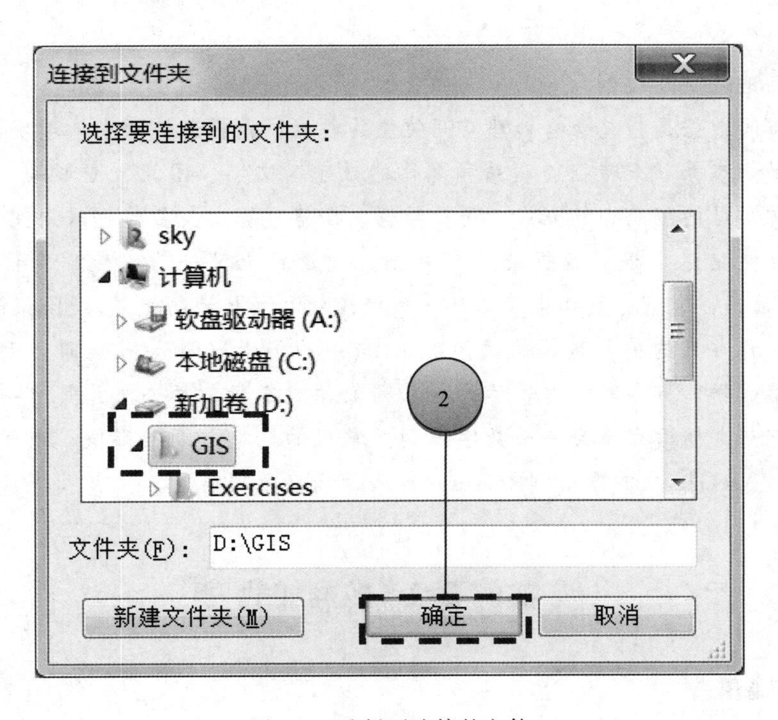

图 2.5 选择要连接的文件

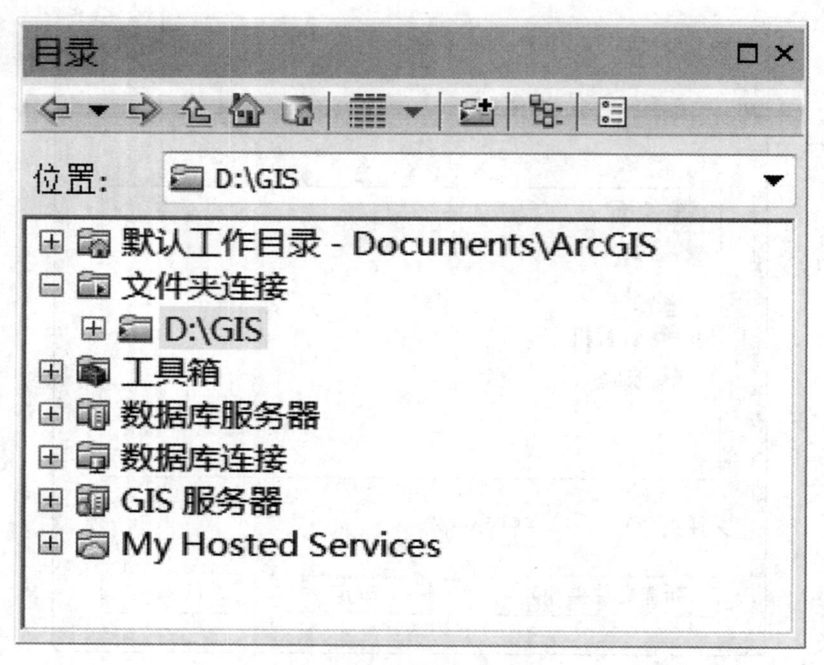

图 2.6　文件夹连接成功

2.2　数据的加载

名词解释： 地理空间数据

地理空间数据是指包含有地理空间位置的数据，是描述地物或地理现象的数量、质量、运动状态、分布特征、联系和规律的数字、文字、图像、图形等。地理空间数据有两种常见的组织存储方式：矢量数据、栅格数据。矢量数据采用一系列的 x、y 坐标来存储信息，根据数据的几何特征，矢量数据又分为点数据、线数据和面（多边形）数据，它们分别由点状地物、线状地物和面状地物组成，Shapefile 格式的数据即为一种常见的矢量数据格式。ArcGIS 中的要素（Feature）即表示矢量数据类型。栅格数据，将空间数据表示为一系列像元或像素，每个像元具有一定的属性值，最终把整个栅格存储为一个数字阵列。常用的栅格有遥感影像、空间数据插值的结果等。ArcGIS 中的栅格（Raster）即表示栅格数据类型。

实例 2-2　数据加载

（1）准备数据

① 如果在本章开始没有创建备用的文件夹，则在 Windows 中创建如图 2.7 所示的目录结构；

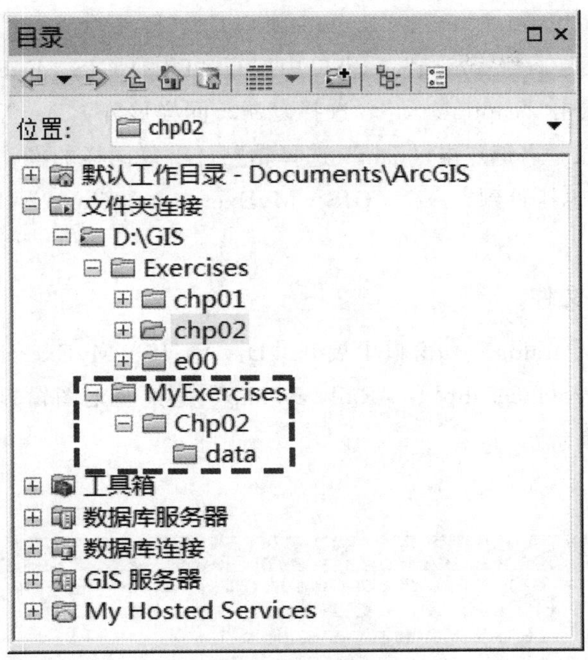

图 2.7　目录结构

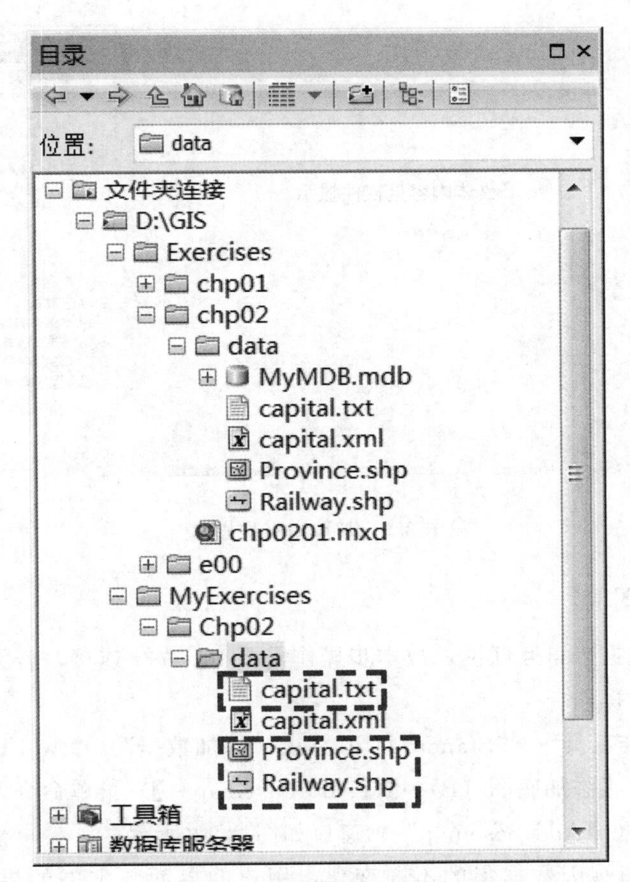

图 2.8　拷贝数据后的目录结构

② 将原始数据“capital. txt”、“Province. shp”、“Railway. shp”拷贝至新建的目录“data”下。在“目录”(“Catalog”)窗口中展开“D: \ GIS \ Exercises \ Chp02 \ data”文件夹，右键点击“capital. txt”，选择复制，同样展开“D: \ GIS \ MyExercises \ Chp02 \ data”目录，右键点击“data”选择粘贴，重复同样的操作把“Province. shp”和“Railway. shp”也拷贝到“D: \ GIS \ MyExercises \ Chp02 \ data”目录，结果如图 2.8 所示。

(2) 加载 shp 文件

在“目录”(“Catalog”)窗口中展开“D: \ GIS \ MyExercises \ Chp02 \ data”文件夹，将文件“Province. shp”、“Railway. shp”拖拽至地图窗口，松开鼠标，得到如图 2.9 所示的结果。

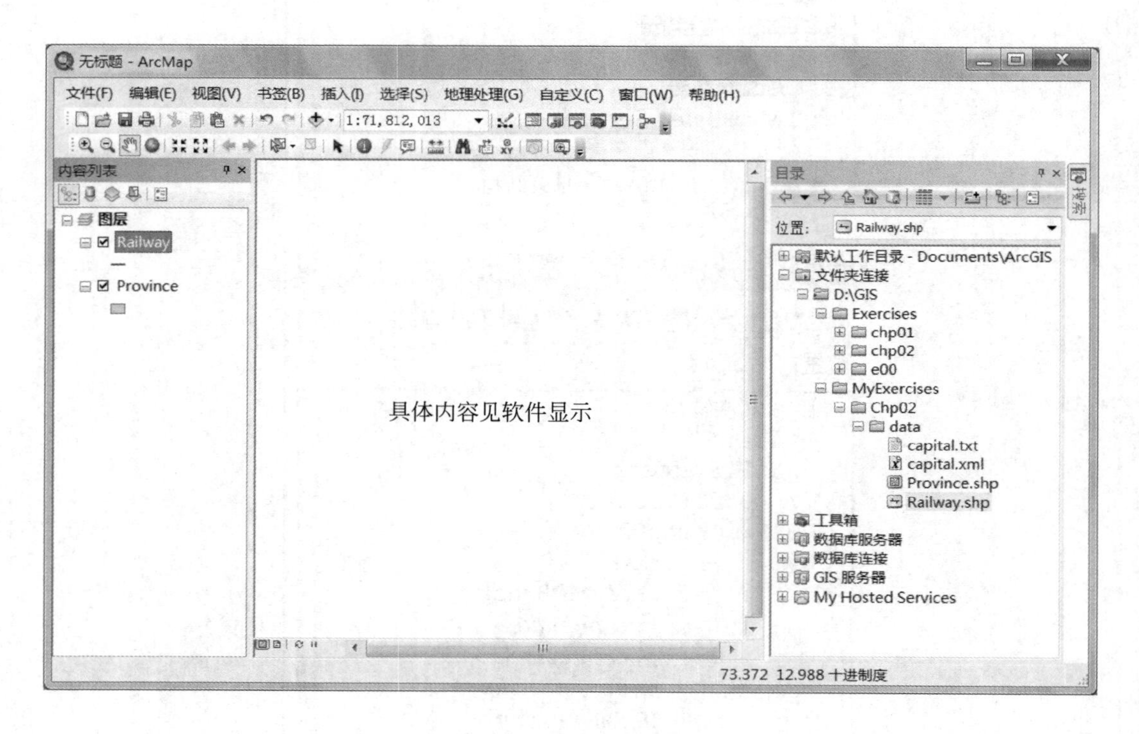

图 2.9 加载数据后界面

(3) 加载底图

注意：底图数据来自互联网，故本步操作需要 Internet 连接，若无上网环境可以跳过本步继续后面的操作。

① 点击“标准工具”(“Standard”)栏上“添加数据”(“Add Data”)图标右侧的下拉按钮，选择【添加底图 (B)…】(【Add Basemap…】)菜单命令，如图 2.10 所示，得到“添加底图”(“Add Basemap”)窗口如图 2.11 所示；

② 选择影像图（因数据集的不断变化，用户的界面与本书的界面可能会略有差

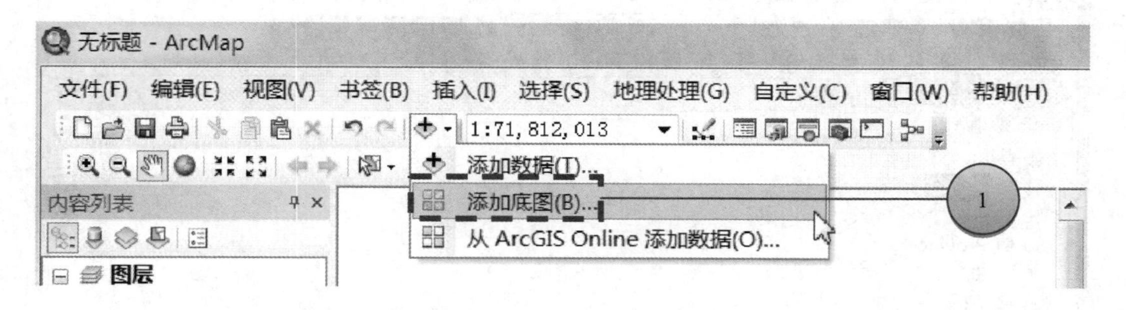

图 2.10 【添加底图(B)…】(【Add Basemap…】) 菜单命令

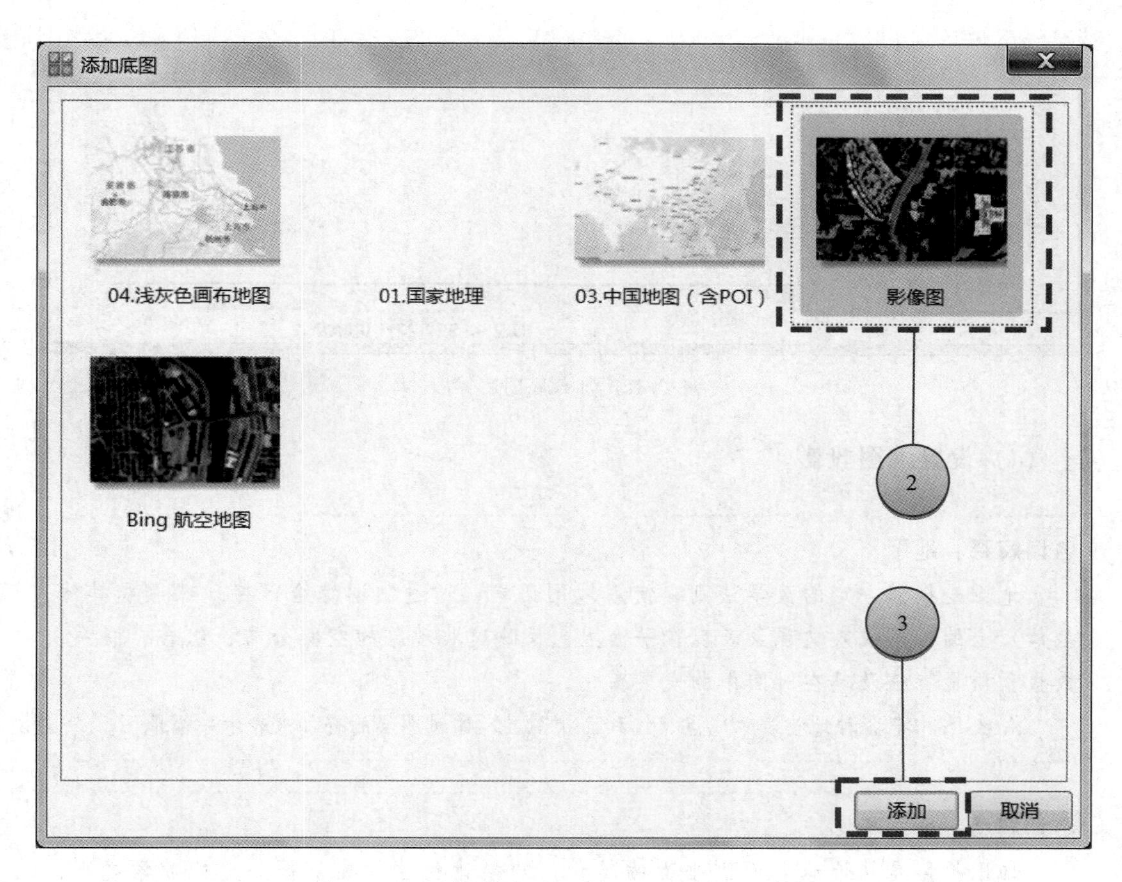

图 2.11 “添加底图”（“Add Basemap”）窗口

异)；

③ 点击【添加】(【Add】)，如图 2.11 所示，数据加载后的界面如图 2.12 所示。

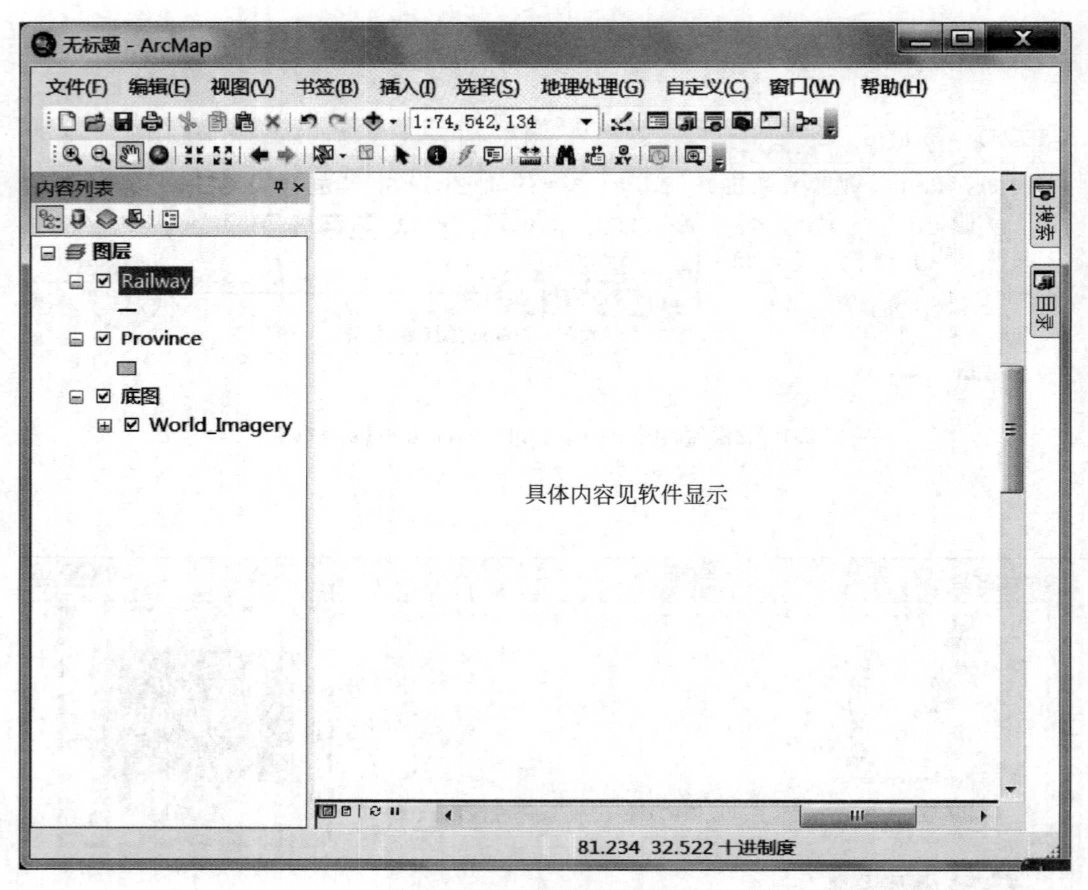

图 2.12 加载底图后界面

（4）设置地图投影

名词解释： 地图

地图是根据一定的数学法则，使用地图语言，通过制图综合，将地球（或其他星体）上的自然或人文现象表现在平面上，反映这些现象的空间分布、组合、联系、数量和质量特征及其在时间中的发展变化。

ArcGIS 中把各种地物表示成点、线和面状图层，通过图层的叠加来表示一幅地图。

名词解释： 地图投影

地图投影是从地球曲面到平面的转化，转换过程往往要依据一定的数学规则，以建立球面到平面的一一映射关系。地图投影方法很多，但是在投影过程中都会发生不同程度的变形，根据其变形性质的不同，可以将地图投影分为三类：第一类，等角投影，此类投影中，投影面与地球椭球表面上相应的夹角相等，使地物形状在投影后得以较好保持，但是地物长度、面积因地而异的变形较大；第二类，等积投影，投影前后地物的面积相等，但是图形的轮廓形状发生了较大的变化；第三类，任意投影，投影后角度、面积和长度均发生变形。其中有一种所谓的“等距投影”能够保持一个方向上的长度不变性质。投影类型及参数的选择往往要根据研究的需要以及地物的空间位置、大小、形状进行选择。常用的地图投影有西安80投影、北京54投影、克拉索夫斯基投影等。

名词解释：坐标系

在定位地球表面某点的位置时，栅格数据与矢量数据都依赖 x、y 值。存储数据集的数值和单位的选择称为坐标系（Coordinate System）。根据坐标系的参考系不同可以分为地理坐标系（Geographic Coordinate System，GCS）和平面坐标系统（Projected Coordinate System）。ArcGIS 支持不同坐标系的相互转换。

① 右键点击“图层”数据框；

② 在弹出的快捷菜单中选择【属性（I）…】(【Properties…】)，如图 2.13 所示；

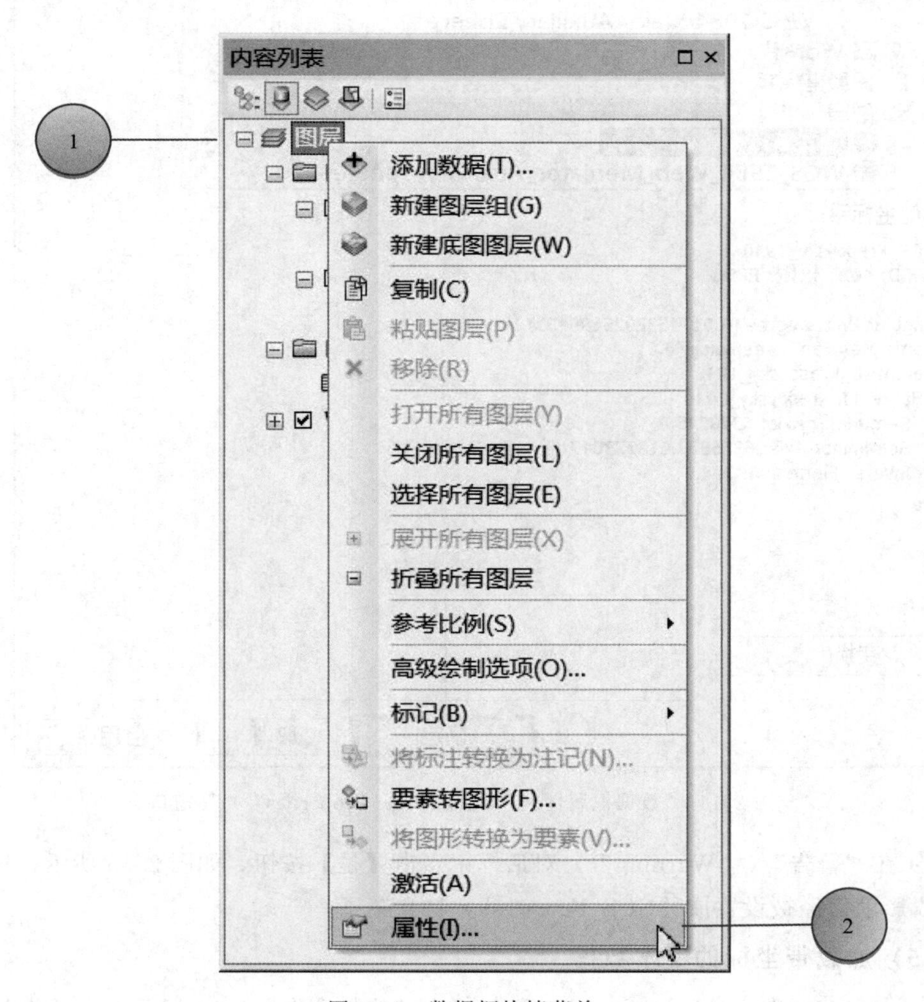

图 2.13　数据框快捷菜单

③ 在弹出的“数据框属性”（“Data Frame Properties”）窗口中，点击“坐标系”（“Coordinate System”）选项卡，如图 2.14 所示，默认被选中的是当前地图的投影；

④ 下拉到“图层”，选择“GCS _ Krasovsky _ 1940”投影，点击【确定】按钮，如图 2.14 所示；

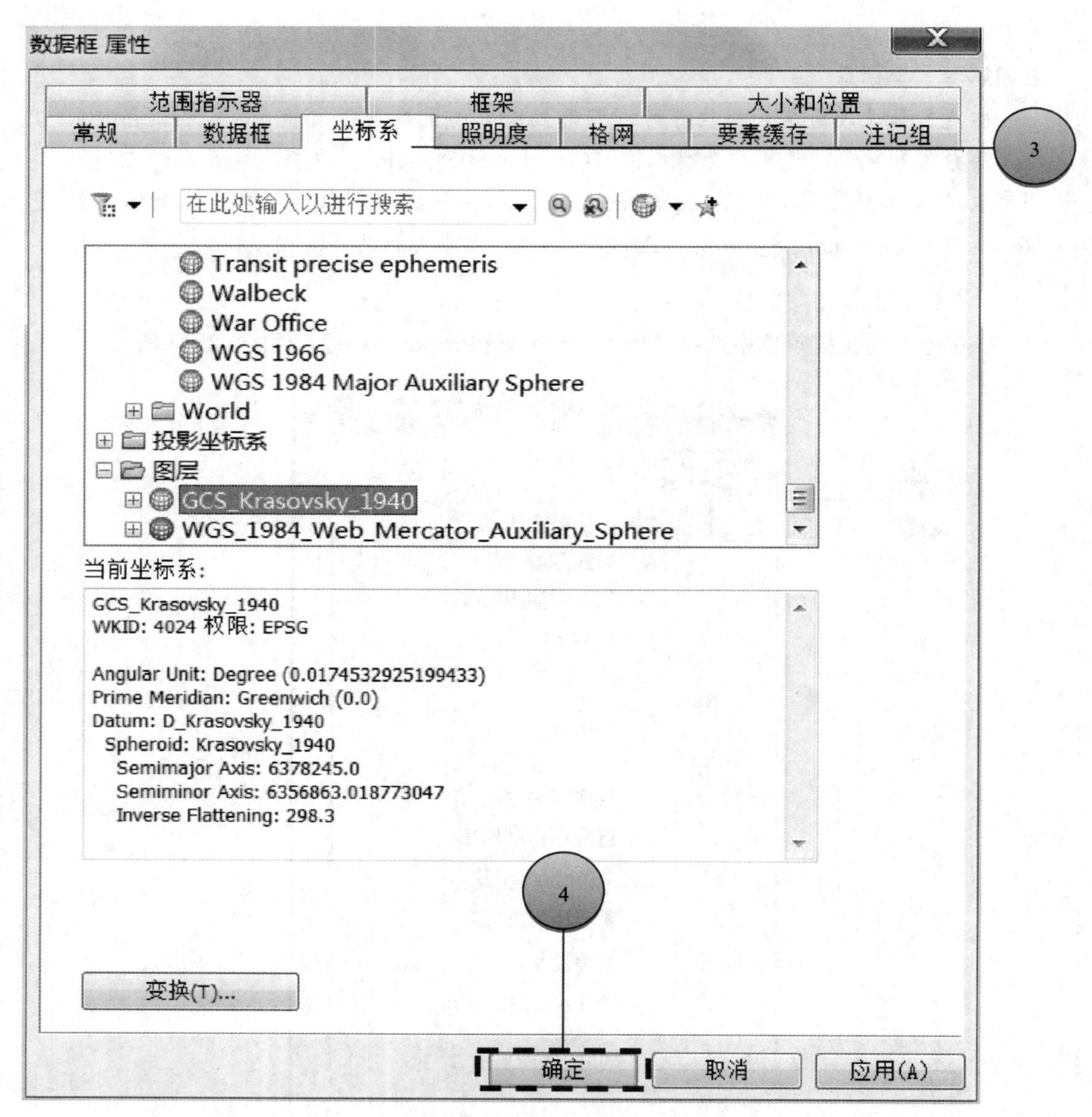

图 2.14 “数据框属性（“Data Frame Properties”）”窗口

⑤ 在“警告”（“Warning”）对话框中点击【是】按钮，如图 2.15 所示，这时地图的投影就已经被设置成“GCS_Krasovsky_1940”了。

(5) 加载带坐标的文本数据

① 点击“标准工具”（“Standard”）栏上“添加数据”（“Add Data”）图标，如

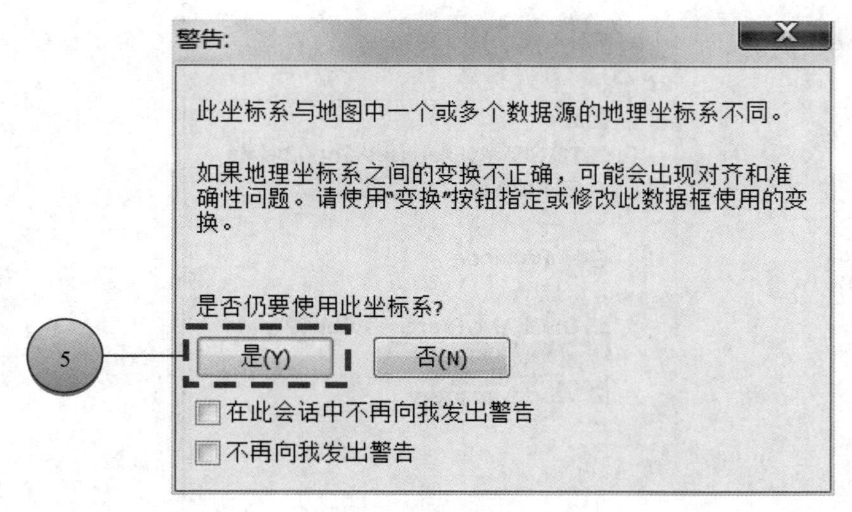

图 2.15 “警告”（“Warning”）对话框

图 2.16 所示，弹出“添加数据”（“Add Data”）窗口，如图 2.17 所示；

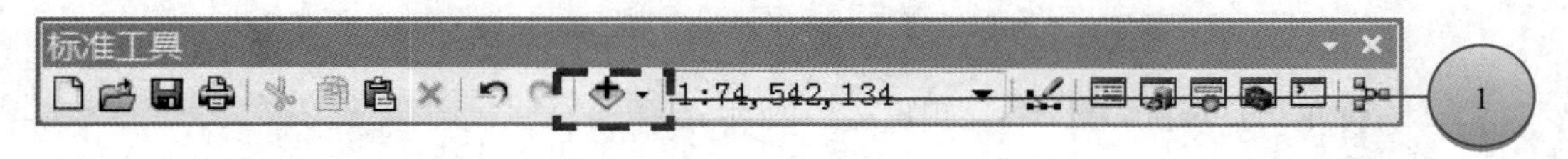

图 2.16 “标准工具”（“Standard”）栏上“添加数据”（“Add Data”）图标

② 找到“D：\GIS\MyExercises\Chp02\data”下的“capital.txt”文件，选中后点击【添加】(【Add】) 按钮，如图 2.17 所示，得到如图 2.18 所示的“内容列表”（“Table Of Content”）窗口；

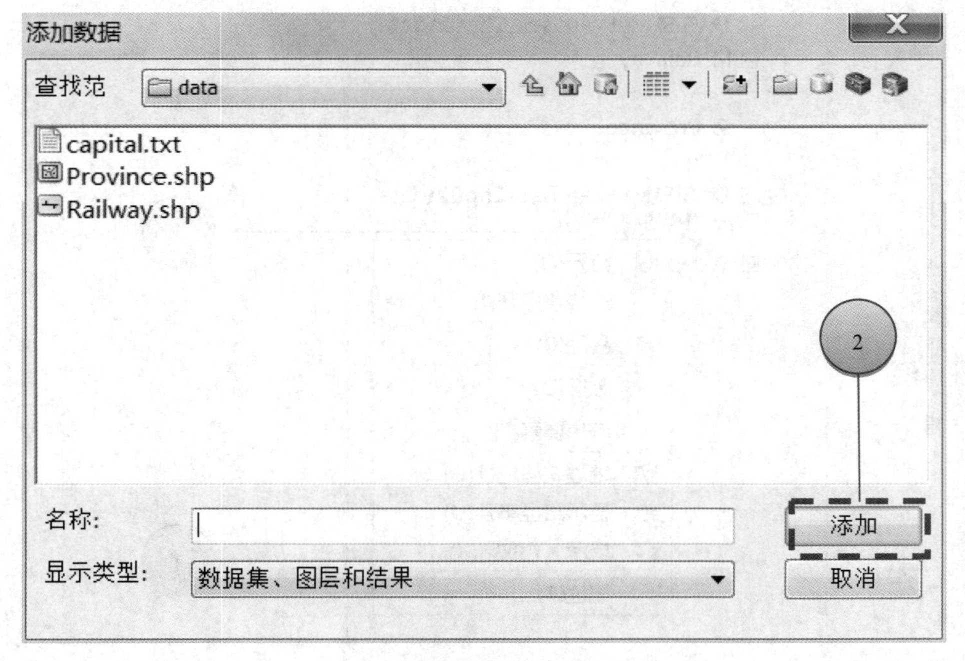

图 2.17 “添加数据”（“Add Data”）窗口

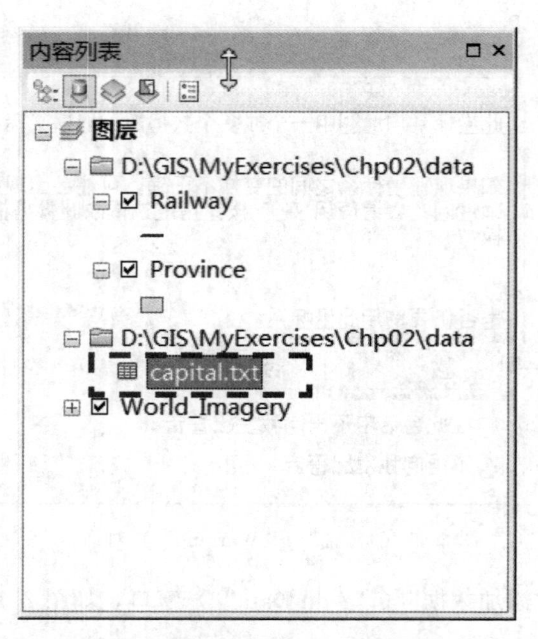

图 2.18 添加文本数据后的“内容列表”（“Table Of Content”）窗口

③ 右键单击“capital. txt”，如图 2.19 所示；

④ 在弹出的快捷菜单中选择【显示 XY 数据（X)…】(【Display XY Data】) 菜单命令，如图 2.19 所示，弹出“显示 XY 数据”（“Display XY Data”）窗口，如图 2.20 所示；

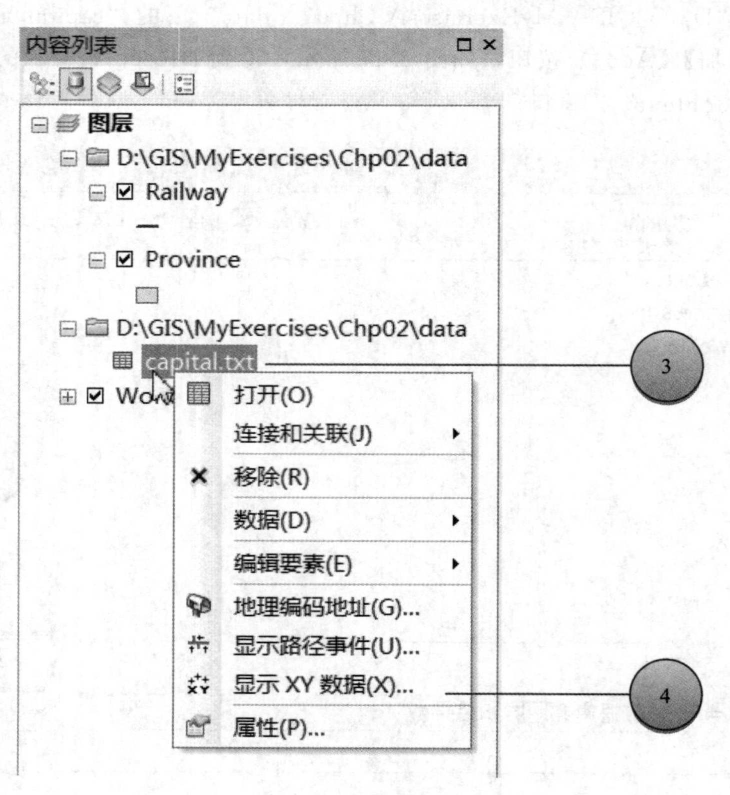

图 2.19 快捷菜单

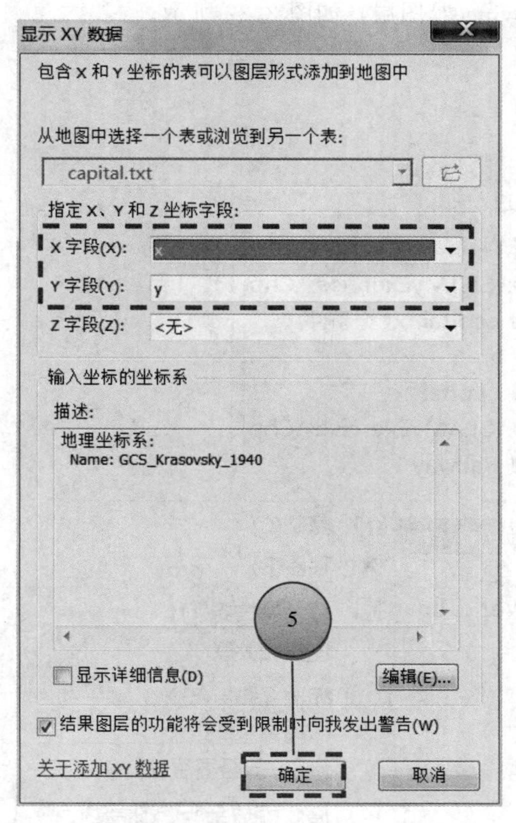

图 2.20 “显示 XY 数据”（“Display XY Data”）窗口

⑤ 程序自动选择了正确的 X 字段与 Y 字段（如果字段的命名方式不同，程序可能无法自动识别 X 字段与 Y 字段，这时就需要用户指定对应的字段），单击【确定】（【OK】）按钮，如图 2.20 所示，这时弹出“表没有 Object-ID 字段”（“Table Does Not Have Object-ID Field”）消息框；

⑥ 单击【确定】（【OK】）按钮，如图 2.21 所示；

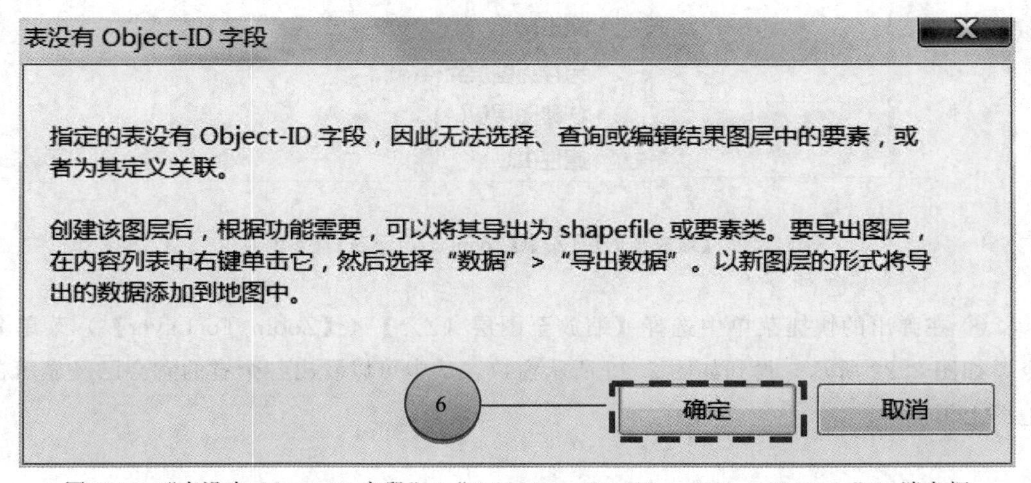

图 2.21 “表没有 Object-ID 字段”（“Table Does Not Have Object-ID Field”）消息框

⑦ 右键点击“Province”图层，如图 2.22 所示；

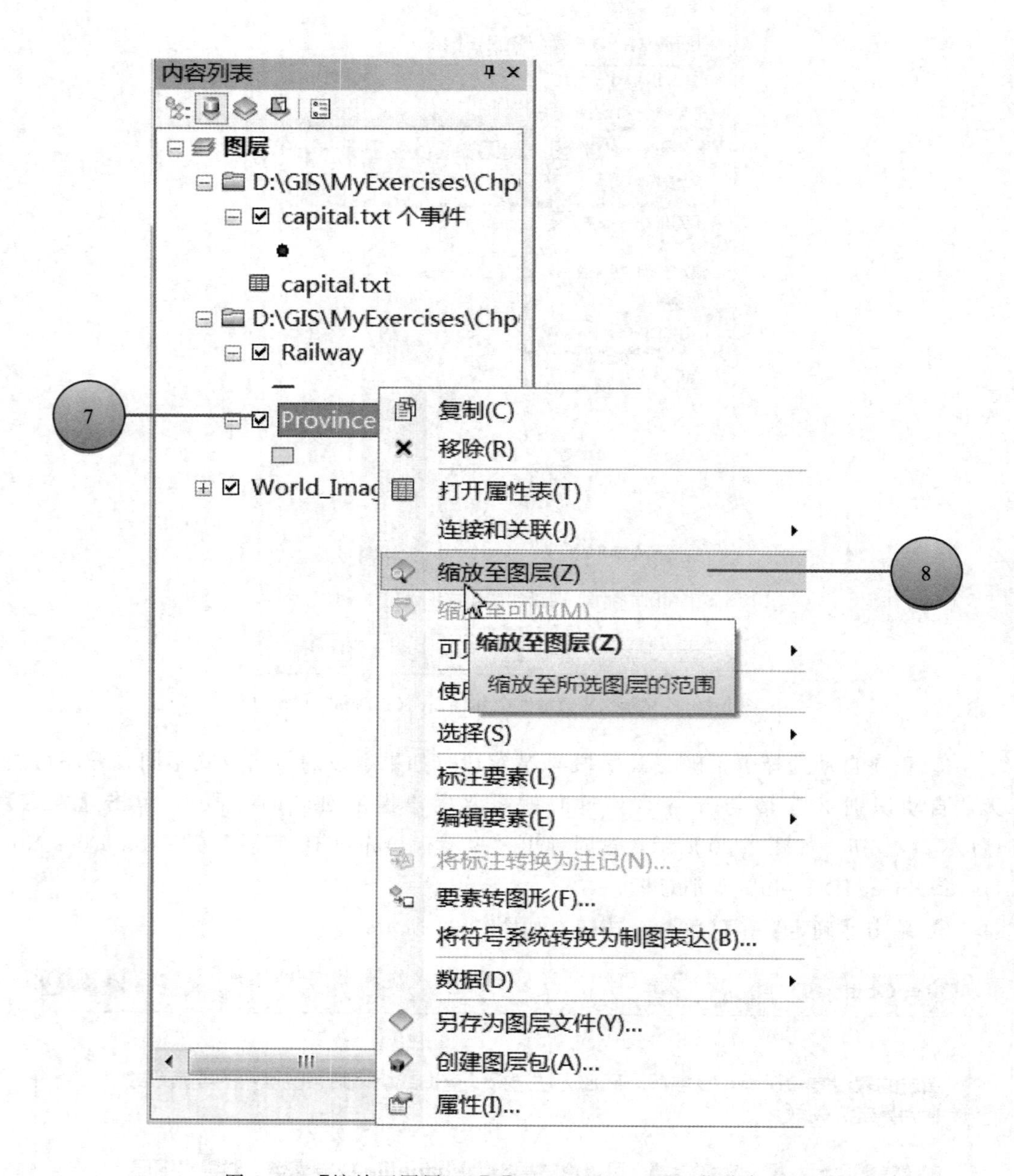

图 2.22 【缩放至图层(Z)】(【Zoom To Layer】) 菜单命令

⑧ 在弹出的快捷菜单中选择【缩放至图层（Z）】（【Zoom To Layer】）菜单命令，如图 2.22 所示，得到如图 2.23 所示窗口，从中可以看出各个省的省会已经显示在地图上了。

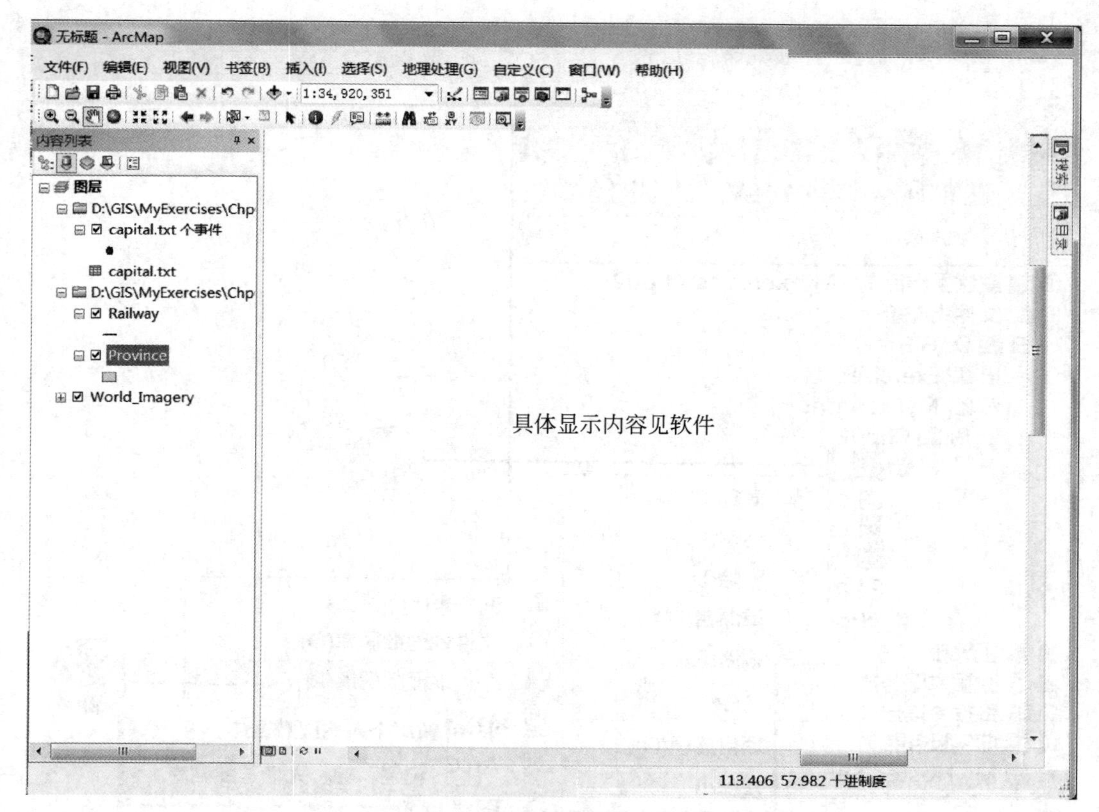

图 2.23　加载省会后的界面

(6) 个人数据库的创建

名词解释：个人地理数据库（Personal Geodatabase）

个人地理数据库（Personal Geodatabase）是一个基于微软 Access 的数据库格式的数据库，它可以用来存储、查询和管理空间数据和非空间数据。因为它们以 Access 的数据库格式进行存储，所以个人地理数据库的文件最大不能超过 2GB。另外，个人地理数据库不允许多个用户同时对其进行编辑。

① 在“目录”（“Catalog”）窗口中右键点击“D:\GIS\MyExercises\Chp02\data”；

② 在弹出的快捷菜单中用鼠标指向【新建】(【New】) 菜单；

③ 在新弹出的菜单中选择【个人地理数据库(P)】(【Personal Geodatabase】)，如图 2.24 所示；

④ 把新创建的个人数据库命名为“MyDB.mdb”，如图 2.25 所示。

(7) 数据的导出

① 右键点击内容列表窗口中的“capital.txt 个事件”（“capital.txt Events”）图层；

② 在弹出的快捷菜单中用鼠标指向【数据(D)】(【Data】) 菜单；

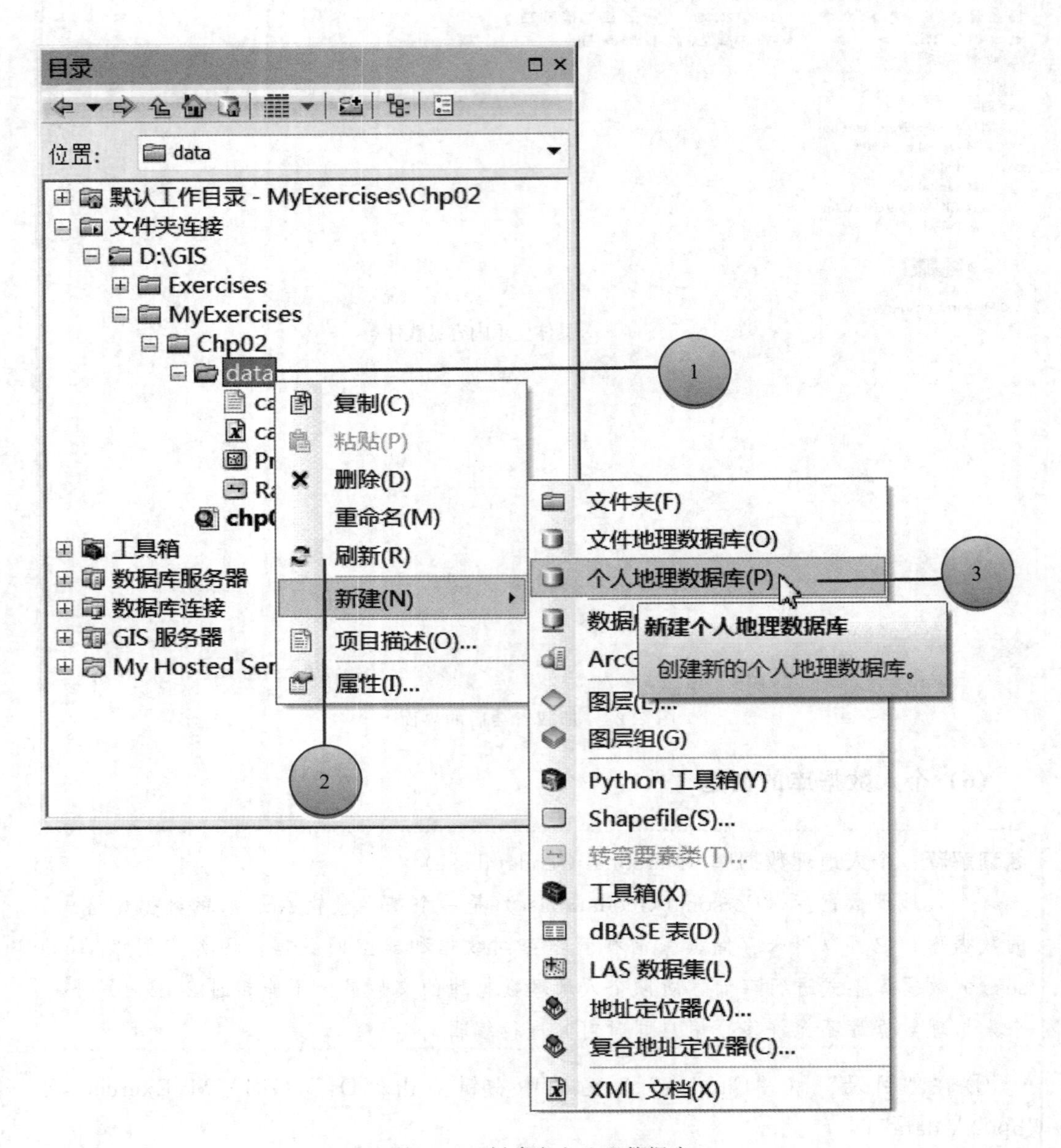

图 2.24 创建个人地理数据库

③ 在新弹出的菜单中选择【导出数据(E)…】(【Export Data…】) 菜单命令，如图 2.26 所示；

④ 在“导出数据”(“Export Data”) 窗口中点击“浏览”(“Browse”) 图标，如图 2.27 所示；

⑤ 在“保存数据” (“Saving Data”) 窗口中找到上面创建的个人数据库 MyDB.mdb，双击打开，如图 2.28 所示；

图 2.25 创建个人地理数据库后的目录结构

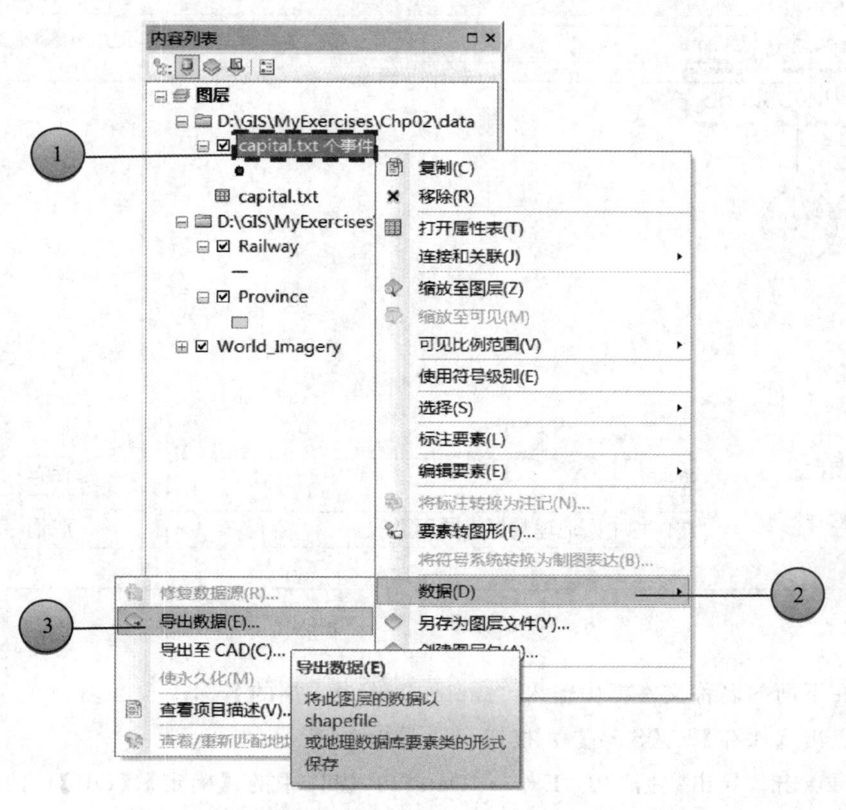

图 2.26 【导出数据(E)…】(【Export Data…】) 菜单命令

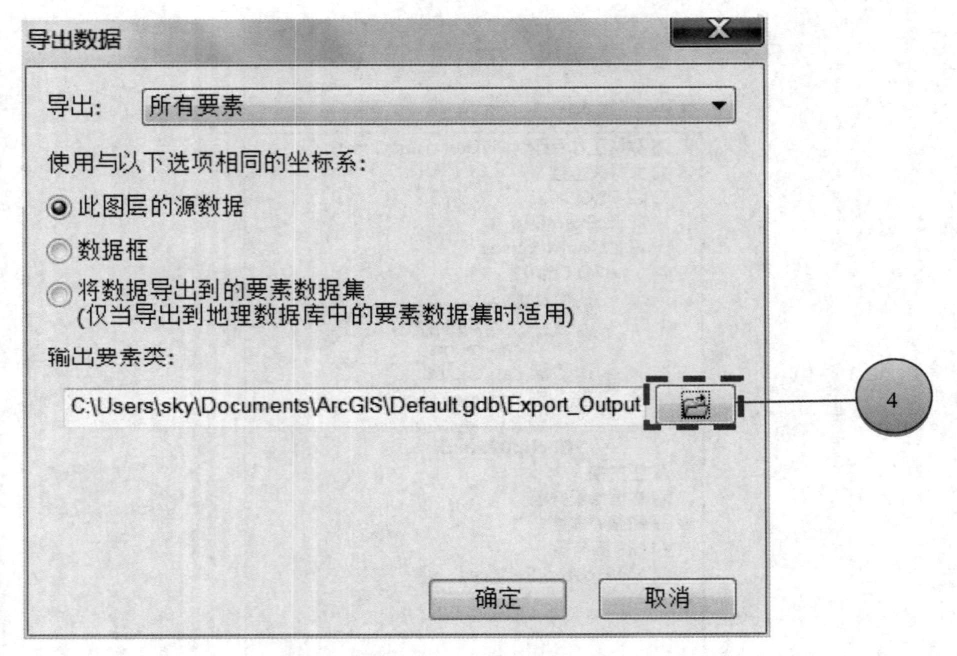

图 2.27 “导出数据”（“Export Data”）窗口

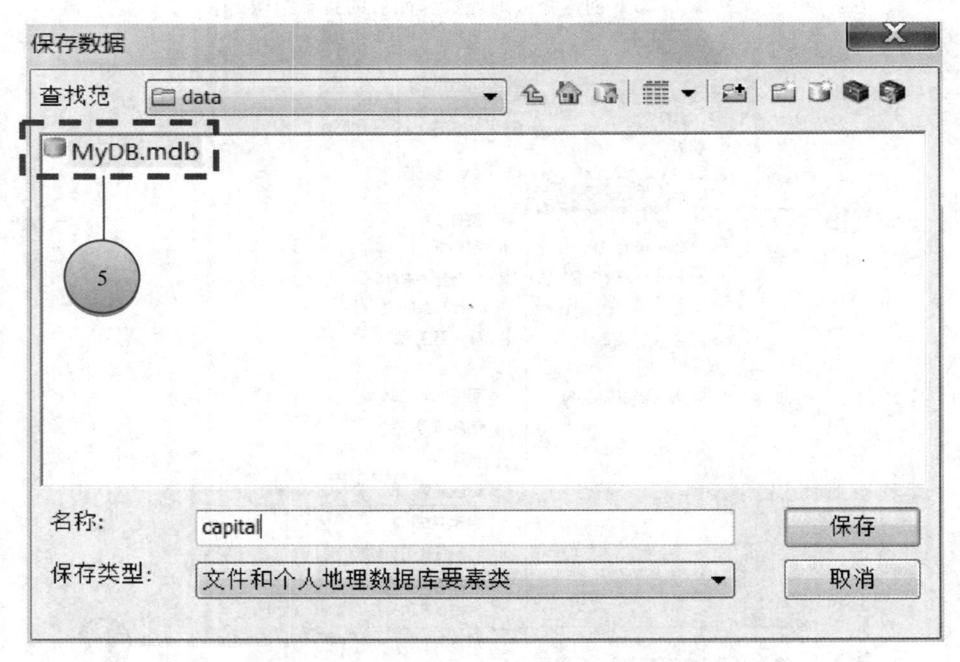

图 2.28 “保存数据”（“Saving Data”）窗口

⑥ 在下面的名称文本框中输入“capital”作为数据的名称；

⑦ 点击【保存】（【Save】）按钮，如图 2.29 所示；

⑧ 再点击“导出数据”（“Export Data”）窗口中的【确定】(【OK】) 按钮，如图 2.30 所示；

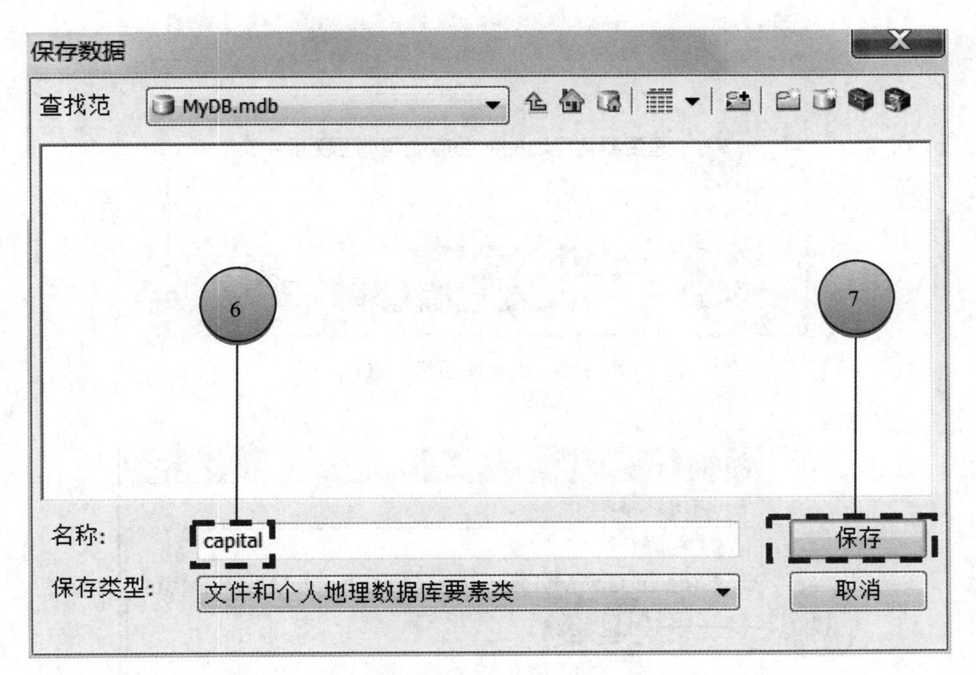

图 2.29 “保存数据”（“Saving Data”）窗口

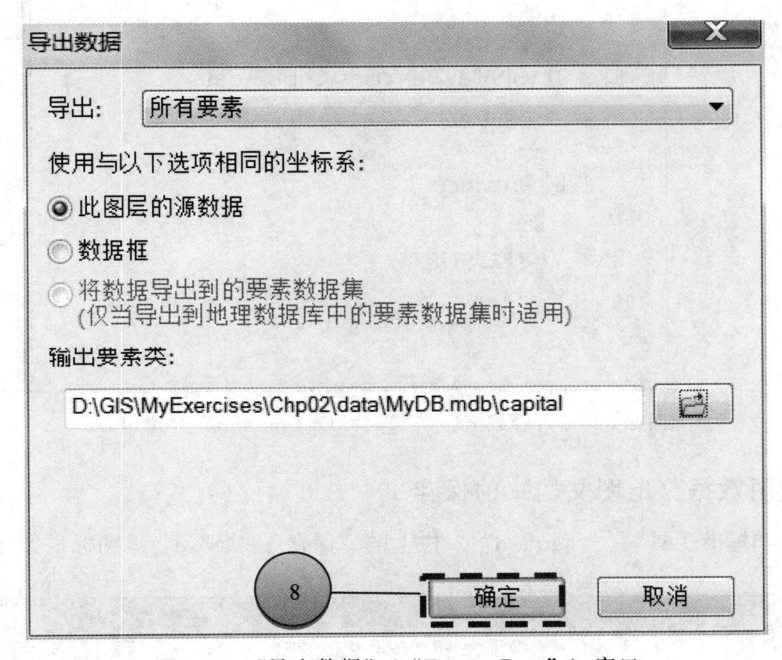

图 2.30 “导出数据”（“Export Data”）窗口

⑨ 数据导出完成后，ArcMap 提示是否将导出的数据添加到地图图层中，选择【是】，如图 2.31 所示；

⑩ 内容列表窗口中显示出新添加的“capital”图层，如图 2.32 所示。

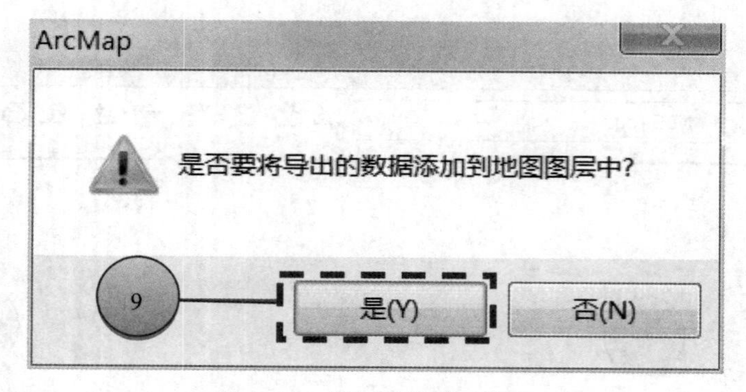

图 2.31　添加图层提示窗口

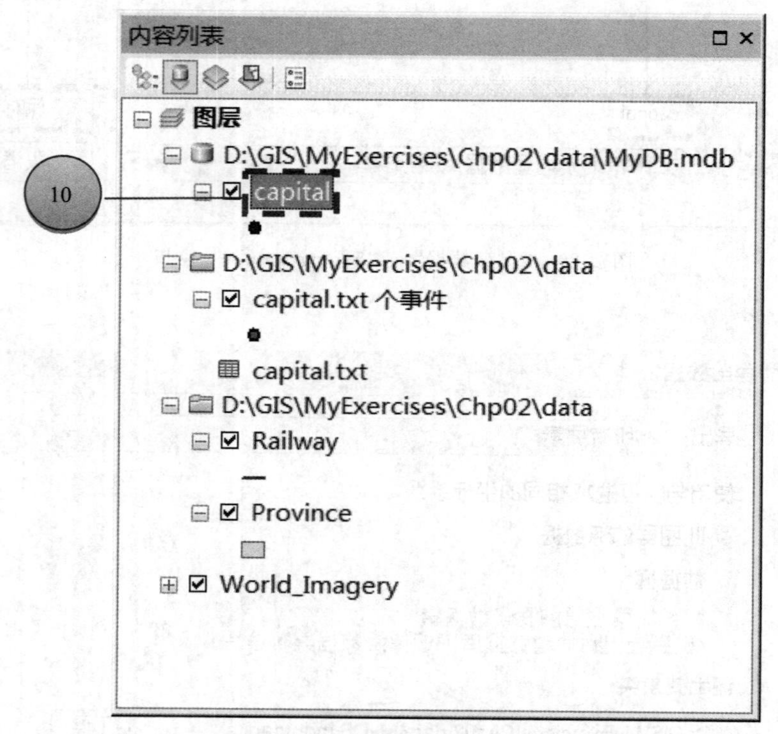

图 2.32　“内容列表”（“Table Of Contents”）窗口

(8) 地图数据（地图文档）**的保存**

① 点击“标准工具”（“Stardard”）栏上的“保存”（“Save”）图标，如图 2.33 所示；

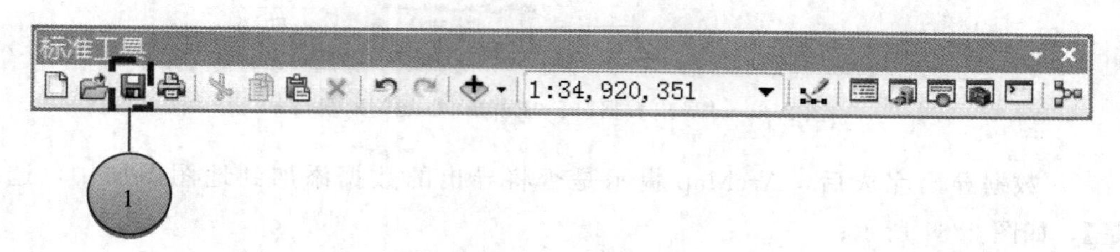

图 2.33“标准工具”（“Standard”）栏

② 在弹出的“另存为”（“Save AS”）窗口中，找到文件夹“D:\GIS\MyExercises\Chp02”，并打开；

③ 在文件名文本框中输入地图的名字“Chp02. mxd”；

④ 点击【保存】（【Save】）按钮，如图 3.34 所示。

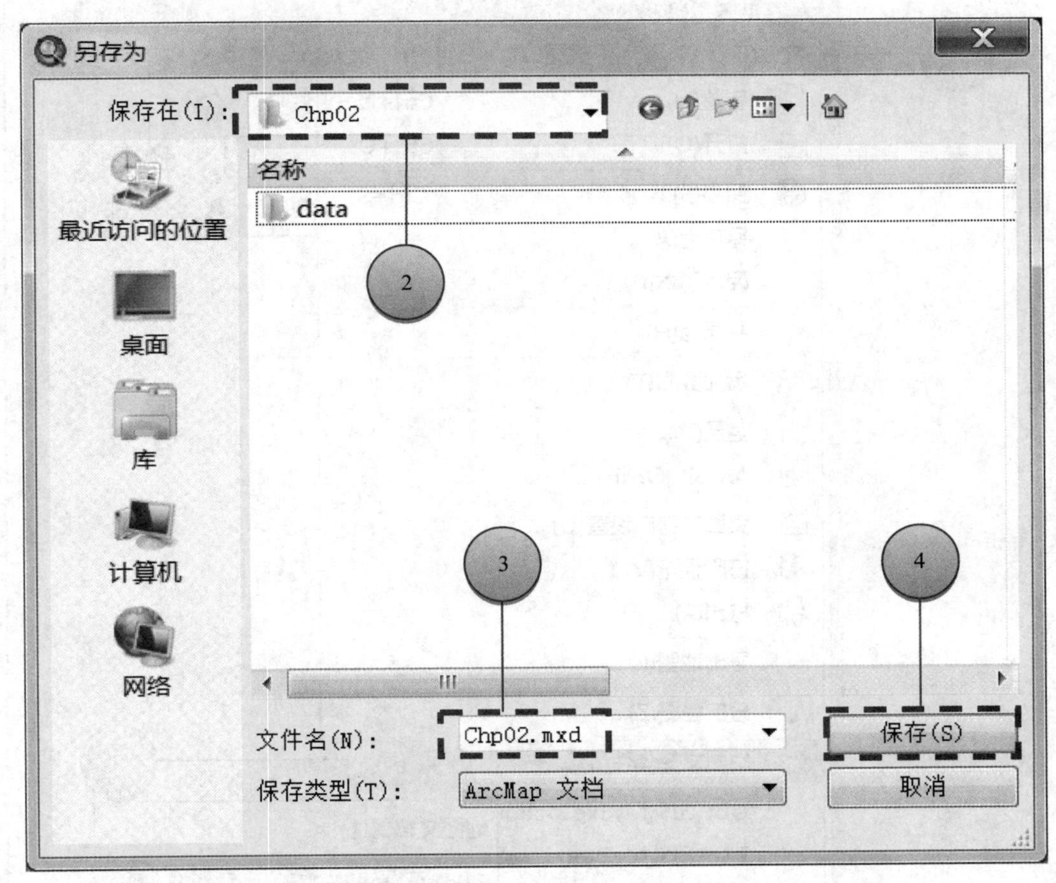

图 2.34 “另存为”（“Save AS”）窗口

★ **多学一点：地图文档**

地图文档是 ArcGIS 用来存储地图数据的文件，一个地图中往往包含至少一个数据框，而每一个数据框一般至少包含一个图层。地图文档并不存储各个图层的原始数据，它只是连接到这些数据。但是地图文档中存储有关地图的设置信息，如图例、比例尺、地图网格、地图布局等。因为地图文档并不存储各个图层的原始数据，所以在拷贝地图文档时应当同时拷贝地图文档引用到的原始数据，否则就会出现图层无法显示的情况。另外，为保证地图拷贝过程中图层的正确显示，最好保证地图文档与图层的相对位置不变，同时在存储地图文档时将地图文档的属性设置为相对路径。具体方法如下：

① 点击“文件”（“File”）菜单；

② 在弹出的菜单中选择【地图文档属性（M）…】（【Map Document Properties…】）菜单命令，如图 2.35 所示；

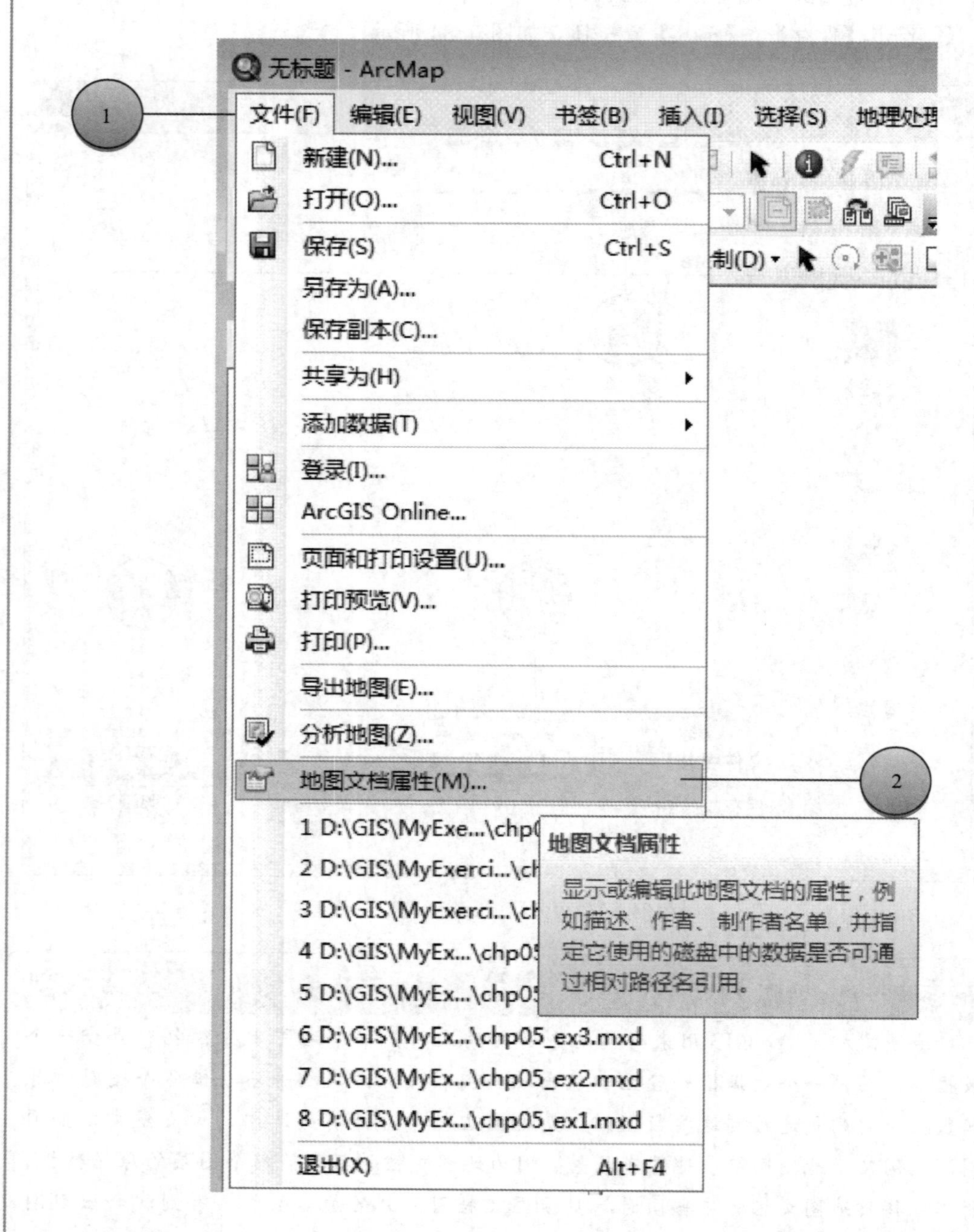

图 2.35 【地图文档属性(M)…】(【Map Document Properties…】) 菜单命令

③ 在弹出的窗口中，选中“存储数据源的相对路径名（U）”（“Store relative pathnames to data sources”）；

④ 点击【确定】（【OK】）按钮，如图 2.36 所示。

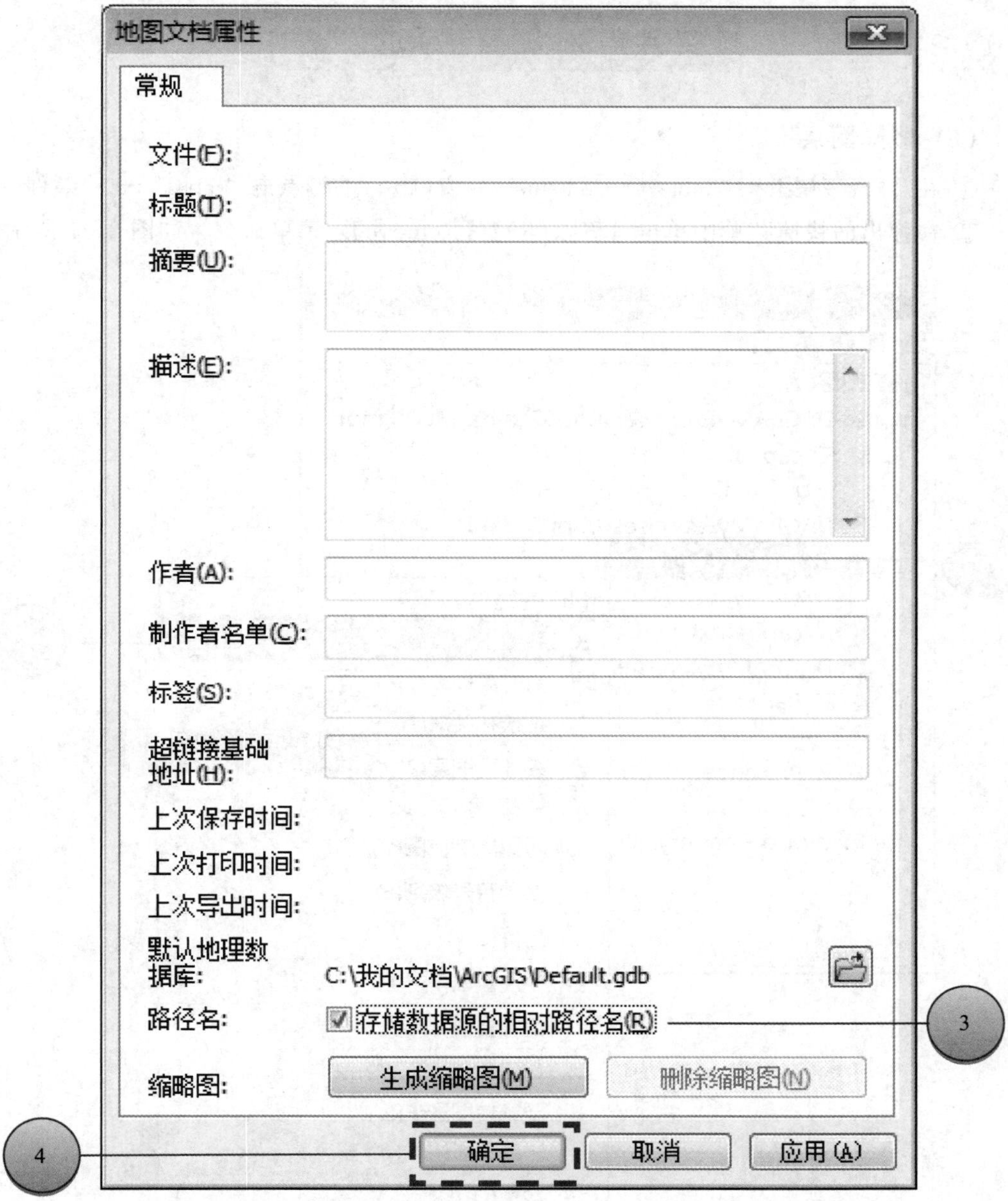

图 2.36 “地图文档属性(M)…”(“Map Doucument Properties…”) 窗口

2.3 图层的显示

名词解释： 图层

图层是 ArcGIS 中的数据组织方法，把各种地物表示成点图层、线图层和面状图层，通过图层的叠加来表示一幅地图。

实例 2-3 图层显示的设置

(1) 移除图层

① 在“内容列表”（“Table Of Contents”）窗口中，右键点击“capital. txt 个事件”；

② 在弹出的快捷菜单中单击【移除(R)】(【Remove】) 菜单命令，如图 2.37 所示。

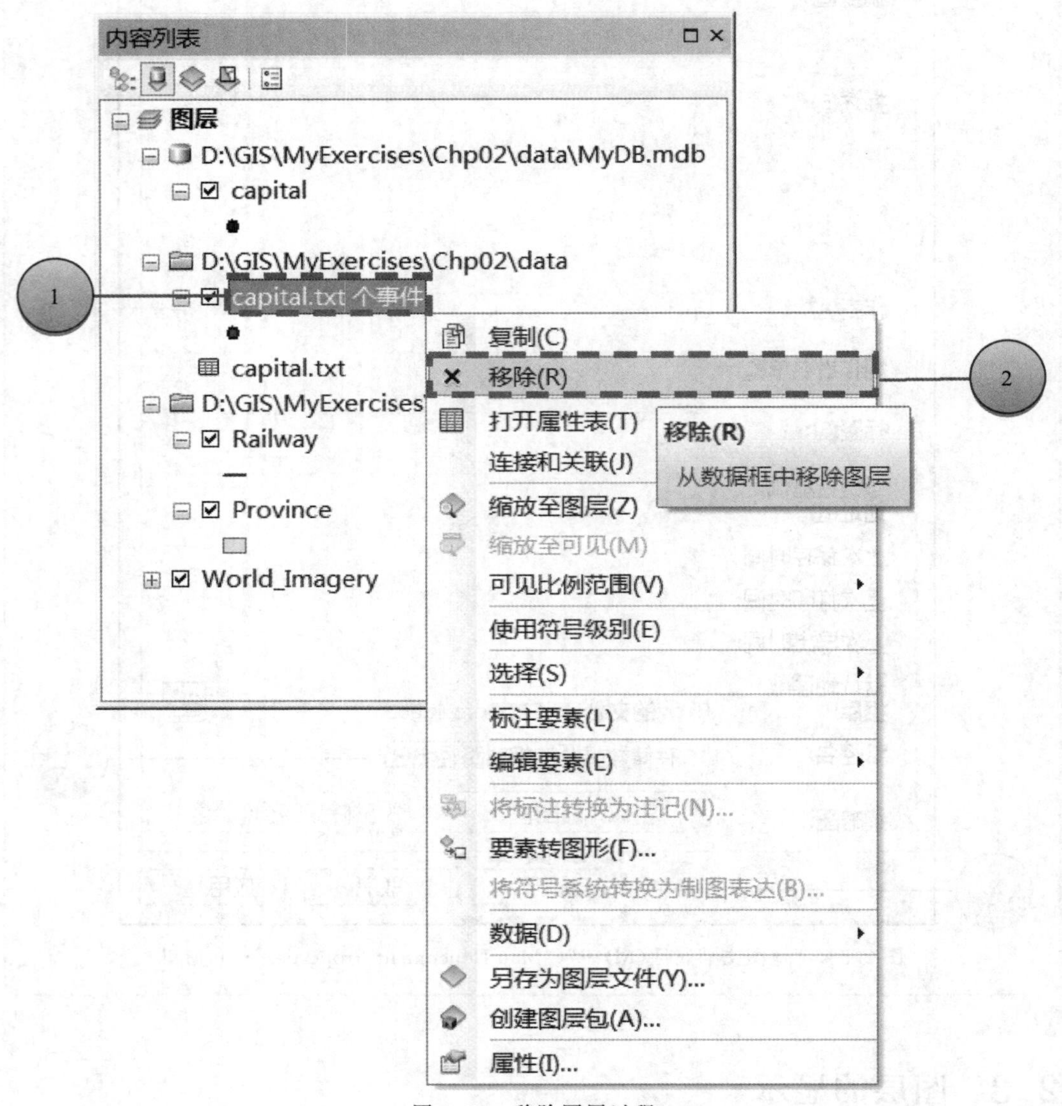

图 2.37 移除图层过程

(2) 设置 Province 图层的显示样式

① 点击“内容列表”（“Table Of Contents”）窗口中的“按绘制顺序列出”（“List By Drawing Order”）图标，如图 2.38 所示，得到如图 2.39 所示的“内容列表”（“Table of Contents”）窗口；

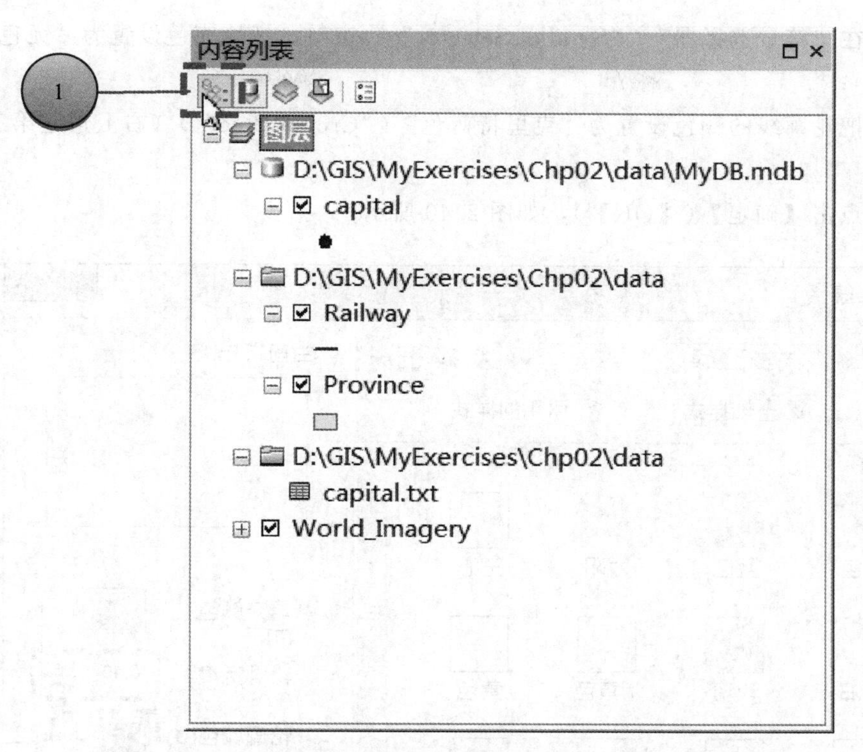

图 2.38 “按绘制顺序列出”(“List By Drawing Order”)图标

② 双击“Province”图层的图例，如图 2.39 所示；

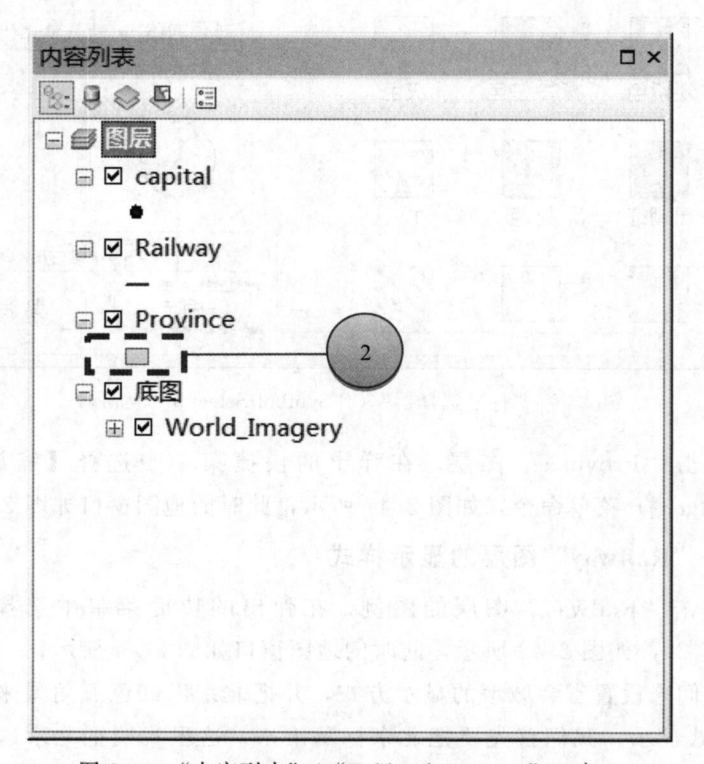

图 2.39 “内容列表”（“Table of Contents”）窗口

③ 在“符号选择器”（“Symbol Selector”）窗口，把填充色设置为“无色”（“No Color”）；

④ 把轮廓线的颜色设置为“克里特蓝色”（“Creten Blue”）（右上角起第三列第三行）；

⑤ 点击【确定】（【OK】），如图 2.40 所示；

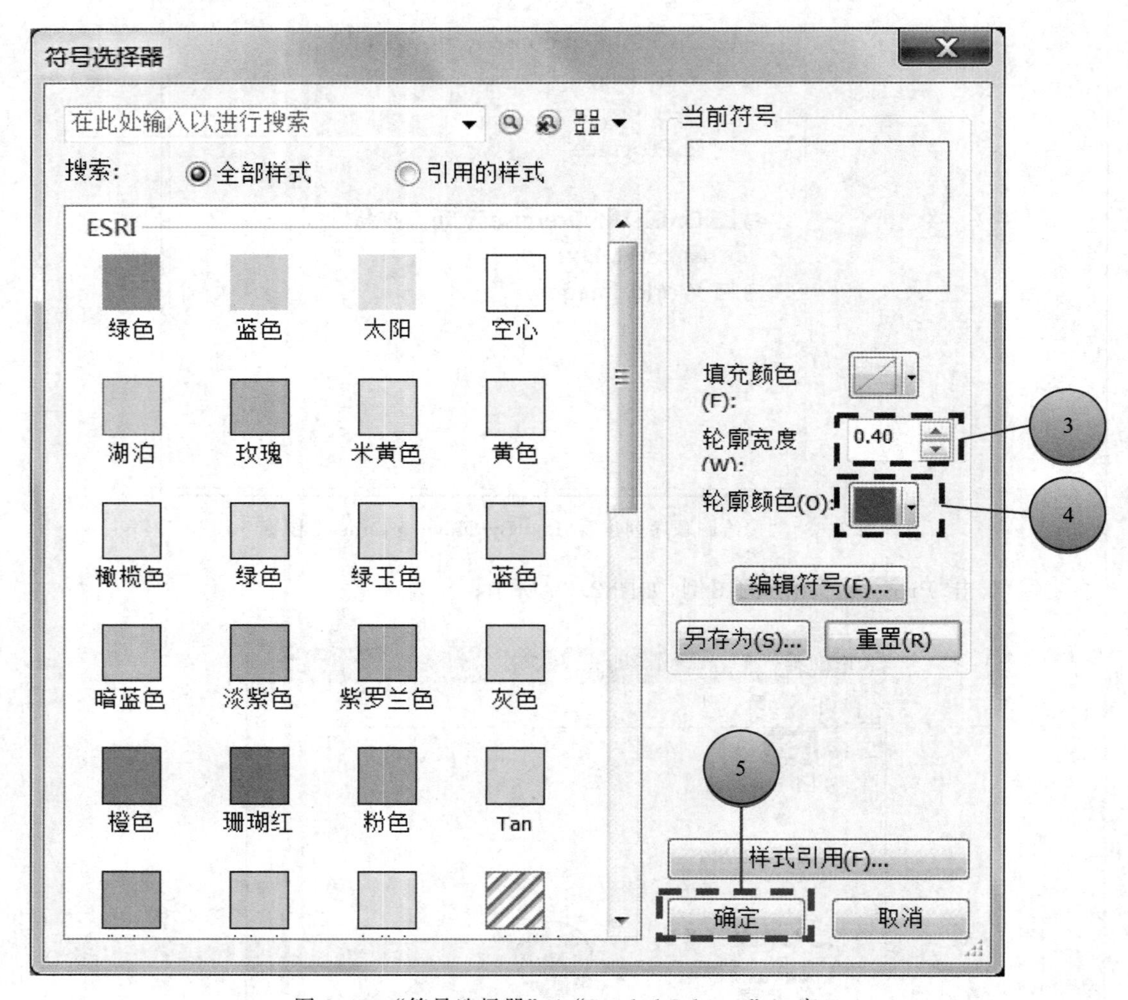

图 2.40 “符号选择器”（“Symbol Selector”）窗口

⑥ 右键点击“Province”图层，在弹出的快捷菜单中选择【缩放至图层(Z)】(【Zoom To Layer】)菜单命令，如图 2.41 所示，此时的地图窗口如图 2.42 所示。

(3) 设置“Railway”图层的显示样式

① 右键点击“Railway”图层的图例，在弹出的快捷菜单中选择“灰色 80%”（“Gray 80%”），如图 2.43 所示，此时的地图窗口如图 2.44 所示；

② 下面我们来设置省会城市的显示方式，并把北京以红色五角星来显示。为了把北京以不同方式显示，我们首先要把北京标示出来，这里我们把北京这条记录的字段 National_C 赋值为 1。

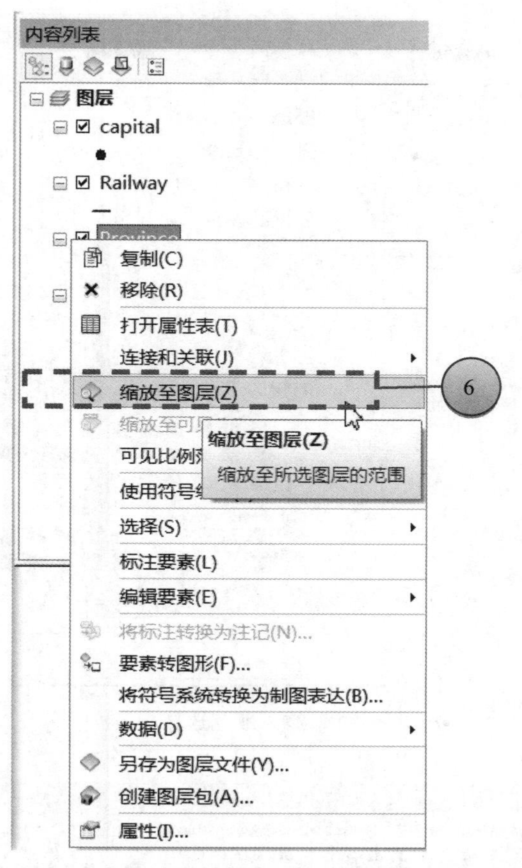

图 2.41 【缩放至图层(Z)】(【Zoom To Layer】) 菜单命令

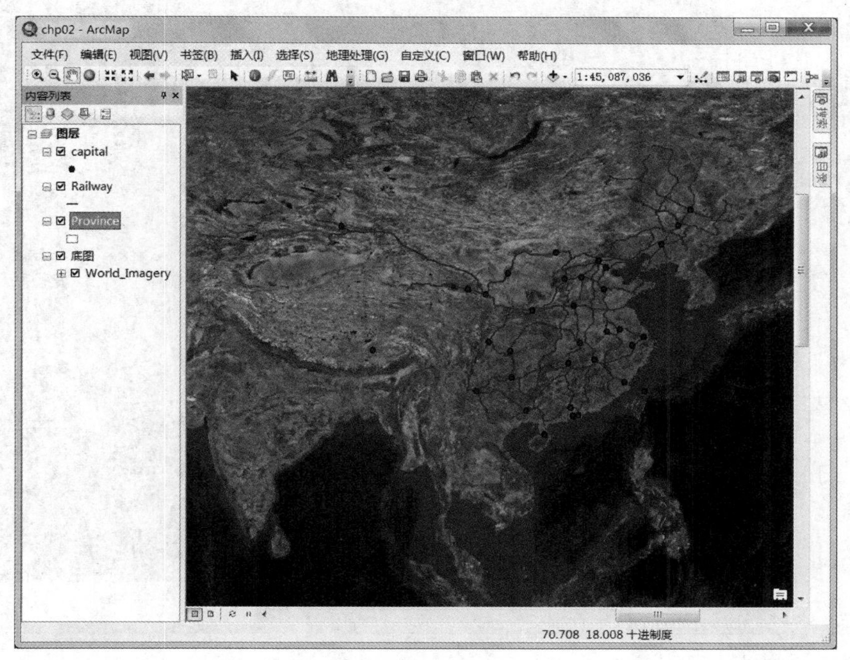

图 2.42 地图窗口

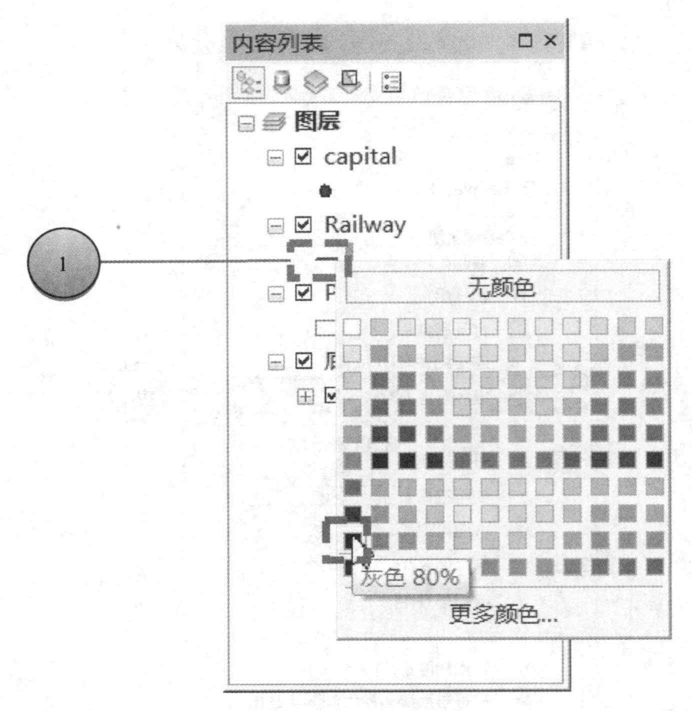

图 2.43　颜色选择

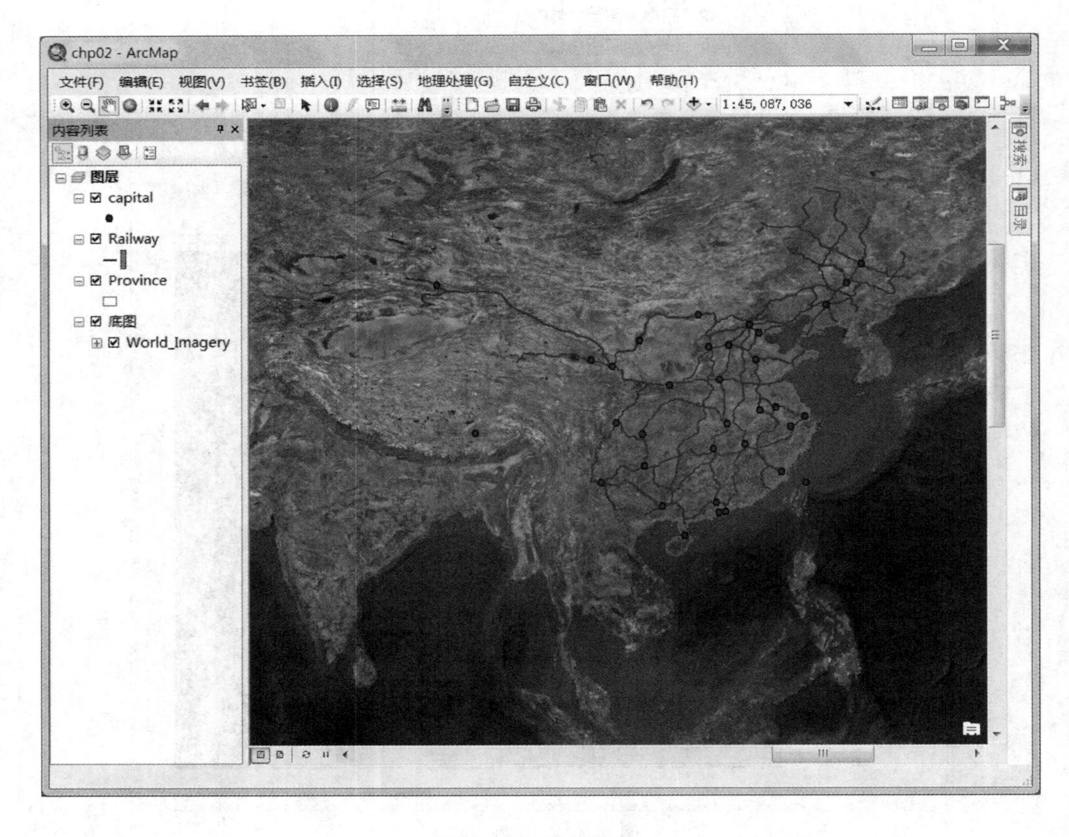

图 2.44　地图窗口

名词解释：记录

记录是某一事物（数据库术语为实体）一组属性值的集合，如城市的属性包括名称、面积、人口，那么“北京市”，“16410.54”平方千米，“2170”万人这组属性值就构成了一条记录。

名词解释：字段

字段表示某一事物的一个属性，如城市的名称即为城市的一个属性，用数据库的术语来表述即为城市这个表的一个字段为“名称”。

（4）字段计算

① 右键点击“capital”图层；

② 在弹出的快捷菜单中选择【打开属性表（T）】（【Open Attribute Table】）菜单命令，如图 2.45 所示；

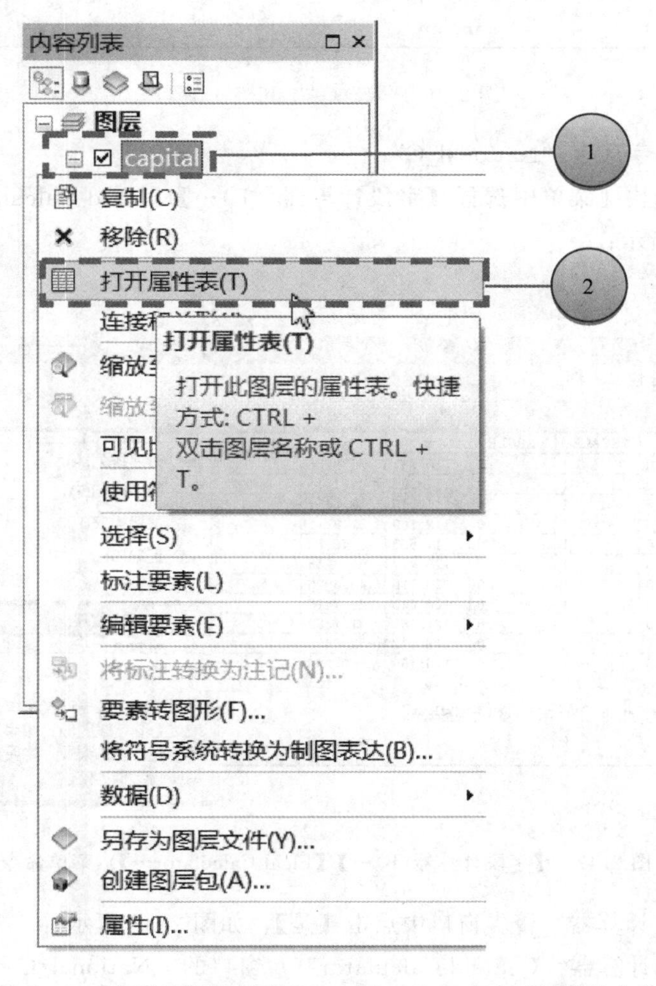

图 2.45 【打开属性表(T)】(【Open Attribute Table】) 菜单命令

③ 在“表”（“Table”）窗口中单击第一行最左侧的按钮，选中第一行即北京所对应的记录，如图 2.46 所示；

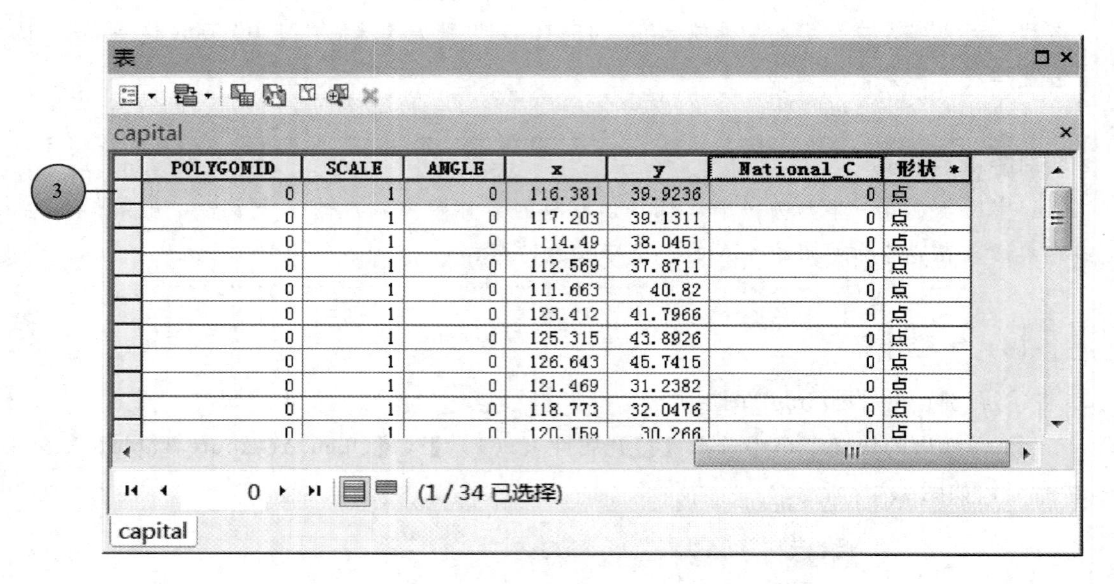

图 2.46 “表”（“Table”）窗口

④ 右键点击字段名“National_C”；

⑤ 在弹出的快捷菜单中选择【字段计算器（F）…】(【Field Calculator…】) 菜单命令，如图 2.47 所示；

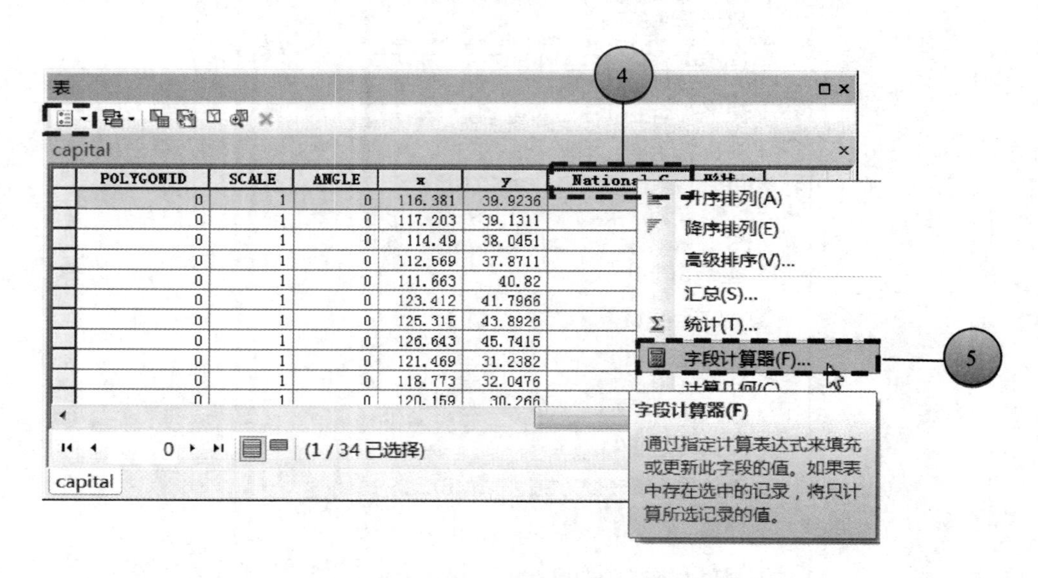

图 2.47 【字段计算器(F)…】(【Field Calculator…】) 菜单命令

⑥ 在“字段计算器”警告窗口中点击【是】，如图 2.48 所示；

⑦ 在“字段计算器”（“Field Calculator”）窗口的“National_C=”文本框中输入“1”(不加引号)；

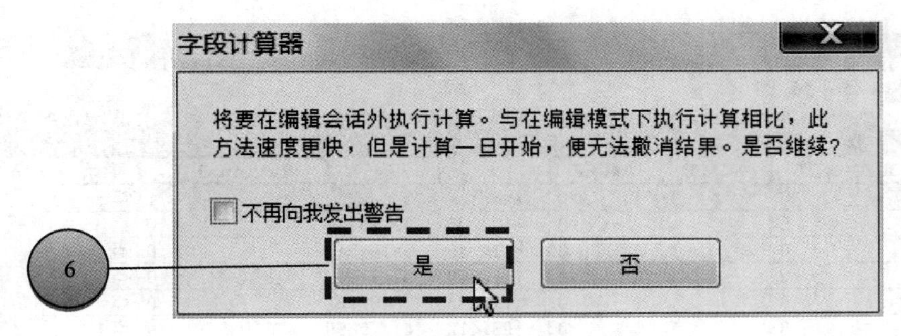

图 2.48 “字段计算器”提示框

⑧ 点击【确定】(【OK】) 按钮，如图 2.49 所示，处理完毕后将得到如图 2.50 所示结果。

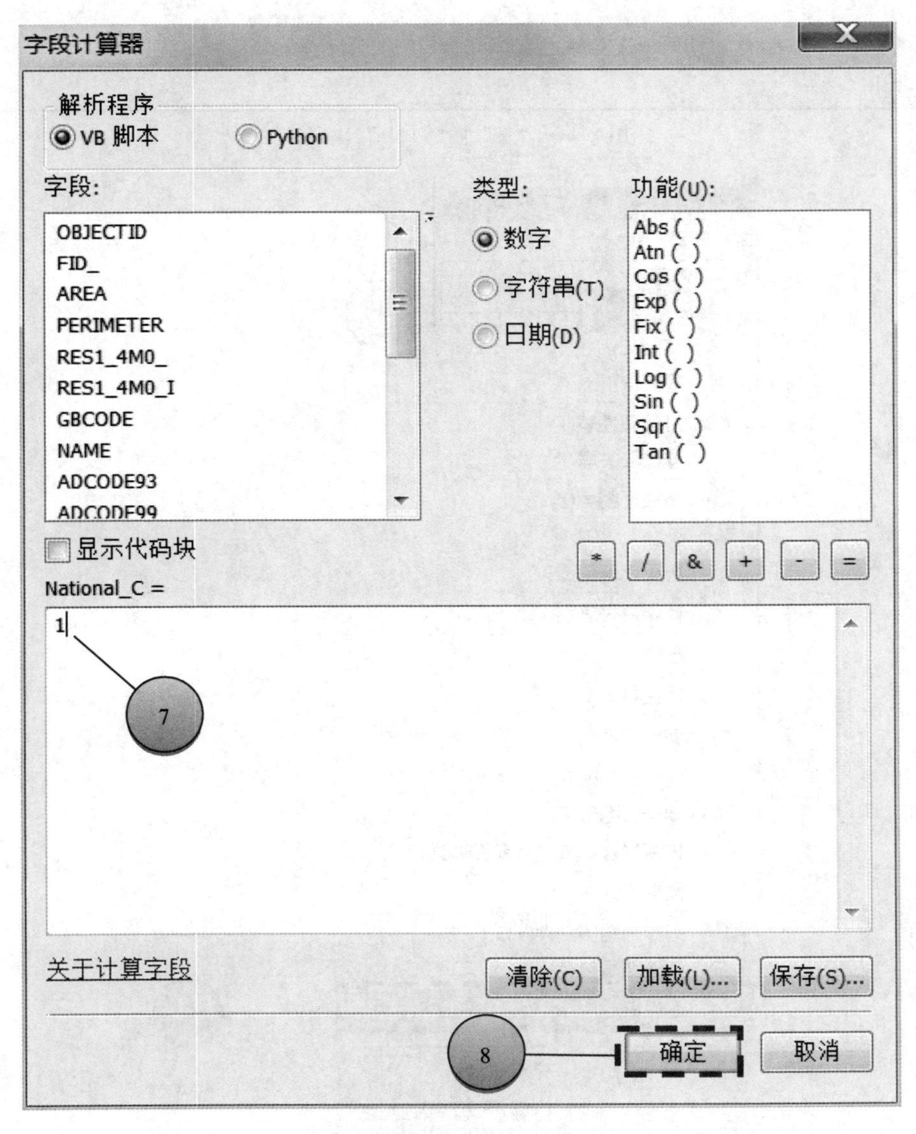

图 2.49 “字段计算器”(“Field Calculator”) 窗口

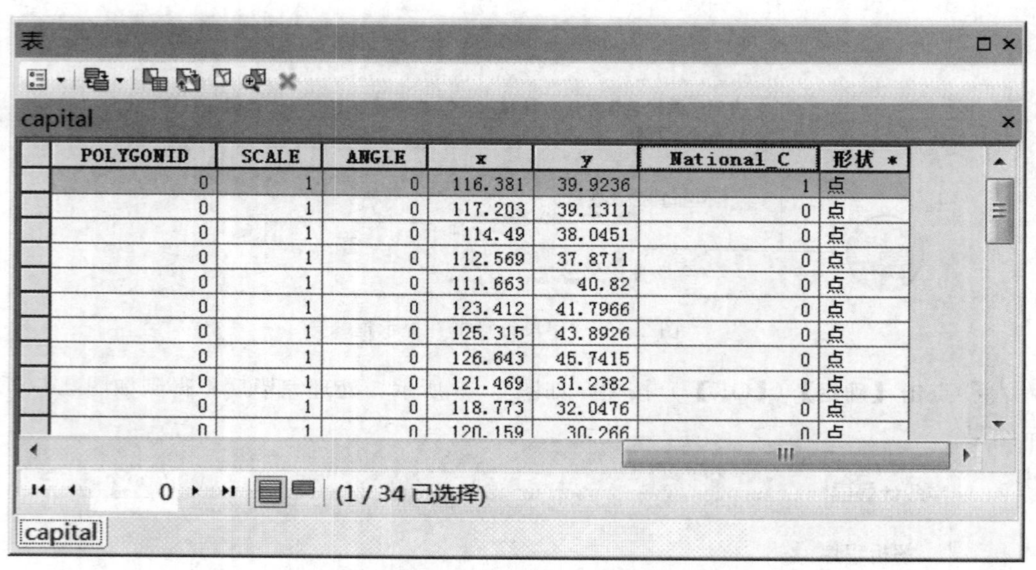

图 2.50 “表”（“Table”）窗口

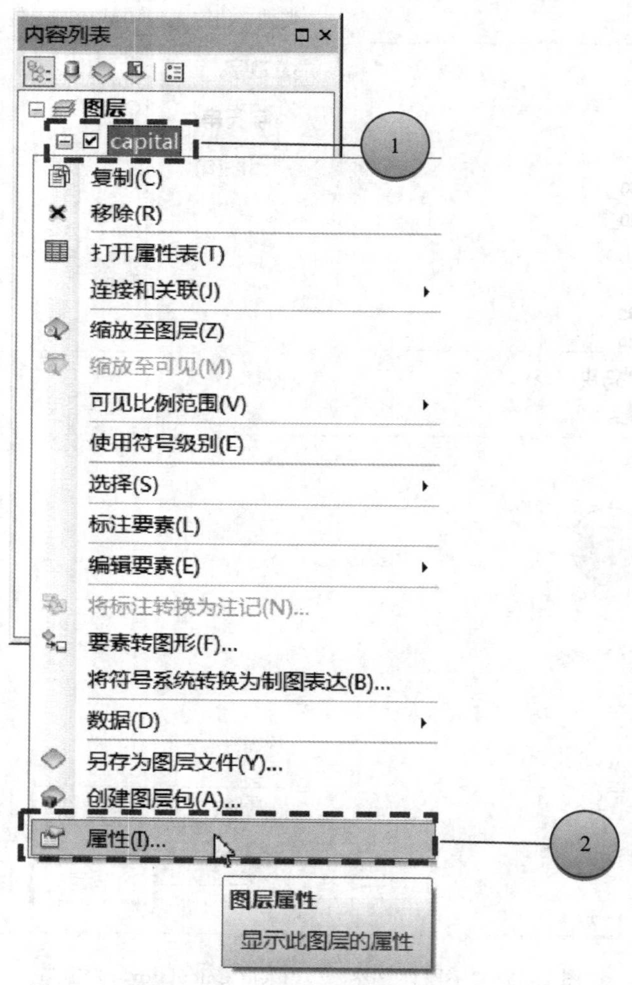

图 2.51 【属性（I）…】（【Properties…】）菜单命令

(5) 设置“capital”图层的显示样式

① 右键单击“内容列表”(“Table of Contents”)窗口中“capital”图层;

② 在弹出的快捷菜单中选择【属性(I)…】(【Properties…】)菜单命令,如图2.51所示;

③ 在“图层属性”(“Layer Properties”)窗口中点击“符号系统”(“Symbology”)选项卡;

④ 再单击展开“类别”(“Categories”)树;

⑤ 选择“唯一值”(“Unique Values”)项;

⑥ 在“值字段(V)”(“Value Field”)下拉框中选择“National_C”;

⑦ 点击【添加所有值(L)】(【Add All Values】)按钮;

⑧ 双击最下面的图例(1值所对应的图例,即北京所对应的图例),如图2.52所示;

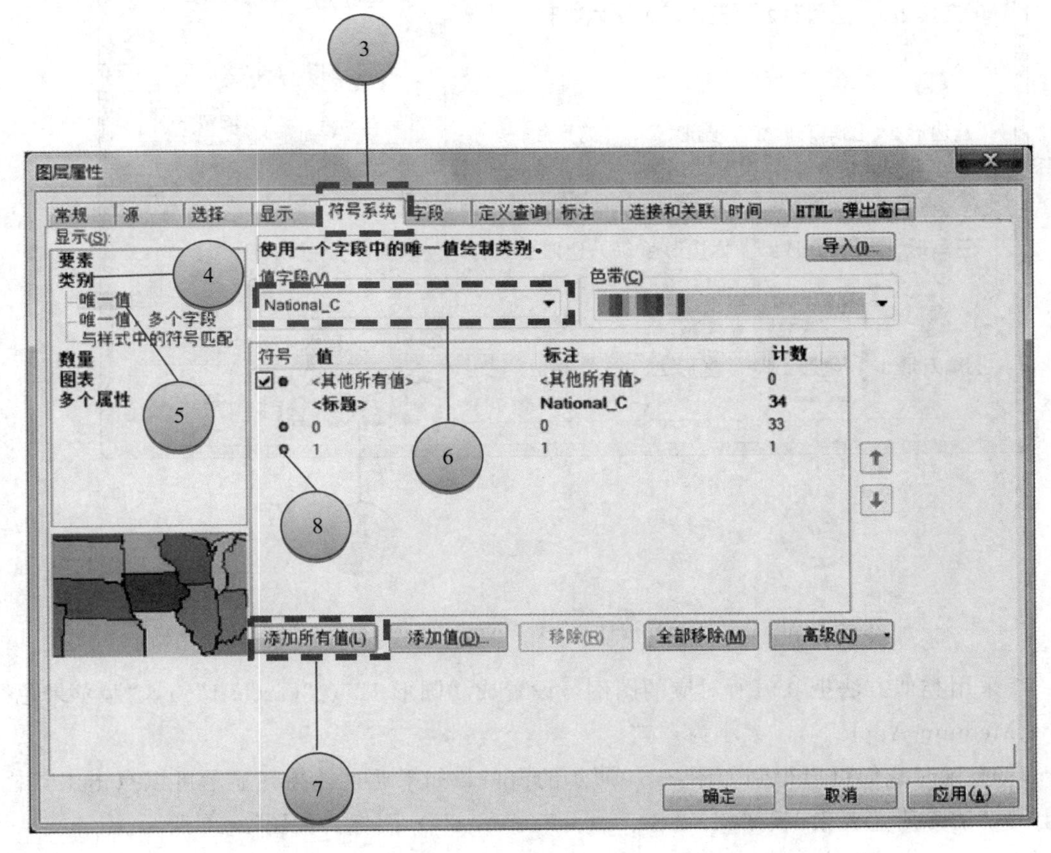

图2.52 “图层属性(“Layer Properties”)”窗口

⑨ 在“符号选择器”(“Symbol Selector”)窗口中点击“星形1”(“Star 1”);

⑩ 把颜色设置为“火星红”(“Mars Red”);

⑪ 把大小设置为“16”;

⑫ 点击【确定】(【OK】) 按钮，如图 2.53 所示；

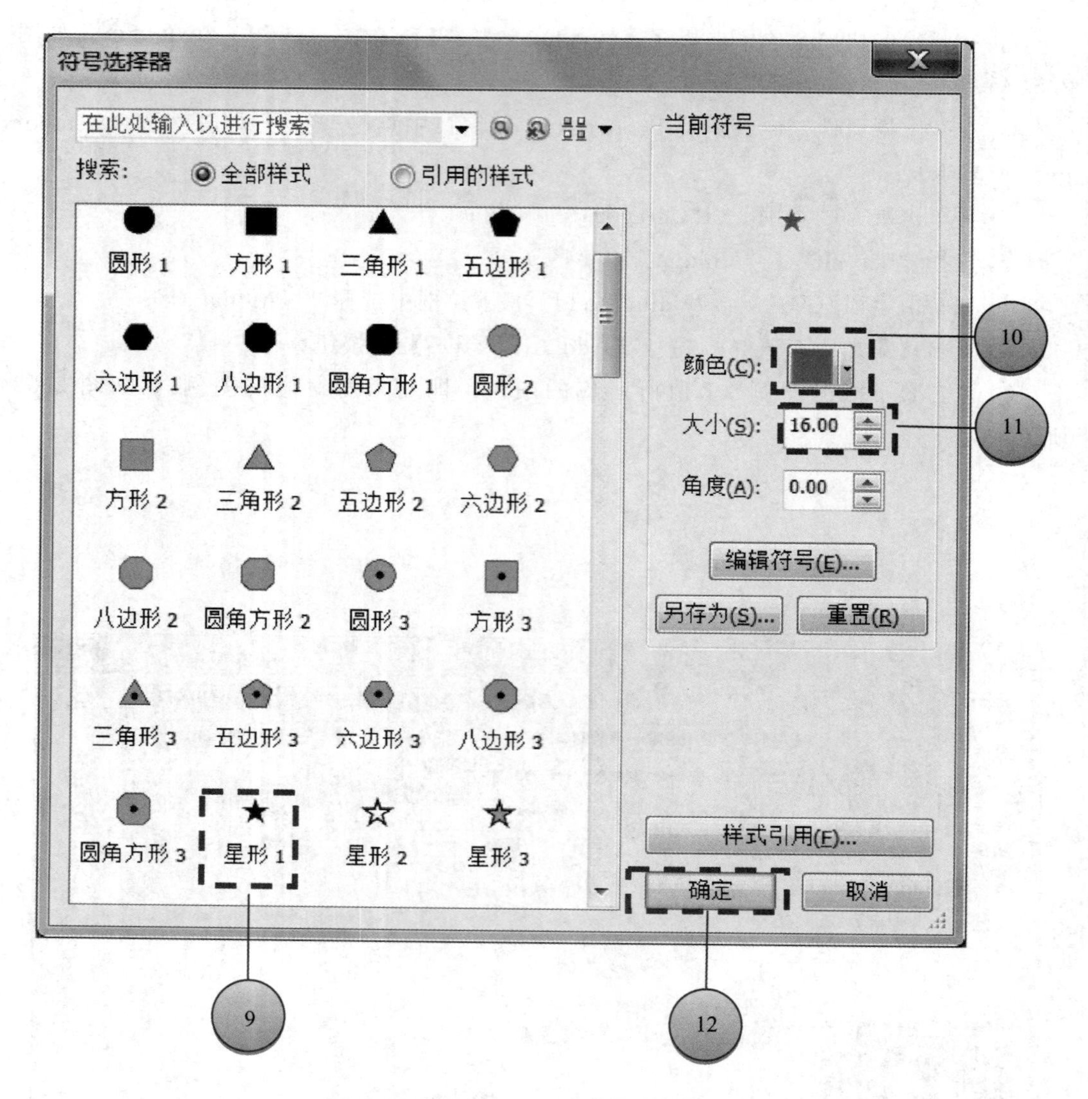

图 2.53 “符号选择器”(“Symbol Selector”) 窗口

采用类似方法把 0 值所对应的图例，设置成“圆形 1”(“Circle 1”)，“暗苹果色”(“Medium Apple”)，大小为“6”。

⑬ 这时我们可以得到如图 2.54 所示的窗口，如果北京被高亮显示可以点击工具栏上的“清除所选要素”(“Clear Selected Features”) 图标，如图 2.55 所示。

(6) 设置“capital”图层标注

① 右键单击“内容列表”(“Table Of Contents”) 窗口中“capital”图层；

② 在弹出的快捷菜单中选择【属性 (I) …】(【Properties…】) 菜单命令，如图 2.56 所示；

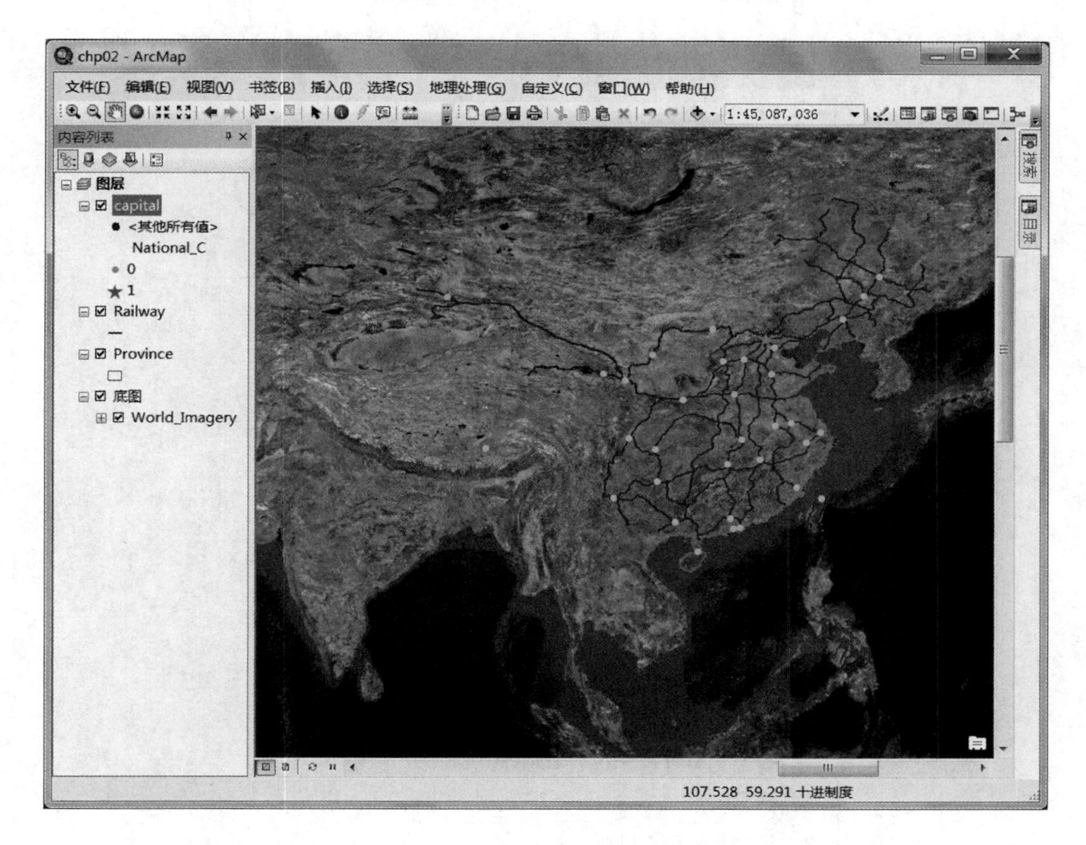

图 2.54 结果窗口

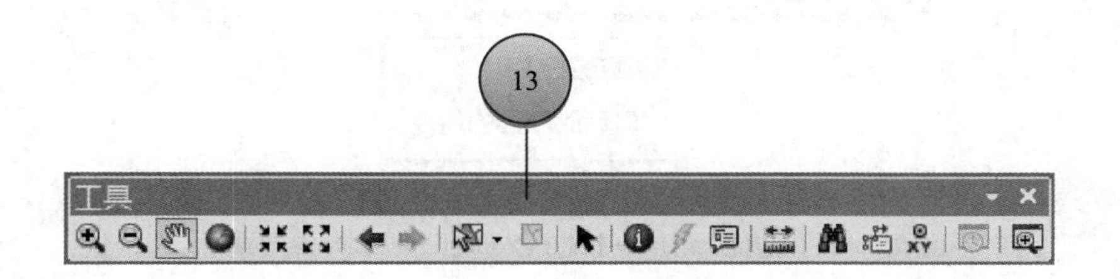

图 2.55 “清除所选要素”（“Clear Selected Features”）图标

③ 在“图层属性”（“Layer Properties”）窗口中点击“标注”（“Labels”）选项卡；

④“标注字段（F）:”（“Label Field”）选为“NAME”；

⑤ 字体颜色设置为“太阳黄”（“Solar Yellow”）（黄色列里上面数第三个）；

⑥ 字体大小设置为“10”；

⑦ 点击【确定】（【OK】）按钮，如图 2.57 所示；

⑧ 右键单击“内容列表”（“Table Of Contents”）窗口中“capital”图层；

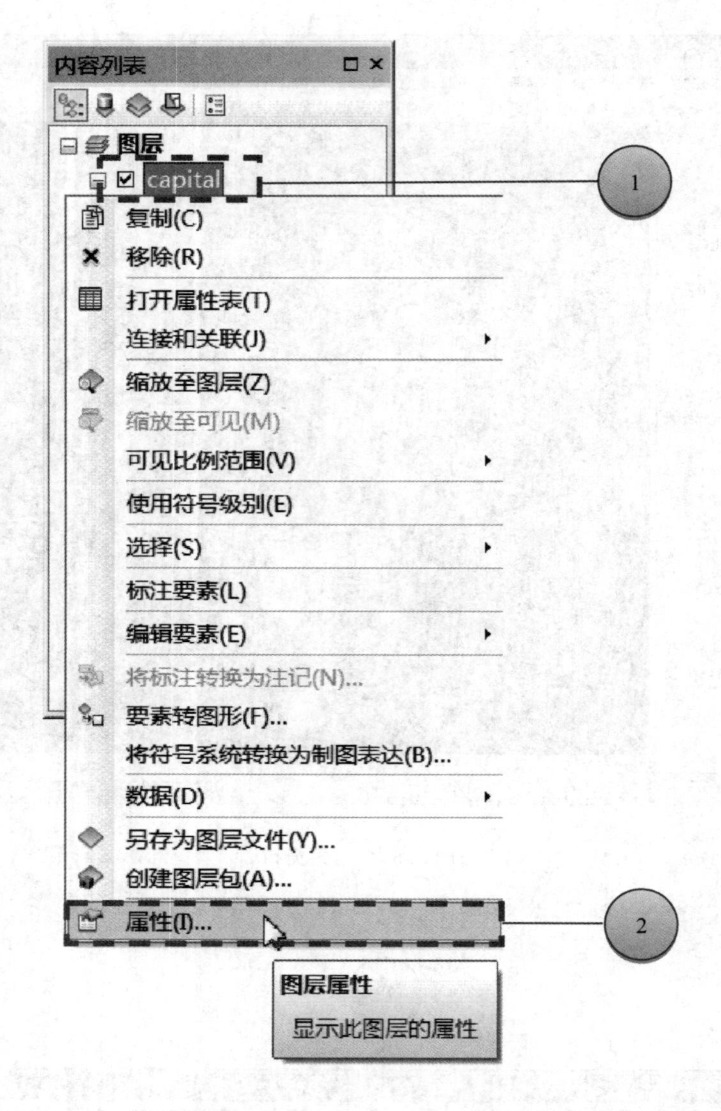

图 2.56 【属性（I）…】（【Properties…】）菜单命令

⑨ 在弹出的快捷菜单中选择【标注要素（L）】（【Label Features】）菜单命令，如图 2.58 所示，此时的地图窗口如图 2.59 所示；

⑩ 点击“标准工具”（“Standard”）栏上的“保存”（“Save”）图标保存地图，如图 2.60 所示；

⑪ 点击“文件”（“File”）菜单；

⑫ 点击【退出（X）】（【Exit】）菜单命令，如图 2.61 所示；

⑬ 如果地图已经保存将会直接退出 ArcMap，如果地图文件没有保存将会弹出如图 2.62 所示对话框，点击【是（Y）】（【Yes】）按钮即可。

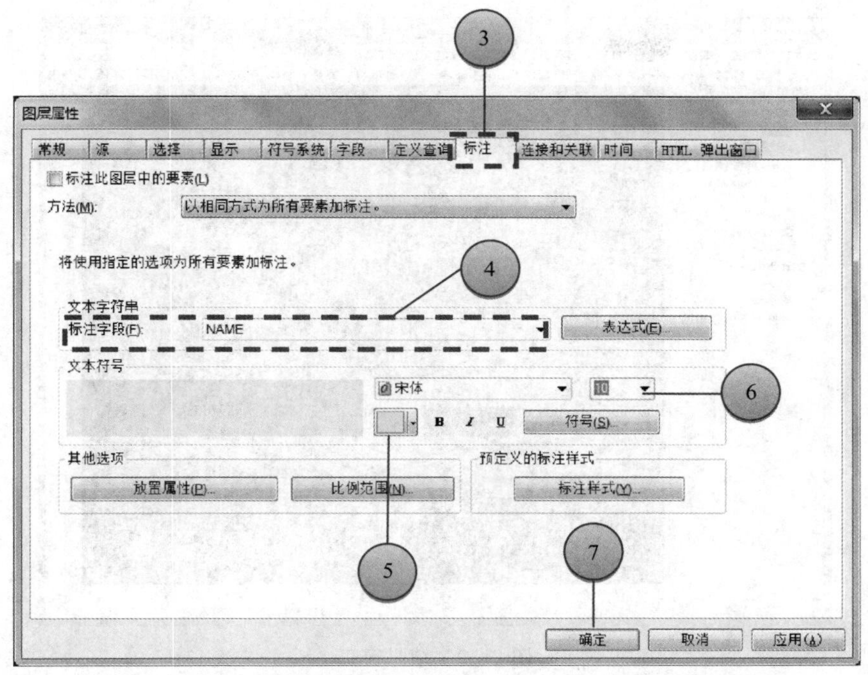

图 2.57 “图层属性”（“Layer Properties”）窗口

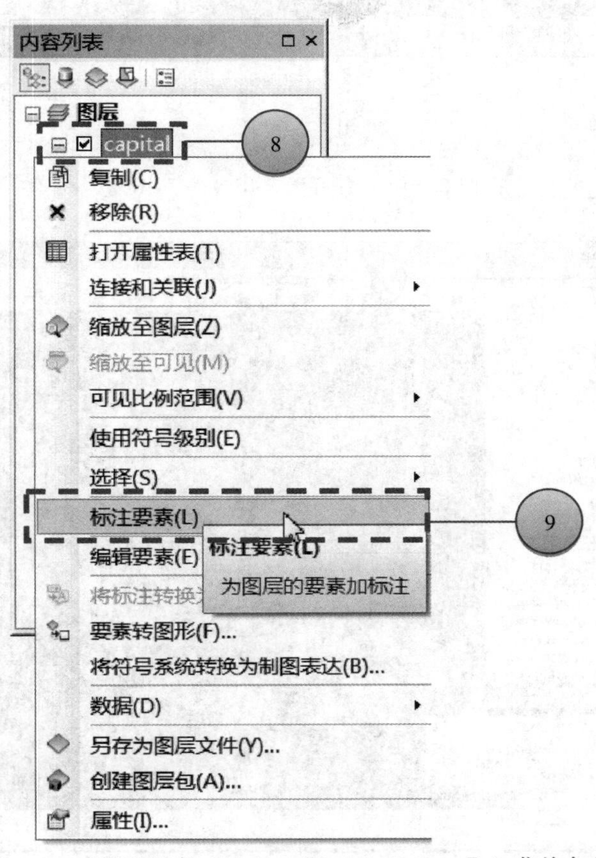

图 2.58 【标注要素（L）】（【Label Features】）菜单命令

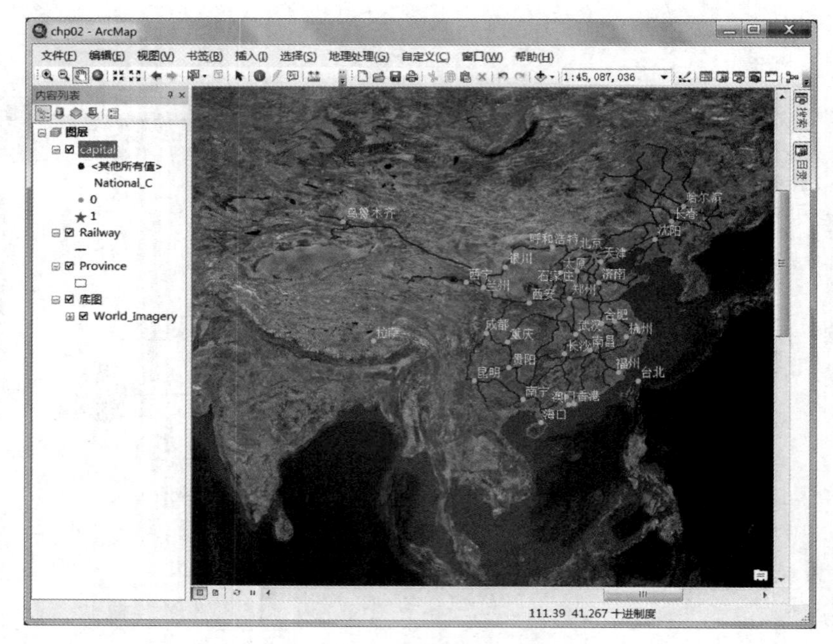

图 2.59 结果窗口

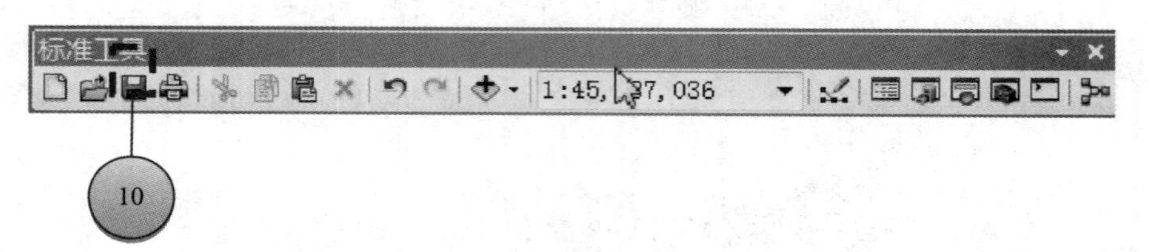

图 2.60 “保存”（“Save”）图标

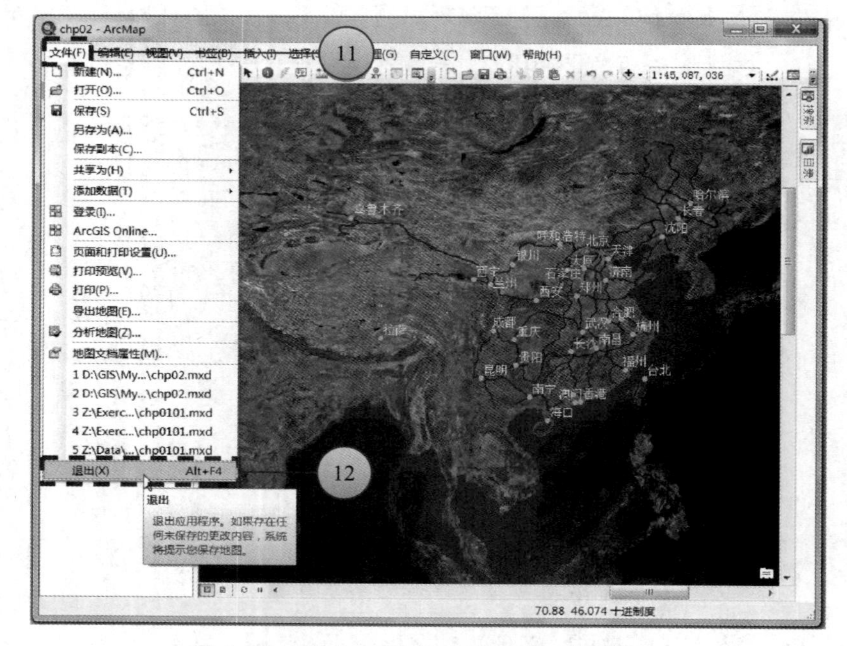

图 2.61 【退出（X）】（【Exit】）菜单命令

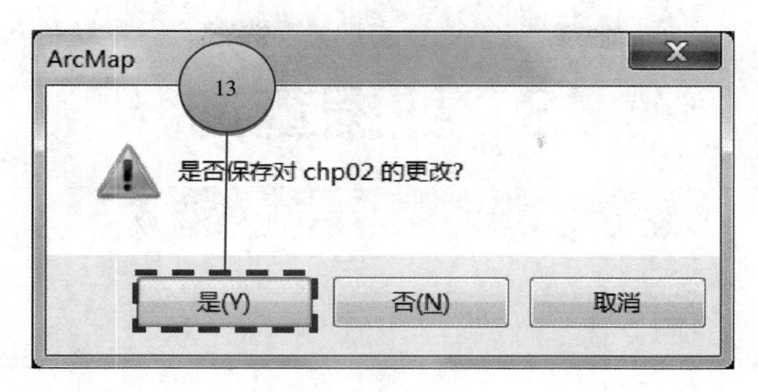

图 2.62　提示窗口

小　结

本章主要介绍了文件夹的连接方法、不同类型数据的加载方法和图层显示控制的设置方法。不同类型数据的加载方法和图层显示控制的设置方法是本章学习的重点。

练　习

1. 在电脑上新建一个文件夹，然后在 Catalog 中建立至该文件夹的连接（可参考 2.1 节）。

2. 新建一个地图文件，加载 Railway 图层和遥感影像图（可参考 2.2 节）。

3. 新建一个地图文件，加载 Province 图层，将省份的边界设置为红色，填充颜色设置为灰色（可参考 2.2 和 2.3 节）。

4. 新建一个地图文件，加载 capital 图层，并用城市名称的拼音（pinyin 字段）对图层进行标注（可参考 2.2 和 2.3 节）。

3 数据查询

本章学习目标

- 掌握空间数据的查询方法；
- 掌握属性数据的查询方法。

为了方便以后的练习，请先在自己的硬盘上创建一个文件夹，如“D:\GIS”。然后将练习数据（文件夹“Exercises”）拷贝到该文件夹下。同时在 GIS 目录下创建一个新的文件夹“MyExercises”用于存放你自己的练习数据。若在前一章中已完成上述操作可以跳过这些步骤。将“D:\GIS\Exercises\Chp03”文件夹拷贝到“D:\GIS\MyExercises\”文件夹下。

3.1 空间数据查询

实例 3-1　查看海南有哪些城市

(1) 打开地图文件“Chp03. mxd”

找到文件夹“D:\GIS\MyExercises\Chp03”，双击 Chp03. mxd 可以打开该文件。

(2) 查询海南的信息

① 点击“工具”（“Tools”）栏上的“全图”（“Full Extent”）图标，把所有地物要素置于当前可视范围内；

② 点击“工具”（“Tools”）栏上的“放大”（“Zoom In”）图标，如图 3.1 所示，

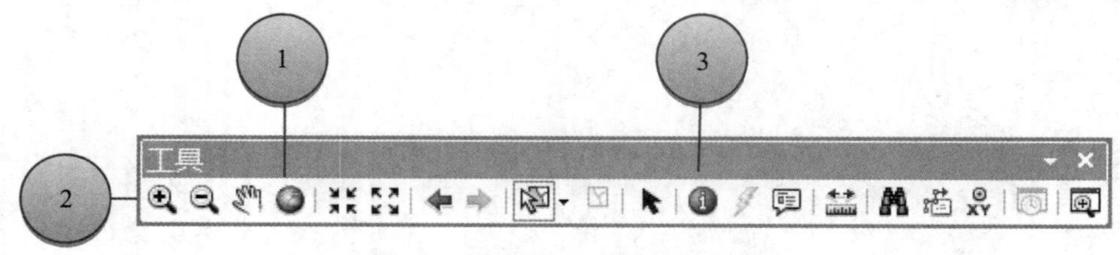

图 3.1 “工具”（“Tools”）栏

拉一个矩形框，把海南省框住，释放鼠标后将会把海南省放大，结果如图 3.2 所示；

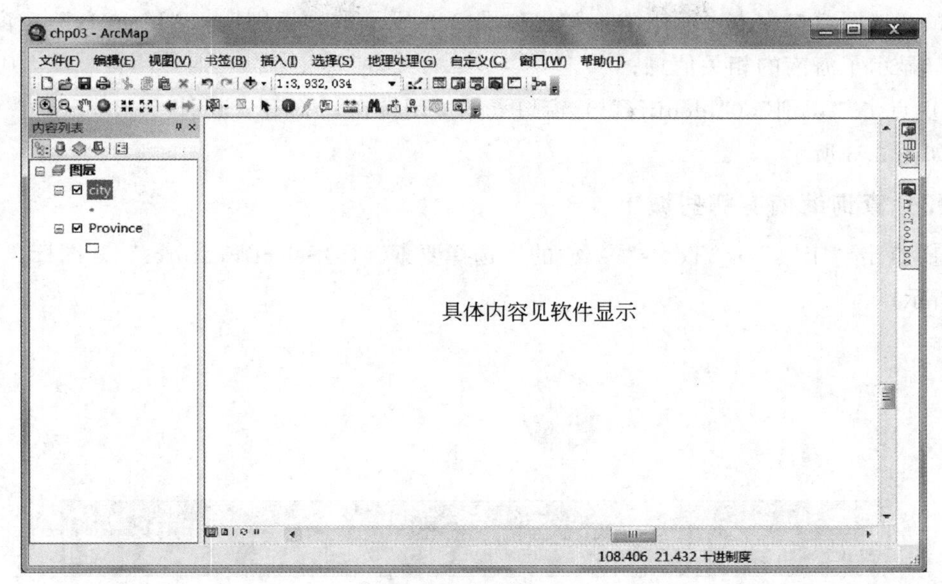

图 3.2 结果窗口

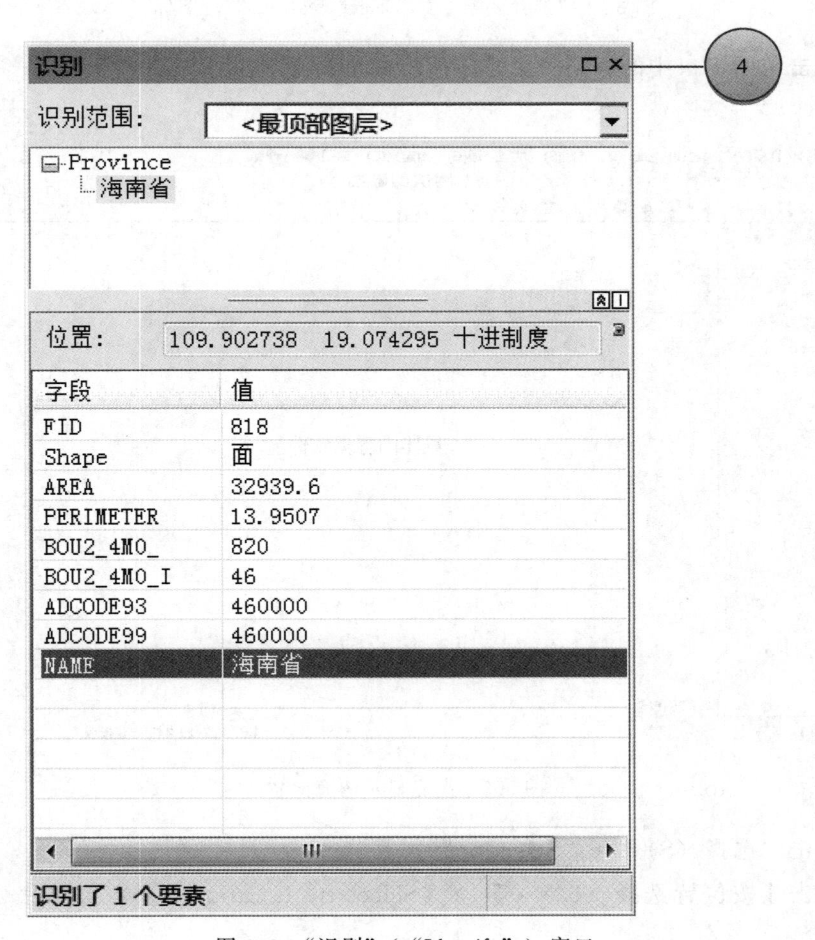

图 3.3 “识别”（“Identify”）窗口

③ 点击“工具”（“Tools”）栏上的“识别”（“Identify”）图标按钮，如图 3.1 所示，在地图窗口内点击海南省，弹出如图 3.3 所示的“识别”（“Identify”）窗口，该窗口显示了海南的相关信息；

④ 点击“识别”（“Identify”）窗口上的关闭按钮，关闭“识别”（“Identify”）窗口，如图 3.3 所示。

(3) 查询海南有哪些城市

① 点击“工具”（“Tools”）栏的“选择要素”（“Select Features”）图标，如图 3.4 所示；

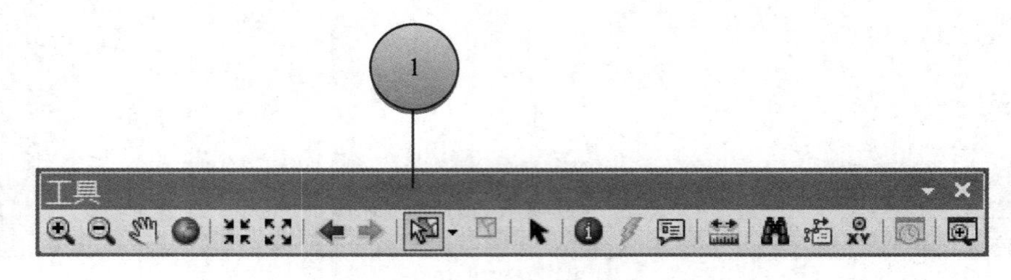

图 3.4 “选择要素”（“Select Features”）图标

② 点击地图窗口中的海南省，选中后海南会高亮显示，如图 3.5 所示；

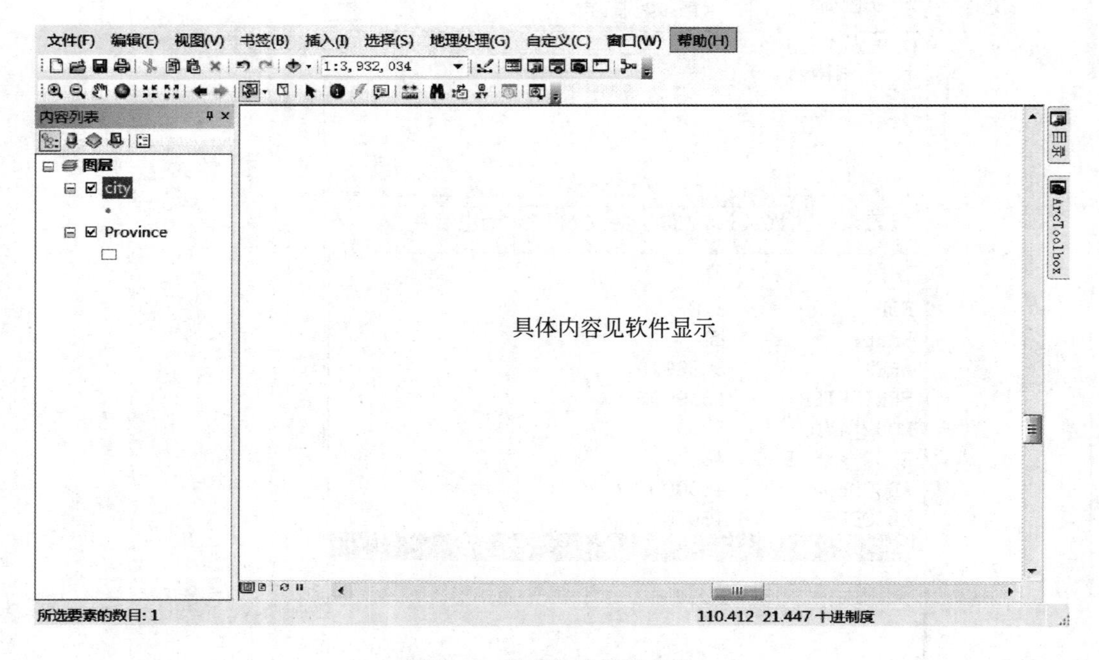

图 3.5 高亮显示的海南省

③ 点击“选择（S）”（“Selection”）菜单；

④ 点击【按位置选择（L）…】（【Select By Location…】）菜单命令如图 3.6 所示；

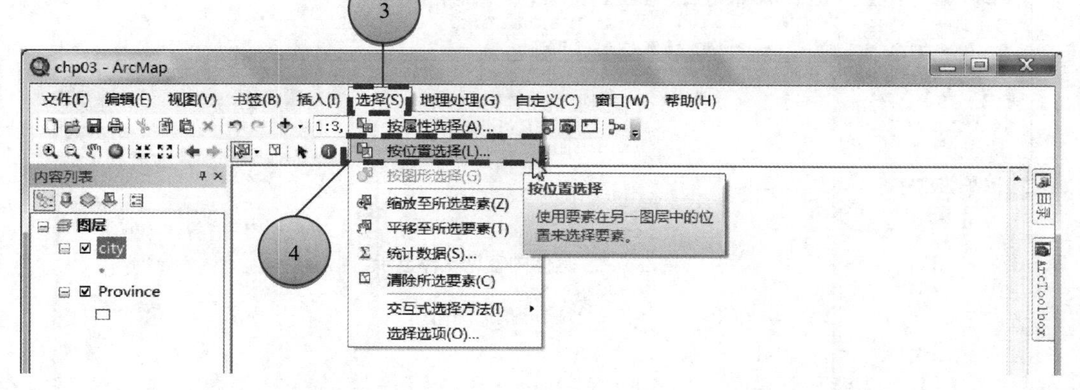

图 3.6 【按位置选择（L）…】（【Select By Location…】）菜单命令

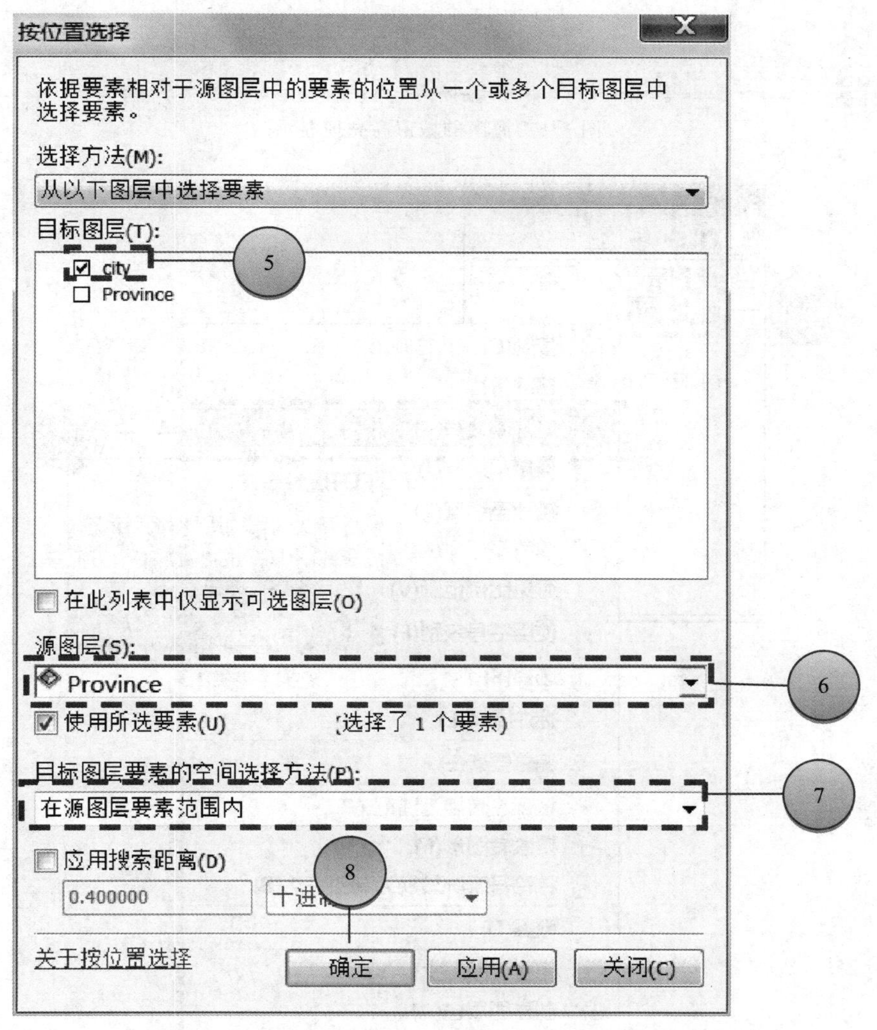

图 3.7 “按位置选择”（“Select By Location”）窗口

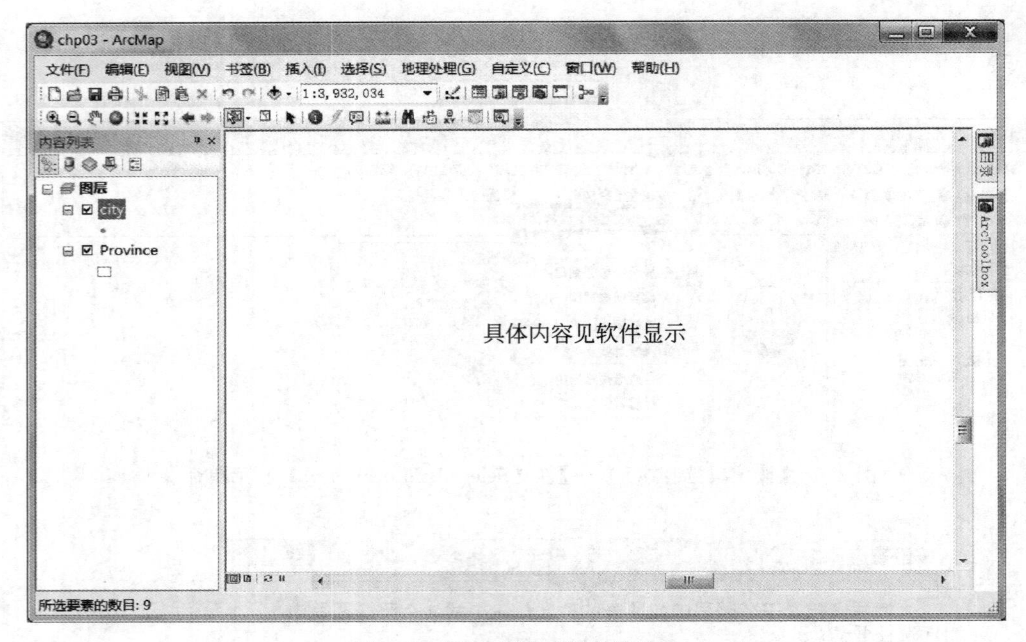

图 3.8 海南的城市高亮地显示

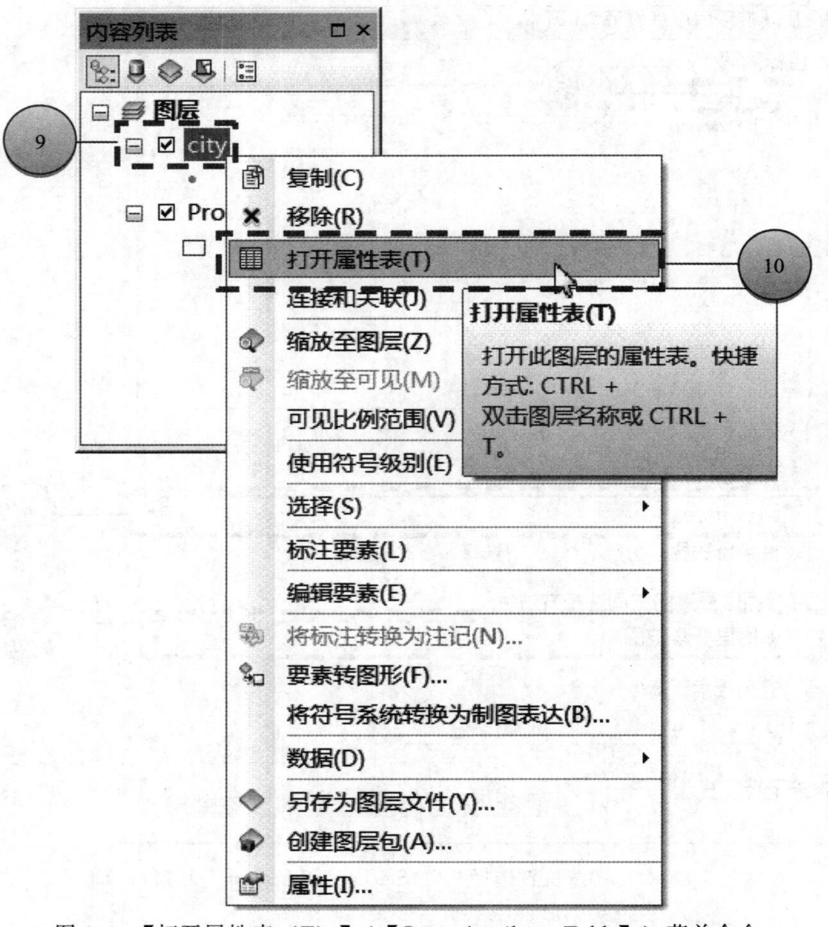

图 3.9 【打开属性表（T）】（【Open Attribute Table】）菜单命令

⑤ 在“按位置选择”（“Select By Location”）窗口中，“目标图层（T）:”（“Target layer（s）:”）选中“city”图层；

⑥“源图层:”（“Source layer:”）选择“Province”图层；

⑦“目标图层要素的空间选择方法（P）:”（“Spatial selection method for target layer feature（s）:”），选择“在源图层要素范围内”（“are within the source layer feature”）；

⑧ 单击【确定】（【OK】）按钮，如图 3.7 所示，此时海南的城市会被高亮显示，如图 3.8 所示；

⑨ 右键单击“内容列表”（“Table of Contents”）窗口中的“city”图层；

⑩ 在弹出的快捷菜单中选择【打开属性表（T）】（【Open Attribute Table】）菜单命令，如图 3.9 所示；

⑪ 单击“显示所选记录”（“Show selected records”）图标，如图 3.10 所示，从图 3.10 可以看出共选中了 8 个城市。

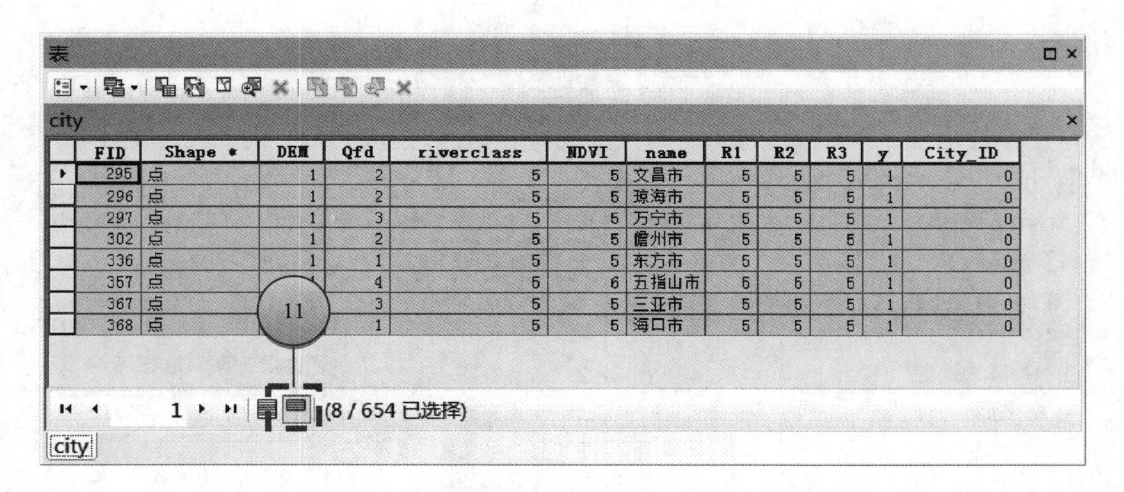

FID	Shape *	DEM	Qfd	riverclass	NDVI	name	R1	R2	R3	y	City_ID
295	点	1	2	5	5	文昌市	5	5	5	1	0
296	点	1	2	5	5	琼海市	5	5	5	1	0
297	点	1	3	5	5	万宁市	5	5	5	1	0
302	点	1	2	5	5	儋州市	5	5	5	1	0
336	点	1	1	5	5	东方市	5	5	5	1	0
357	点	[illegible]	4	5	6	五指山市	5	6	5	1	0
367	点	[illegible]	3	5	5	三亚市	5	5	5	1	0
368	点	[illegible]	1	5	5	海口市	5	5	5	1	0

图 3.10 “显示所选记录”（“Show selected records”）图标

3.2 属性数据查询

实例 3-2 查看面积大于等于 50 万平方公里的省份

① 点击“工具”（“Tools”）栏上的“全图”（“Full Extent”）图标，把所有地物要素置于当前可视范围内；

② 点击“工具”（“Tools”）栏上的“清除所选要素”（“Clear Selected Features”）图标，取消已选中的要素如图 3.11 所示；

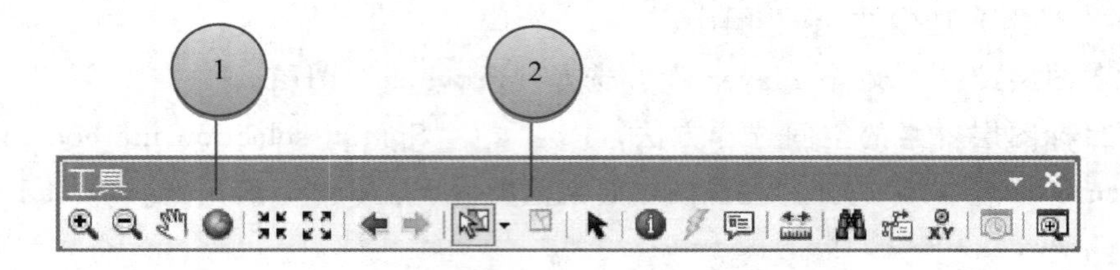

图 3.11 “工具”（“Tools”）栏

名词解释：要素

要素即地物，与属性表中的记录相对应，一个要素对应一个地物。

③ 点击“选择（S）”（“Selection”）菜单；

④ 点击【按属性选择（A）…】（“Select By Attributes …”）菜单命令如图 3.12 所示；

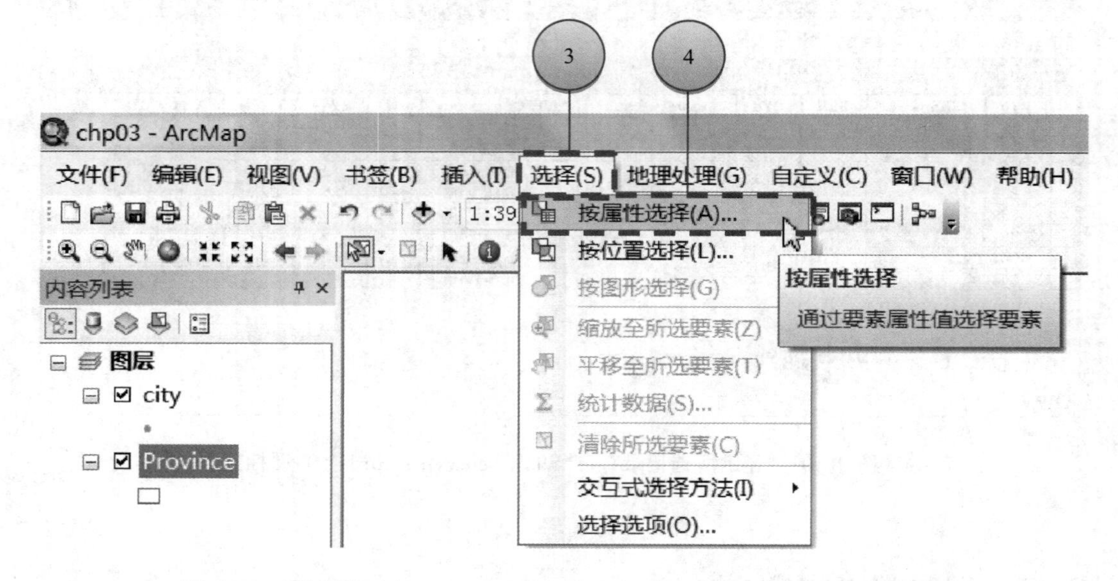

图 3.12 【按属性选择（A）…】（“Select By Attributes …”）菜单命令

⑤ 在“按属性选择”（“Select By Attributes ”）窗口中，“图层（L）”（“Layer”）选择“Province”；

⑥ 双击“AREA”字段名；

⑦ 单击“>=”按钮；

⑧ 输入“500000”；

⑨ 点击【确定】（【OK】）按钮，如图 3.13 所示，此时面积大于等于 50 万平方公里的省份被选中，结果如图 3.14 所示。

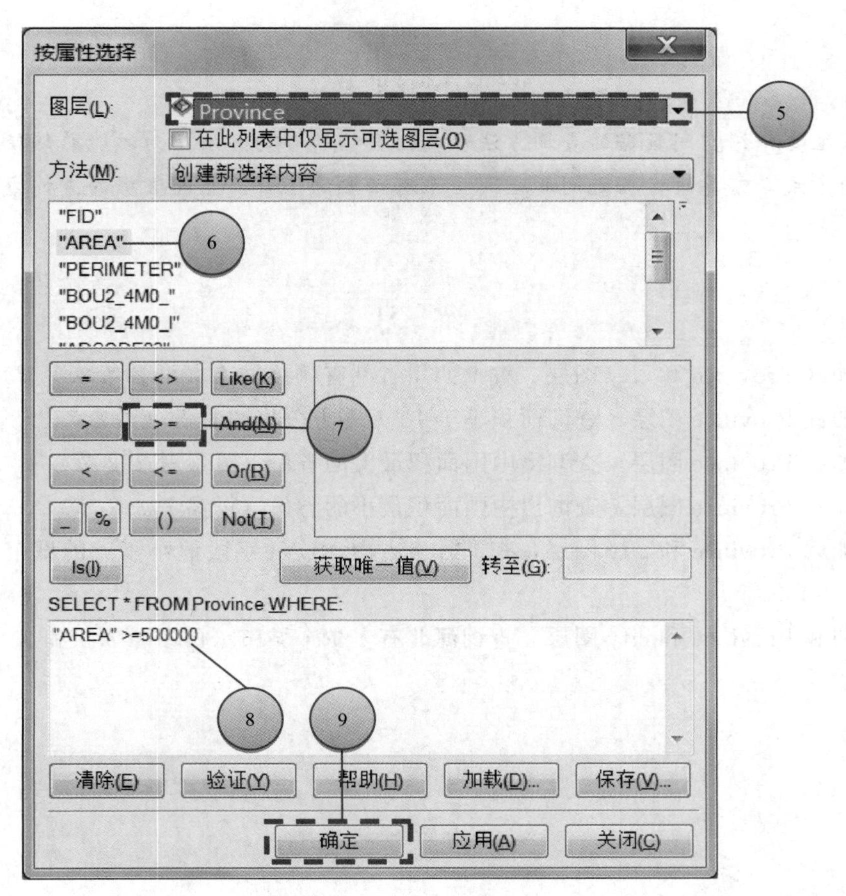

图 3.13 “按属性选择”（“Select By Attributes ”）窗口

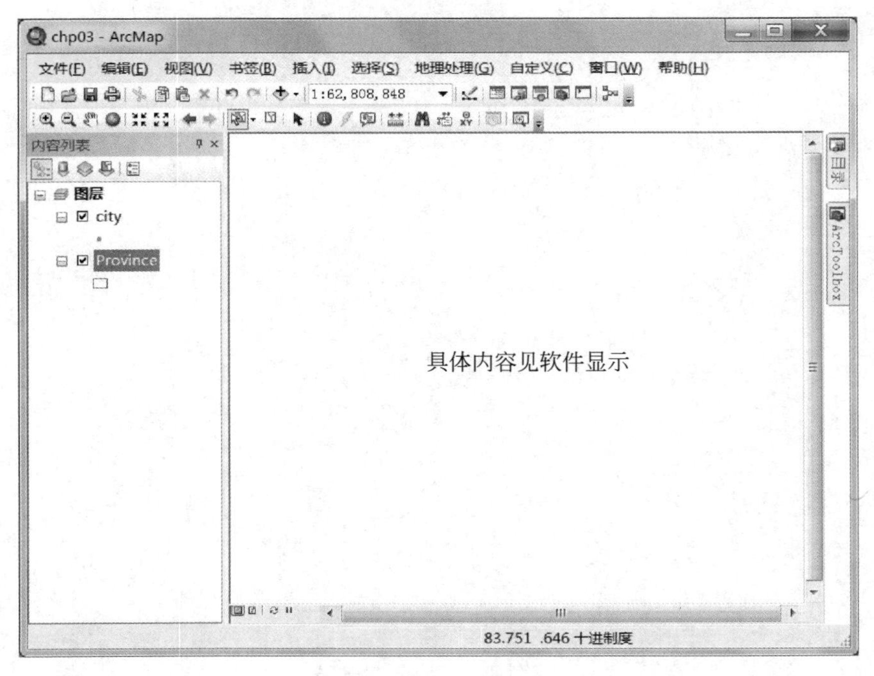

图 3.14 结果窗口

小 结

本章主要介绍空间数据的查询方法和属性数据的查询方法，为了能熟练使用空间数据的查询方法，需要对数据之间的空间关系有必要的了解。空间数据的查询方法是本章学习的重点。

练 习

1. 加载 Province 和 city 图层，查询四川省都有哪些城市（可参考 3.1 节）。

2. 加载 Province 图层，查询面积小于 10 万平方公里的省份（可参考 3.2 节）。

3. 加载 Province 图层，查询出中国面积最大的省份（可参考 3.2 节）。

4. 加载 Province 图层，查询出中国面积最小的省份（可参考 3.2 节）。

5. 加载 Province 和 city 图层，查询甘肃省内 NDVI 字段值小于 4 的城市（可参考 3.1 和 3.2 节）。

6. 加载 Province 和 city 图层，查询河北有多少个城市（可参考 3.1 和 3.2 节）。

4 数据输入

本章学习目标

- 掌握地图文件的创建方法；
- 了解地图配准的方法；
- 掌握图层创建的方法；
- 掌握空间数据的输入方法；
- 掌握属性数据的输入方法。

为了方便以后的练习，请先在自己的硬盘上创建一个文件夹，如“D:\GIS”。然后将练习数据（文件夹“Exercises”）拷贝到该文件夹下。同时在GIS目录下创建一个新的文件夹“MyExercises”用于存放自己的练习数据。若在前一章中已完成上述操作可以跳过这些步骤。在“D:\GIS\MyExercises\”文件夹下创建文件夹“Chp04”，在文件夹“Chp04”下创建文件夹“data”。将“D:\GIS\Exercises\Chp04\data”文件夹下的“tjpu.jpg”文件拷贝到“D:\GIS\MyExercies\Chp04\data”文件夹下。

4.1 新建地图

实例 4-1 创建新地图文件

① 点击“标准工具”（“Standard”）栏上的“新建”（“New”）图标，如图4.1所示；

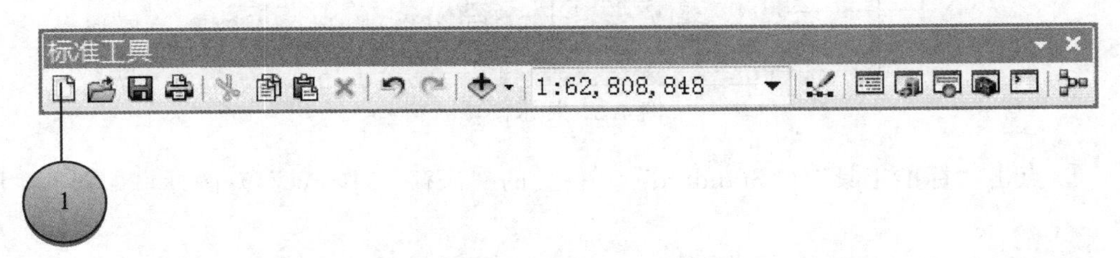

图4.1 “新建”（“New”）图标

② 在“新建文档”（“New Document”）窗口中，选择“空白地图”（“Blank Map”）作为模板；

③ 点击【确定】（【OK】）按钮，如图 4.2 所示；

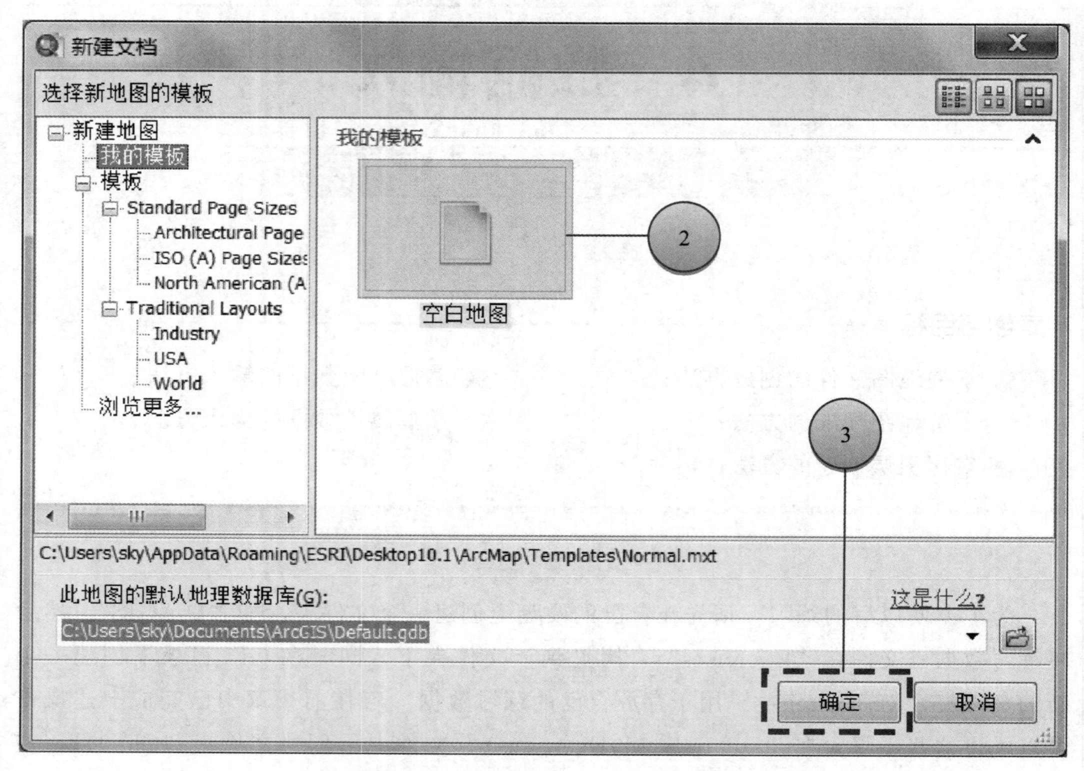

图 4.2 “新建文档”（“New Document”）窗口

④ 此时如果有已打开的地图 ArcMap 会提示是否保存该地图，选择【是（Y）】（【Yes】）按钮如图 4.3 所示；

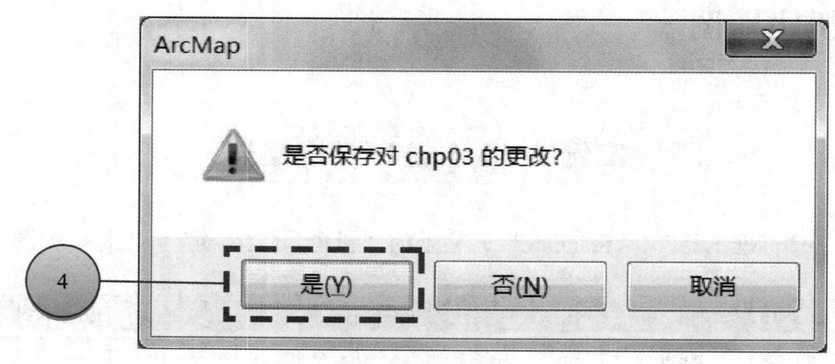

图 4.3 提示窗口

⑤ 点击“标准工具”（“Standard”）栏上的“保存”（“Save”）图标，如图 4.4 所示；

⑥ 在“另存为”（“Save AS”）窗口中浏览至“D:\GIS\MyExercises\Chp04”文件夹下；

⑦ 文件名处输入“Chp04”；

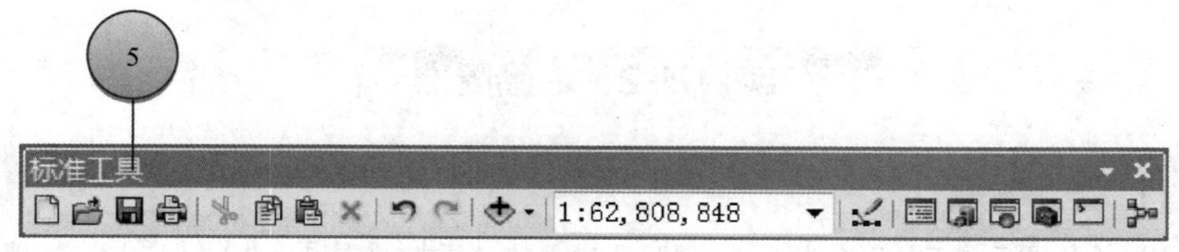

图 4.4 “保存”（“Save”）图标

⑧ 点击【保存（S）】（【Save】）按钮，如图 4.5 所示，此时新的地图文件已经创建完成。

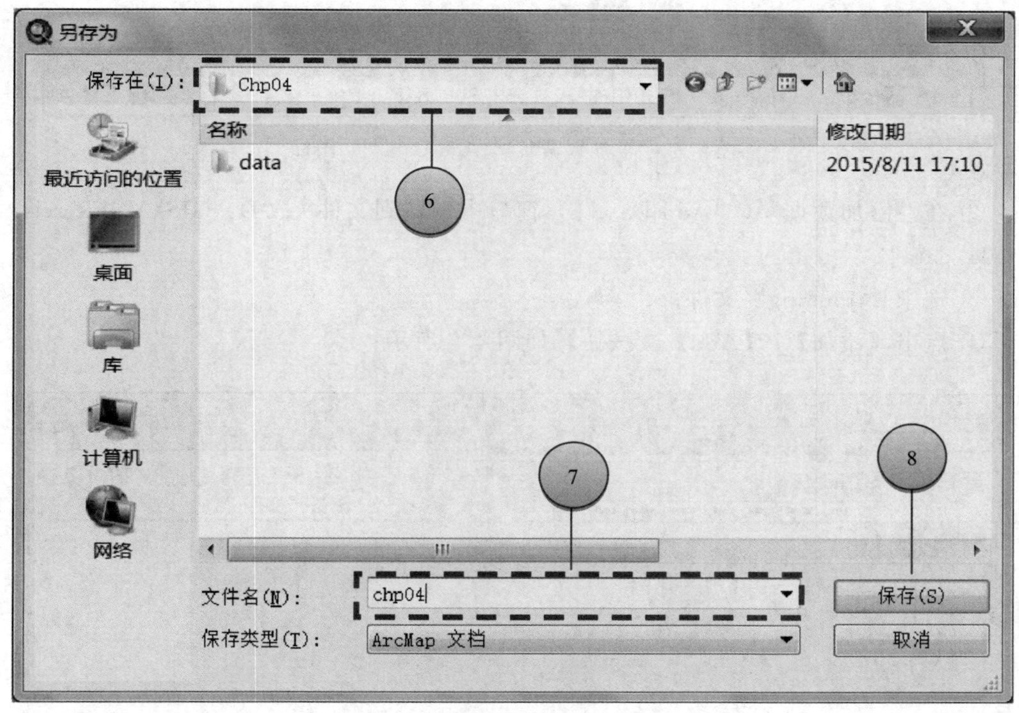

图 4.5 “另存为”（“Save AS”）窗口

4.2 地图配准

名词解释： 地图配准

栅格数据如扫描的地图，默认的坐标系统为行列坐标系统，即用行数和列数来表示任意一个栅格的位置，为了使栅格数据上的任意一个栅格都能有地理坐标，就需要为其指定地理坐标系统，这个过程称为地图配准，具体包括建立控制点列表，即已知地理坐标的栅格点列表，通过这套栅格点行列坐标与地理坐标的关系创建方程，再用该方程将所有行列坐标转换为地理坐标，即校正，来完成地图配准过程。

实例 4-2 地图配准

(1) 地图加载

① 点击“标准工具”（“Standard”）栏上的“添加数据”（“Add Data”）图标，如图 4.6 所示；

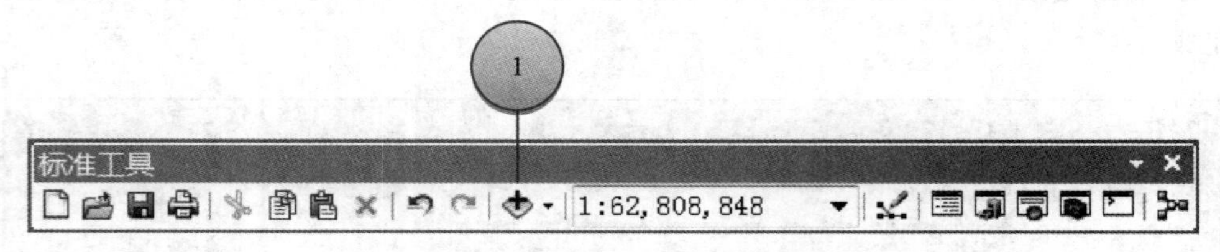

图 4.6 “添加数据”（“Add Data”）图标

② 在“添加数据”（“Add Data”）窗口中浏览到文件夹“D:\GIS\MyExercises\Chp04\data”；

③ 选中“tjpu.jpg”文件；

④ 点击【添加】（【Add】）按钮，如图 4.7 所示；

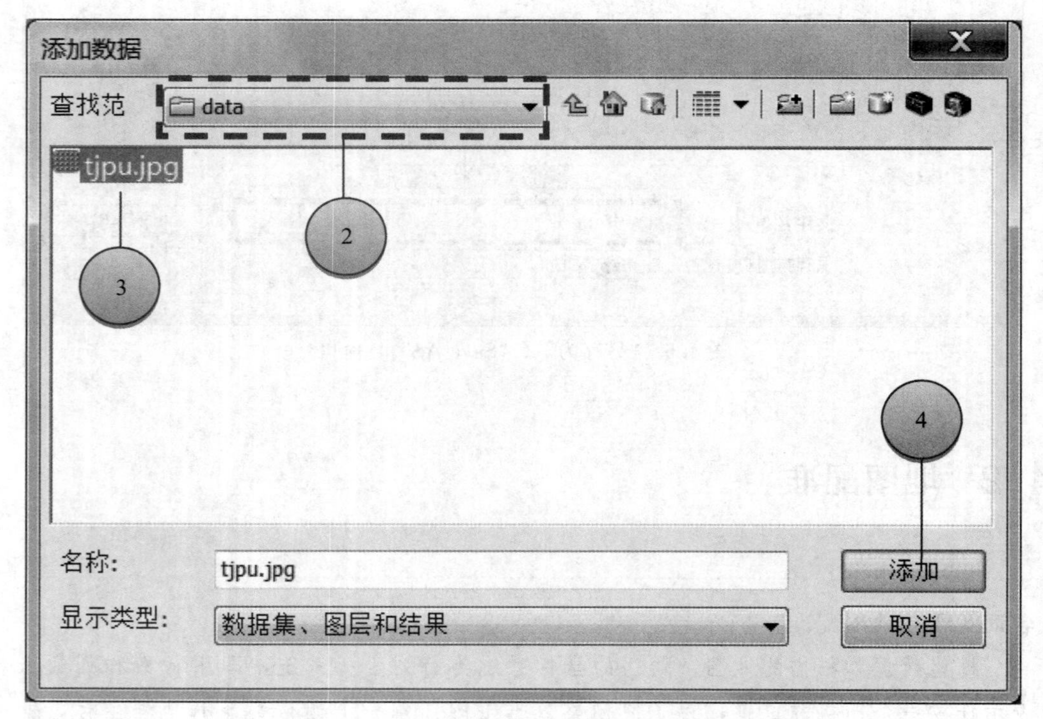

图 4.7 “添加数据”（“Add Data”）窗口

⑤ 此时会出现“未知的空间参考”（“Unknown coordinate system”）警告窗口，点击【确定】（【OK】）按钮，如图 4.8 所示，图像加载后结果如图 4.9 所示；

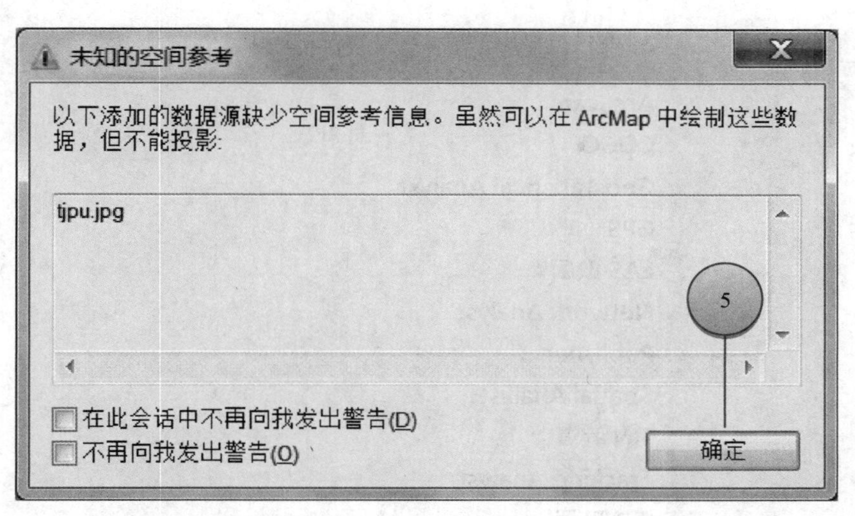

图 4.8 “未知的空间参考”（“Unknown coordinate system”）警告窗口

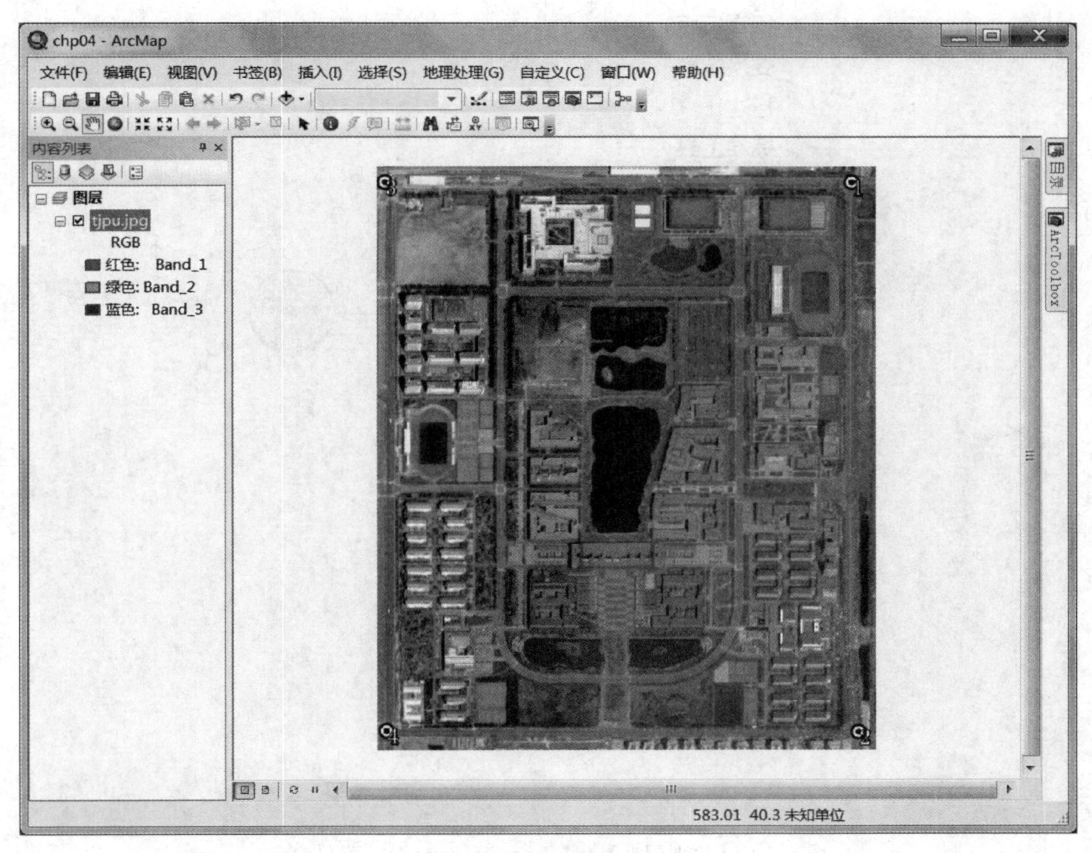

图 4.9 结果窗口

⑥ 右键点击工具栏，在弹出的快捷菜单中选择【地理配准】（【Georeferencing】）菜单命令，如图 4.10 所示，调出如图 4.11 所示的“地理配准”（“Georeferencing”）工具栏。

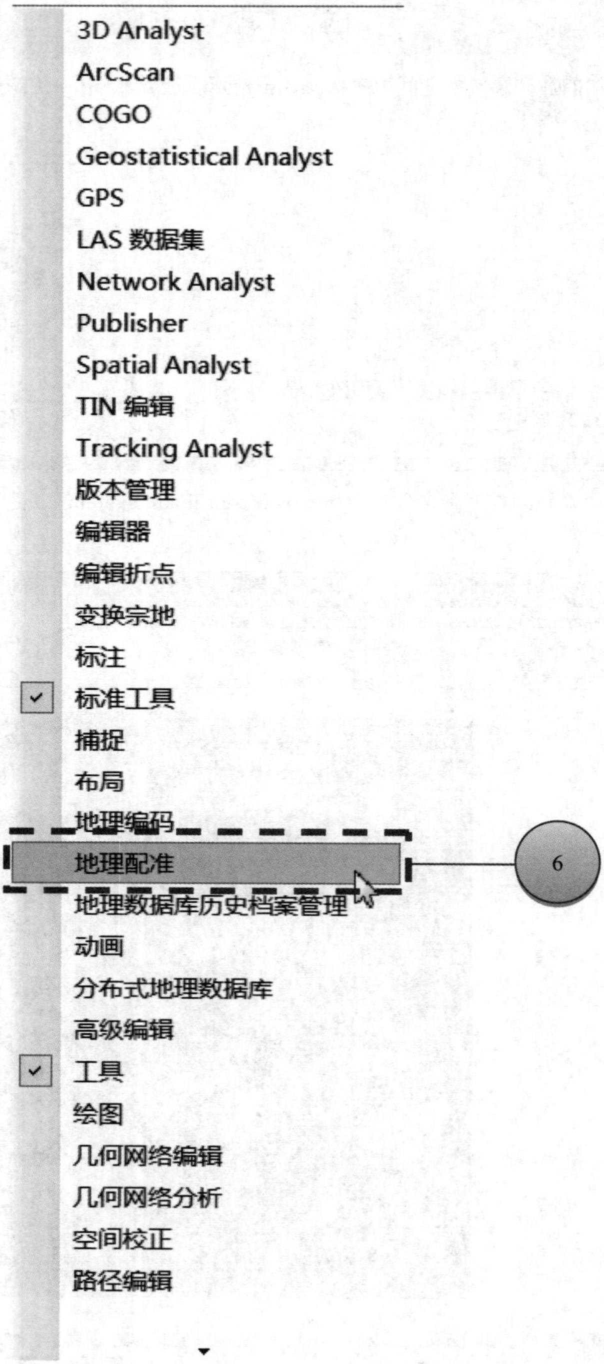

3D Analyst
ArcScan
COGO
Geostatistical Analyst
GPS
LAS 数据集
Network Analyst
Publisher
Spatial Analyst
TIN 编辑
Tracking Analyst
版本管理
编辑器
编辑折点
变换宗地
标注
标准工具
捕捉
布局
地理编码
地理配准
6
地理数据库历史档案管理
动画
分布式地理数据库
高级编辑
工具
绘图
几何网络编辑
几何网络分析
空间校正
路径编辑

图 4.10 【地理配准】（【Georeferencing】）菜单命令

(2) 地图投影设置

① 右键单击“内容列表”（“Table of Contents”）窗口的“图层”（“Layers”）数据框；

图 4.11 “地理配准”（“Georeferencing”）工具栏

② 在弹出的快捷菜单中点击【属性（I）…】（【Properties…】）菜单命令，如图 4.12 所示；

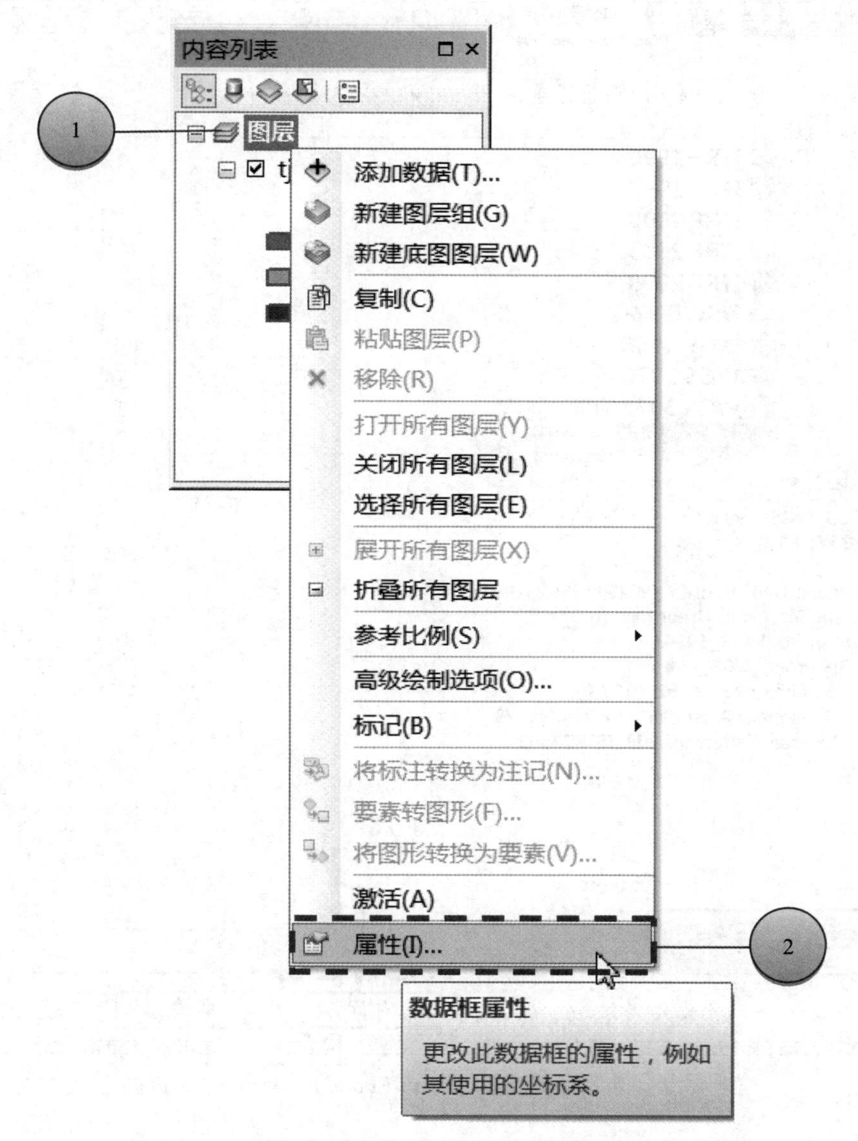

图 4.12 【属性（I）…】（【Properties…】）菜单命令

③ 在“数据框属性”（“Data Frame Properties”）窗口中点击“坐标系”（“Coordinate System”）选项卡；

④ 展开“地理坐标系”（“Geographic Coordinate Systems”）下的“World”，选择“WGS 1984”；

⑤ 点击【确定】(【OK】) 按钮，如图 4.13 所示。

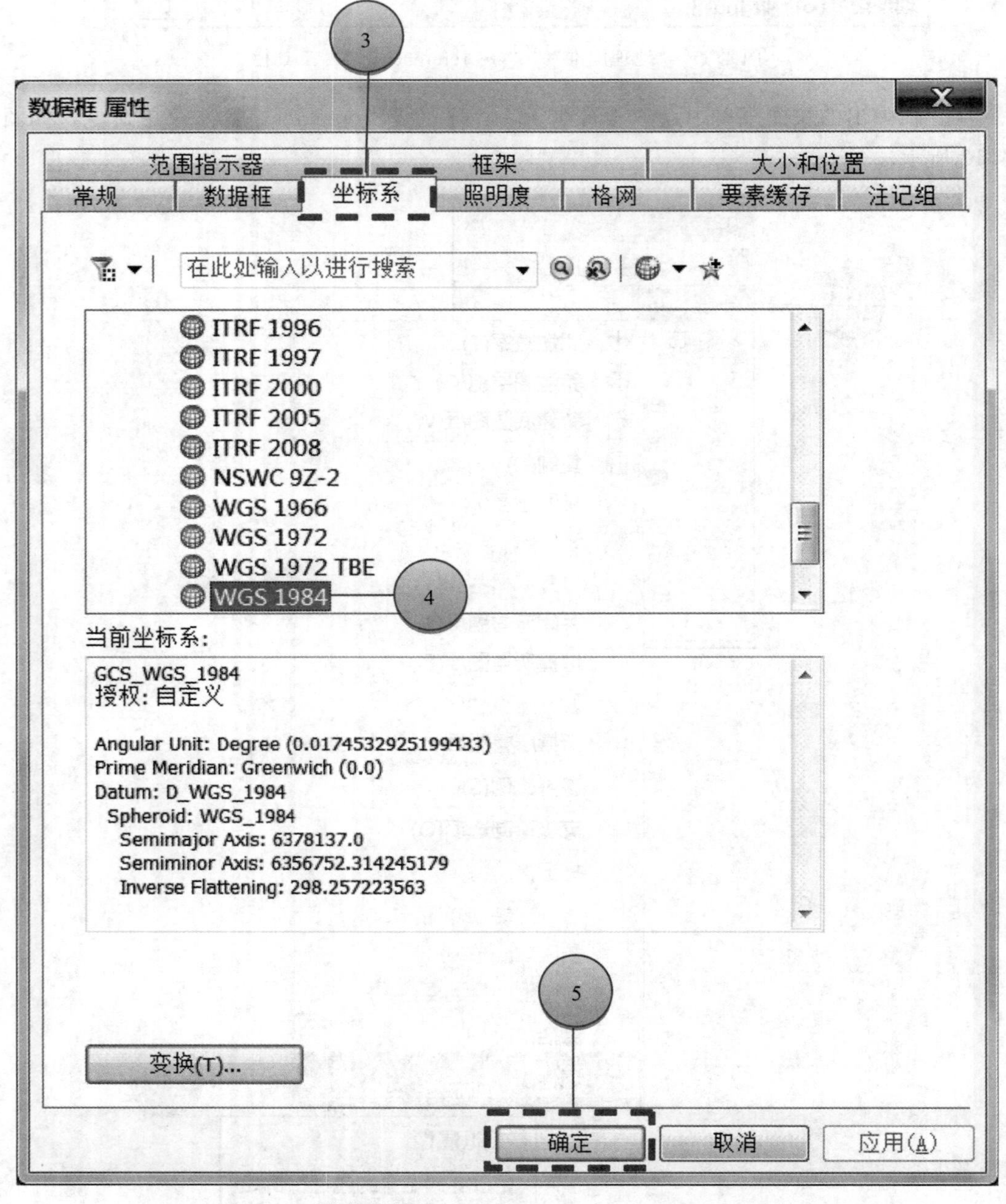

图 4.13 “数据框属性”(“Data Frame Properties”) 窗口

(3) 地图配准

① 点击“工具”(“Tools”) 栏上的“放大”(“Zoom In”) 图标，如图 4.14 所示，把右上角 1 号标识点放大；

② 点击“地理配准”(“Georeferencing”) 工具栏上的“添加控制点”(“Add Control Points”) 图标，如图 4.15 所示；

图 4.14 “放大”（“Zoom In”）图标

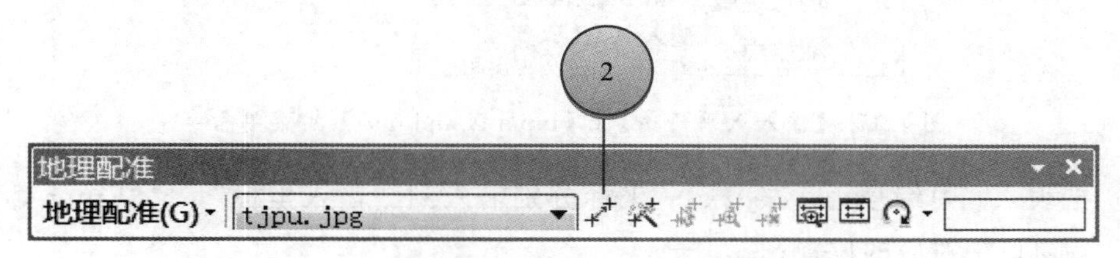

图 4.15 “添加控制点”（“Add Control Points”）图标

③ 点击 1 号标识的圆心，如图 4.16 所示；

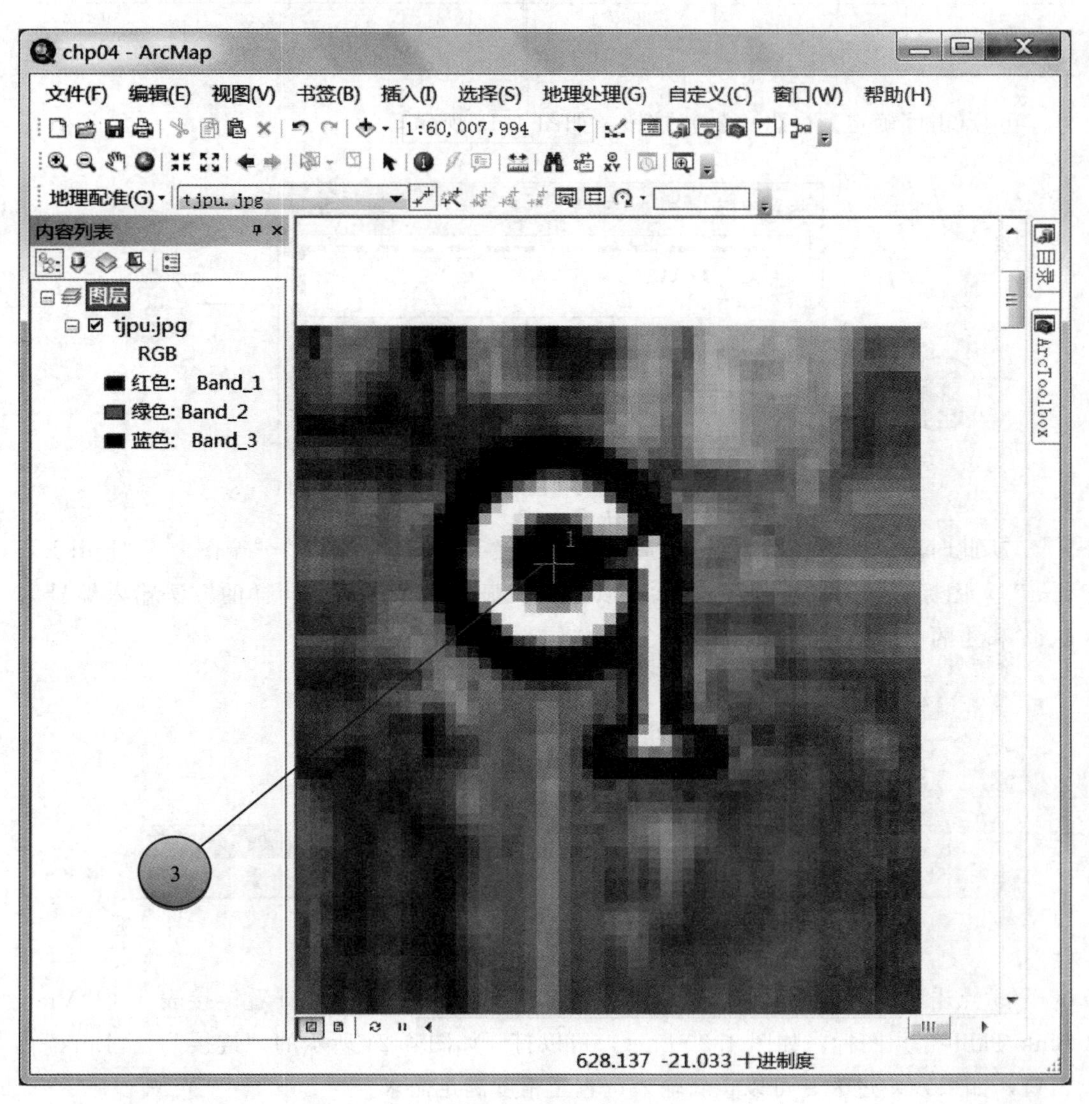

图 4.16 圆心位置

④ 右键点击地图窗口，在弹出的快捷菜单中点击【输入 X 和 Y…】(【Input X and Y…】) 菜单命令，如图 4.17 所示；

图 4.17 【输入 X 和 Y…】(【Input X and Y…】) 菜单命令

⑤ 把表 4-1 中编号为 1 的 x、y 坐标分别输入到"输入坐标"("Enter Coordinates") 窗口中对应的位置；

表 4-1 配准点的坐标

编号	x	y	编号	x	y
1	117.112	39.071	3	117.099	39.071
2	117.112	39.058	4	117.099	39.058

⑥ 点击【确定】(【OK】) 按钮，如图 4.18 所示；

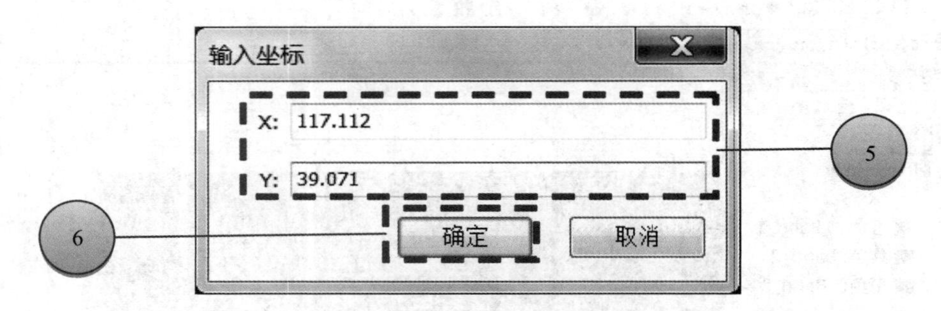

图 4.18 "输入坐标"("Enter Coordinates") 窗口

⑦ 此时若地图不在视域，点击"工具"("Tools") 栏上的"全图"("Full Extent") 图标，如图 4.19 所示，就可以把底图显示出来；采用同样的方法输入编号为 2、3 和 4 的 x、y 坐标；

图 4.19 "全图"("Full Extent") 图标

⑧ 点击"地理配准"("Georeferencing") 工具栏上的"查看链接表"("View Link Table") 图标，如图 4.20 所示，可以打开如图 4.21 所示的"链接"("Link") 窗口，如果残差过大，可以重新输入，直至精度满足需求；

⑨ 点击“地理配准”（“Georeferencing”）工具栏上的“地理配准（G）”（“Georeferencing”）下拉菜单；

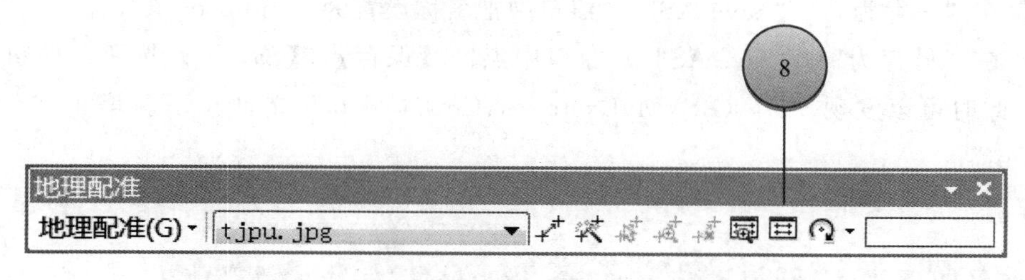

图 4.20 “查看链接表”（“View Link Table”）图标

链接

RMS 总误差(E): Forward:4.52025e-005

	链接	X 源	Y 源	X 地图	Y 地图	残差_x	残差_y	残差
☑	1	627.821842	-20.817104	117.112000	39.071000	4.37438e-005	-1.22235e-005	4.54196e-005
☑	2	638.055784	-771.468621	117.112000	39.058000	-4.31607e-005	1.20606e-005	4.48141e-005
☑	3	10.131221	-20.812968	117.099000	39.071000	-4.39068e-005	1.22691e-005	4.55888e-005
☑	4	12.012184	-768.640961	117.099000	39.058000	4.33236e-005	-1.21061e-005	4.49833e-005

☑ 自动校正(A)　　变换(T): 一阶多项式(仿射)

☐ 度分秒　　Forward Residual Unit : Unknown

图 4.21 “链接”（“Link”）窗口

⑩ 在弹出的下拉菜单中点击【校正（Y）…】（【Rectify…】）菜单命令，如图 4.22 所示；

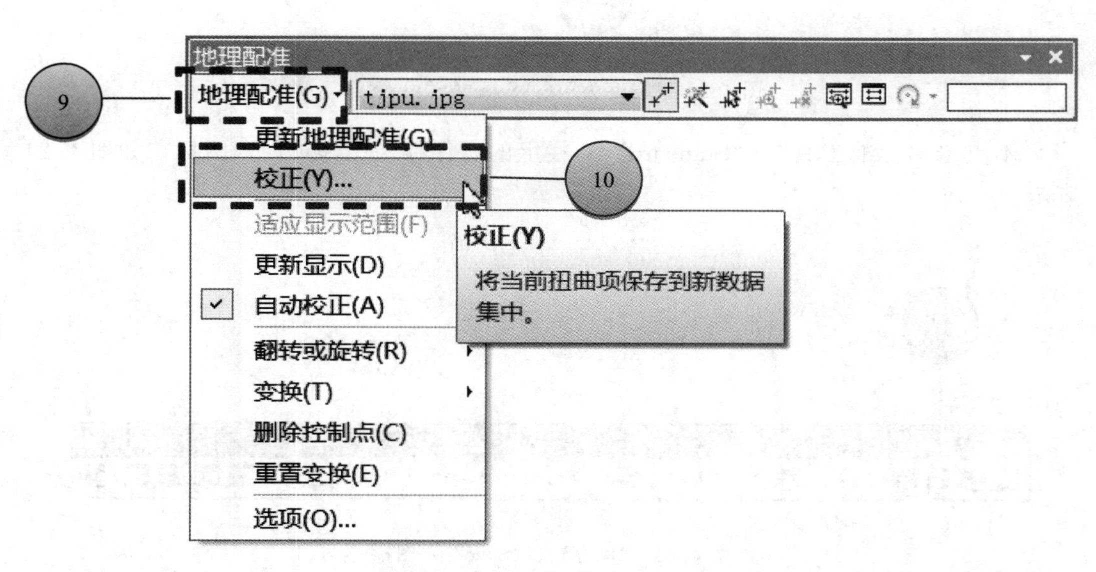

图 4.22 【校正（Y）…】（【Rectify…】）菜单命令

⑪ 在“另存为”（“Save AS”）窗口中把输出位置设置为“D:\GIS\MyExercises\Chp04\data”；

⑫ 在“另存为”（“Save AS”）窗口中把名称设置为“tjpugeo. tif”；

⑬ 在“另存为”（“Save AS”）窗口中点击【保存】（【Save】）按钮，如图 4.23 所示，此时可以发现“D:\GIS\MyExercises\Chp04\data”文件夹下新增了文件“tjpugeo. tif”；

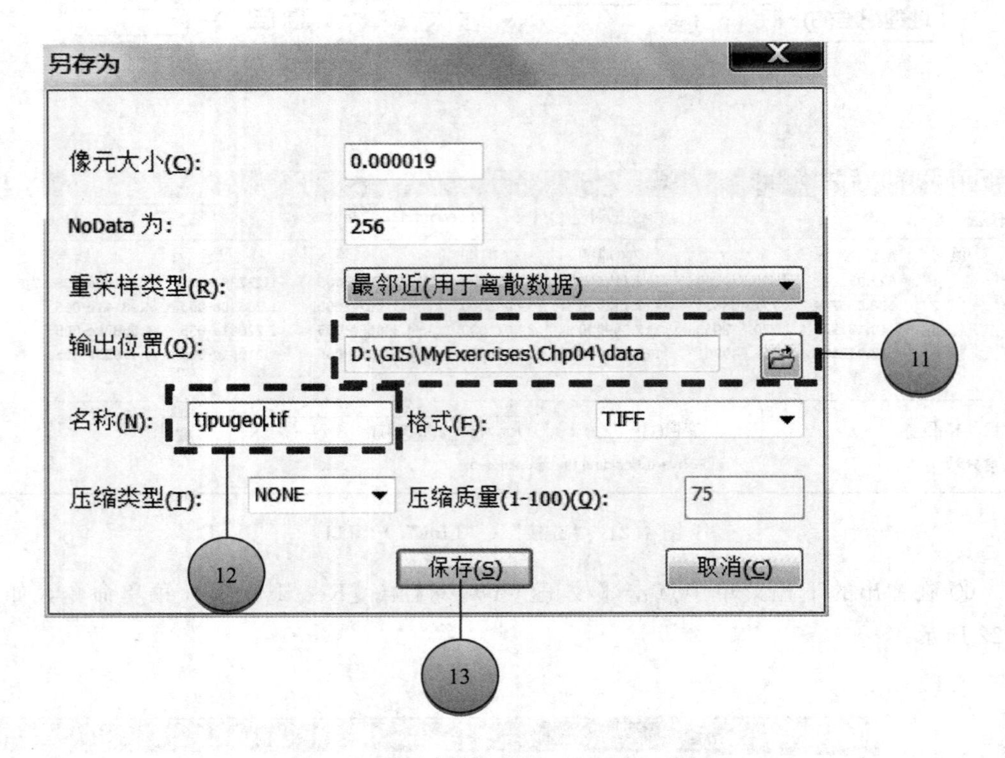

图 4.23 “另存为”（“Save AS”）窗口

⑭ 点击“标准工具”（“Standard”）栏上的“保存”（“Save”）图标，如图 4.24 所示。

图 4.24 “保存”（“Save”）图标

4.3 图层创建

实例 4-3 Shapefile 文件的创建

名词解释： Shapefile 文件

Shapefile 文件是由 ESRI 公司开发的用于描述空间数据的几何特征和属性特征的非拓扑实体矢量数据结构的一种格式。

一个 Shapefile 文件至少包括以下三个文件。

主文件（*.shp）：存储地理要素的几何图形的文件，它是一个直接存取、变长记录的文件。

索引文件（*.shx）：存储图形要素与属性信息索引的文件。

dBASE 表文件（*.dbf）：存储要素信息属性的 dBase 表文件。

除此之外还有可选的文件包括：空间参考文件（*.prj）、几何体的空间索引文件（*.sbn 和 *.sbx）、只读的 Shapefiles 的几何体的空间索引文件（*.fbn 和 *.fbx）、列表中活动字段的属性索引（*.ain 和 *.aih）、可读写 Shapefile 文件的地理编码索引（.ixs）、可读写 Shapefile 文件的地理编码索引（ODB 格式）（*.mxs）、.dbf 文件的属性索引（*.atx）、以 XML 格式保存元数据（*.shp.xml）、用于描述 .dbf 文件的代码页，指明其使用的字符编码的描述文件（*.cpg）。

① 展开“目录”（“Catolog”）窗口中的“D:\GIS\MyExercises\Chp04\data”文件夹；

② 右键单击“data”文件夹；

③ 在弹出的快捷菜单中，用鼠标指向【新建（N）】（【New】）菜单命令；

④ 在下一级菜单中点击【Shapefile（S）…】（【Shapefile…】）菜单命令，如图 4.25 所示；

⑤ 在“创建新 Shapefile”（“Create New Shapefile”）窗口的“名称:”（“Name:”）文本框中输入“sportsground”；

⑥ 要素类型选择“面”（“Polygon”）；

⑦ 点击空间参考中的【编辑…】（【Edit…】）按钮，如图 4.26 所示；

⑧ 展开“空间参考属性”（“Spatial Reference Properties”）窗口中“地理坐标系”（“Geographic Coordinate Systems”）下的“World”，选择“WGS 1984”；

⑨ 点击【确定】（【OK】）按钮，如图 4.27 所示；

⑩ 点击“创建新 Shapefile”（“Create New Shapefile”）窗口的【确定】（【OK】）按钮，如图 4.28 所示，完成 Shapefile 文件的创建，此时“sportsground”会被自动添

加到 ArcMap 中，如图 4.29 所示；

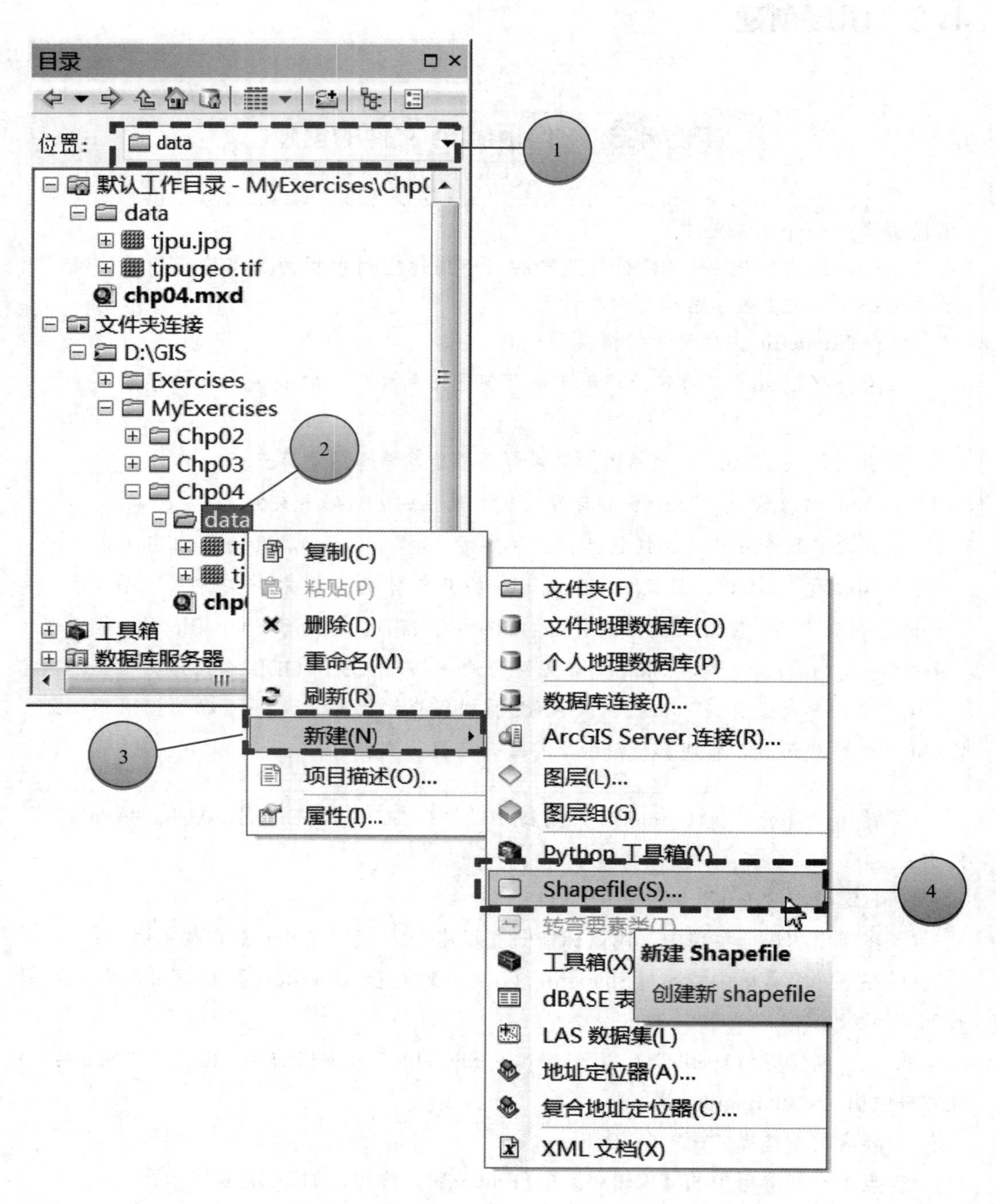

图 4.25 【Shapefile（S）…】（【Shapefile…】）菜单命令

⑪ 点击“标准工具”（“Standard”）栏上的“保存”（“Save”）图标，如图 4.30 所示。

图 4.26 “创建新 Shapefile”（“Create New Shapefile”）窗口

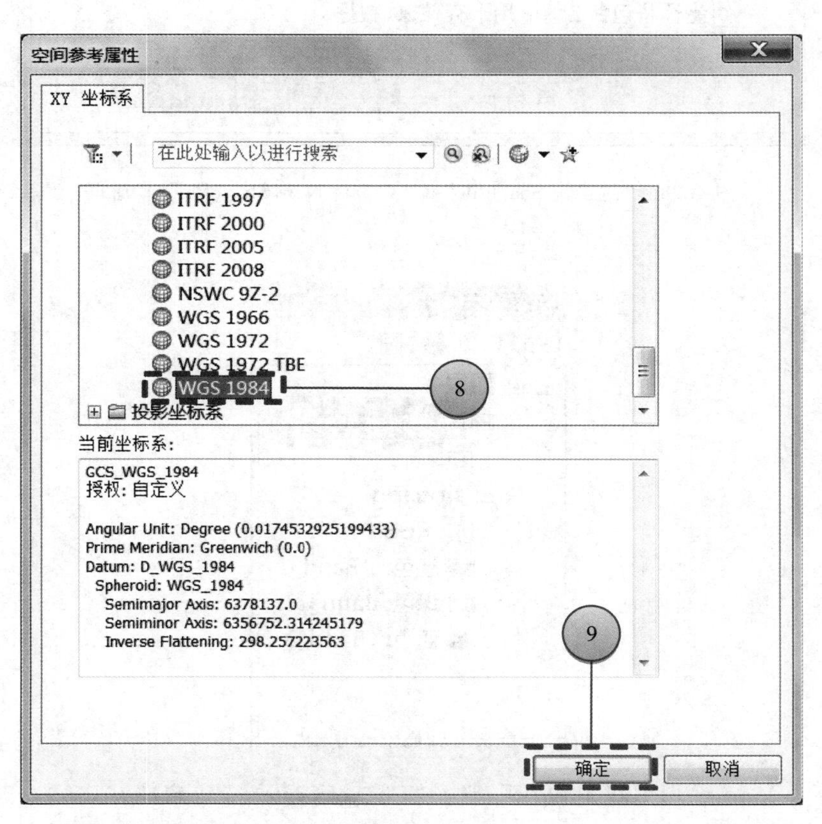

图 4.27 “空间参考属性”（“Spatial Reference Properties”）窗口

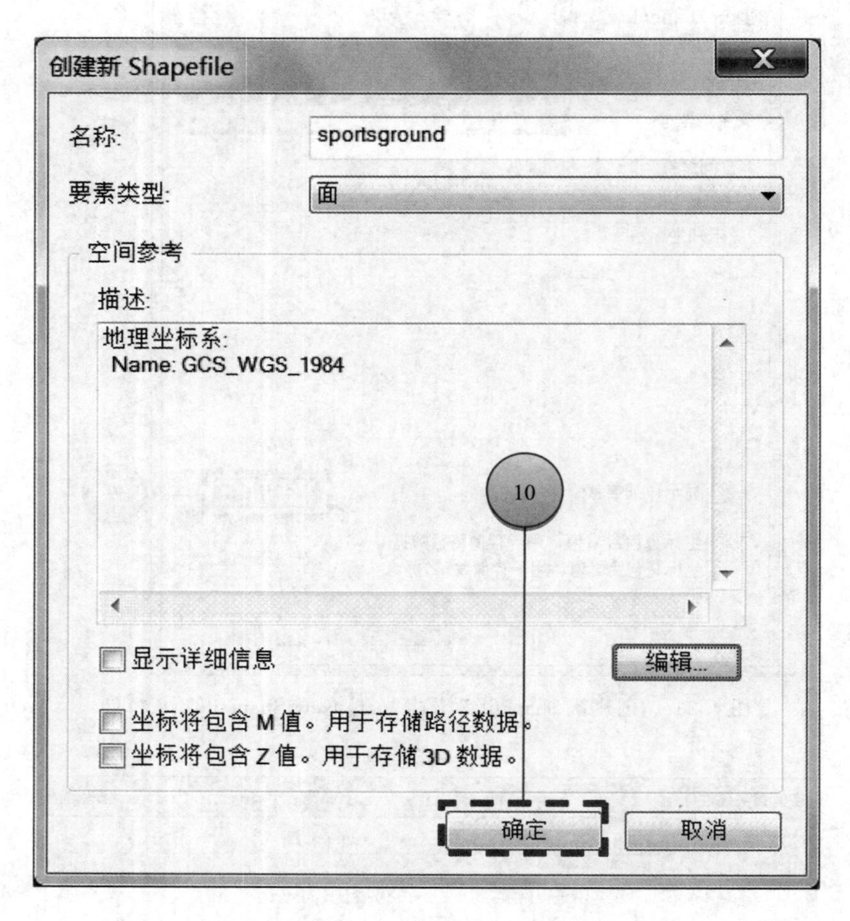

图 4.28 “创建新 Shapefile”（“Create New Shapefile”）窗口

图 4.29 “内容列表”（“Table of Contents”）窗口

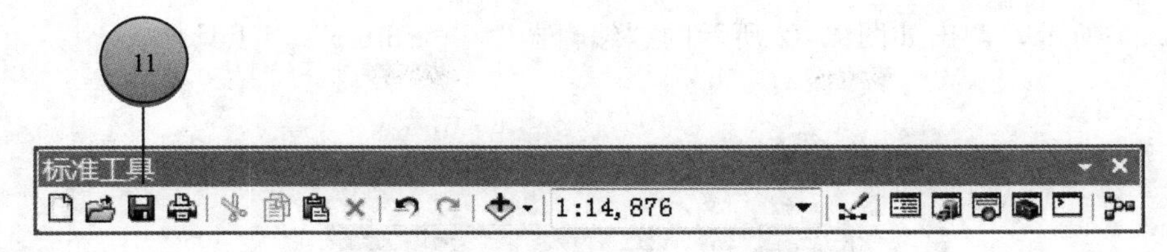

图 4.30 “保存”（“Save”）图标

4.4 空间数据输入

名词解释：数字化

数字化是将数据由模拟格式转化成数字格式的过程。使用数字化仪进行的数字化通常也称为手扶跟踪数字化。当前常采用的是屏幕数字化，即把纸质地图或影像进行扫描，将扫描后的图作为底图，在电脑上对地物进行跟踪提取。

实例 4-4 数字化操作

① 右键点击工具栏，在弹出的快捷菜单中选择【编辑器】（【Editor】）菜单命令，

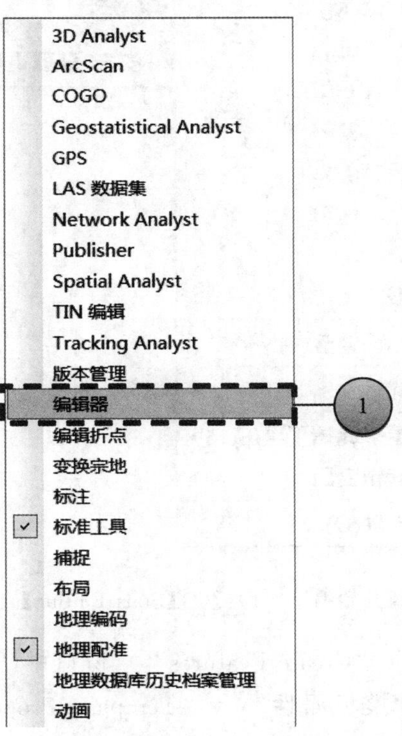

图 4.31 【编辑器】（【Editor】）菜单命令

如图 4.31 所示，调出如图 4.32 所示的“编辑器”（“Editor”）工具栏；

图 4.32 “编辑器”（“Editor”）工具栏

② 点击“编辑器”（“Editor”）工具栏上的“编辑器（R）”（“Editor”）下拉菜单，如图 4.32 所示；

③ 点击【开始编辑（T）】（【Start Editing】）菜单命令，如图 4.33 所示，此时会自动打开“创建要素”（“Create Features”）窗口如图 4.34 所示，如果“创建要素”（“Create Features”）窗口没有出现可以单击“编辑器”（“Editor”）工具栏上的“创建要素”（“Create Features”）图标来打开它；

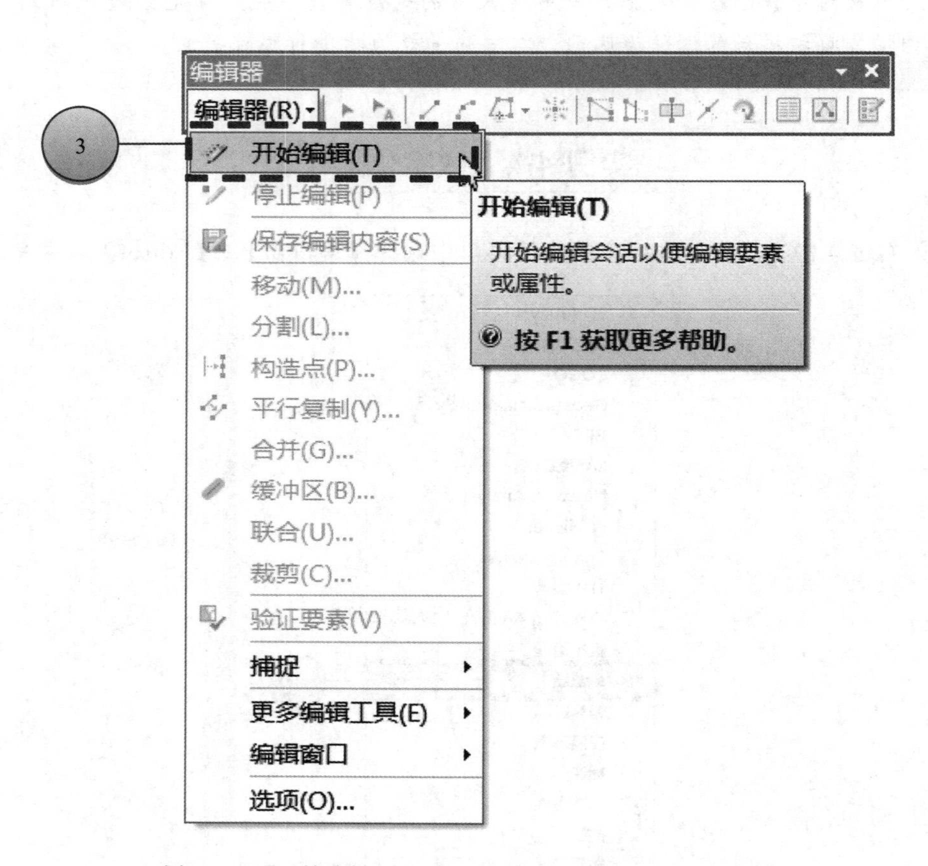

图 4.33 【开始编辑（T）】（【Start Editing】）菜单命令

④ 双击“创建要素”（“Create Features”）窗口中“sportsground”图层，如图 4.34 所示，此时会弹出“模板属性”（“Template Properties”）窗口，如图 4.35 所示；

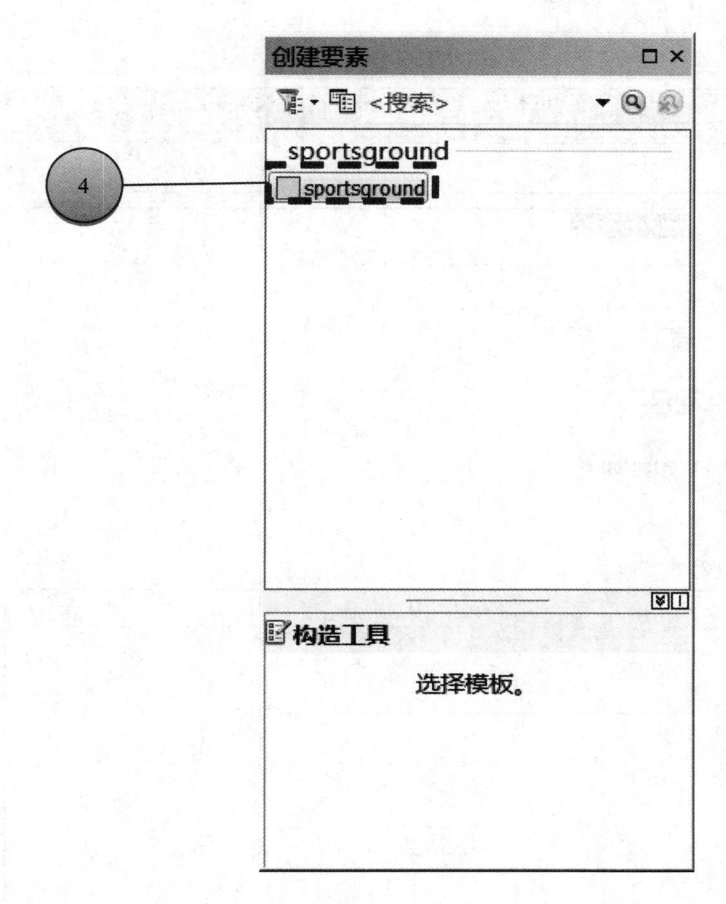

图 4.34 “创建要素”（“Create Features”）窗口

⑤ 在“模板属性”（“Template Properties”）窗口中点击【确定】（【OK】）按钮，如图 4.35 所示，此时“创建要素”（“Create Features”）窗口的构造工具处出现了可用的工具，如图 4.36 所示；

⑥ 右键点击“内容列表”（“Table of Contents”）窗口中的“tjpu. jpg”图层；

⑦ 在弹出的快捷菜单中点击【缩放至图层（Z）】（【Zoom To Layer】）菜单命令，如图 4.37 所示；

⑧ 点击“工具”（“Tools”）栏上的“放大”（“Zoom In”）图标，把右上角的操场放到合适的大小，如图 4.38 所示；

⑨ 点击“创建要素”（“Create Features”）窗口的构造工具“面”（“Polygon”），如图 4.39 所示；

⑩ 在地图窗口中可以点击操场的边界对其进行数字化，如图 4.40 所示，画到最后一点时，通过双击完成绘制，使用同样方法绘制左侧的操场；

⑪ 点击“编辑器”（“Editor”）工具栏上的“编辑器（R）”（“Editor”）下拉菜单；

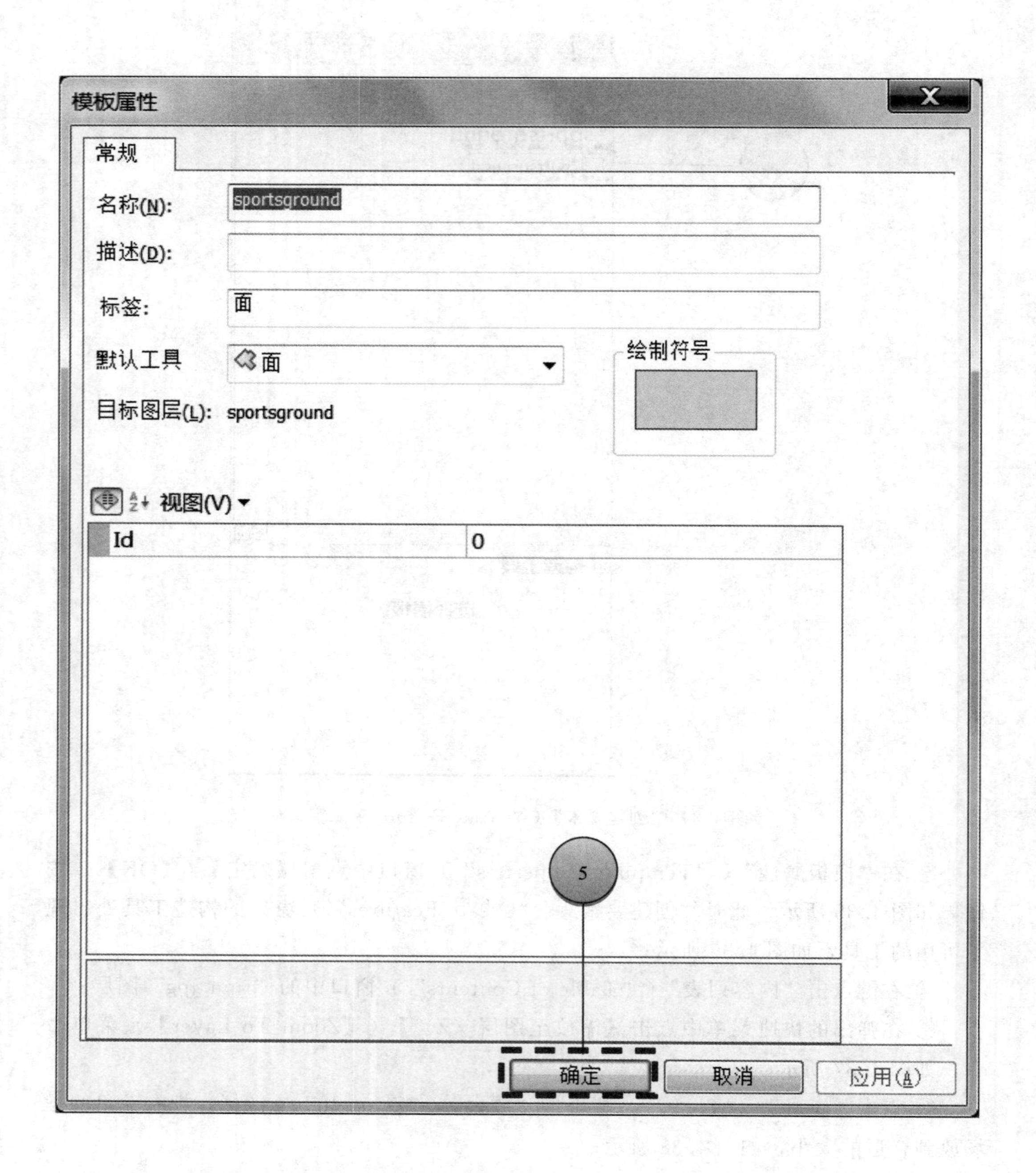

图 4.35 “模板属性”（“Template Properties”）窗口

⑫ 点击【保存编辑内容（S）】（【Save Edits】）菜单命令，完成数据的保存，如图 4.41 所示；

⑬ 点击“编辑器”（“Editor”）工具栏上的“编辑器（R）”（“Editor”）下拉菜单；

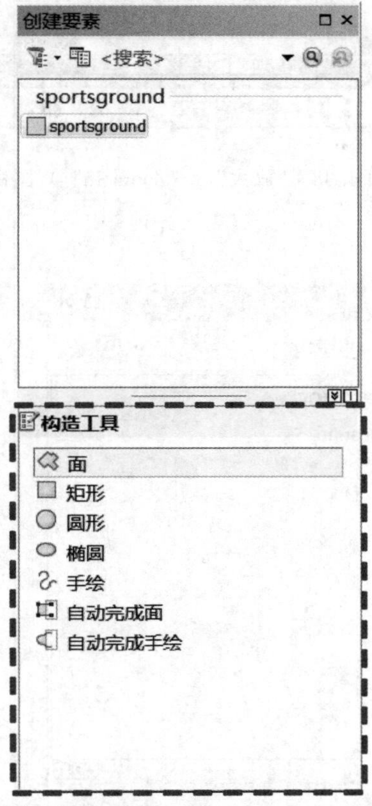

图 4.36 “创建要素”（“Create Features”）窗口

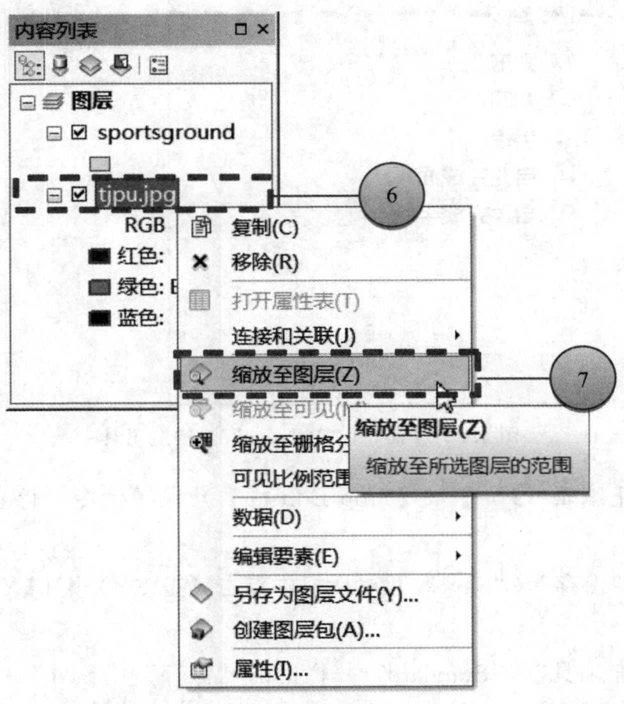

图 4.37 【缩放至图层（Z）】（【Zoom To Layer】）菜单命令

图 4.38 “放大”（“Zoom In”）图标

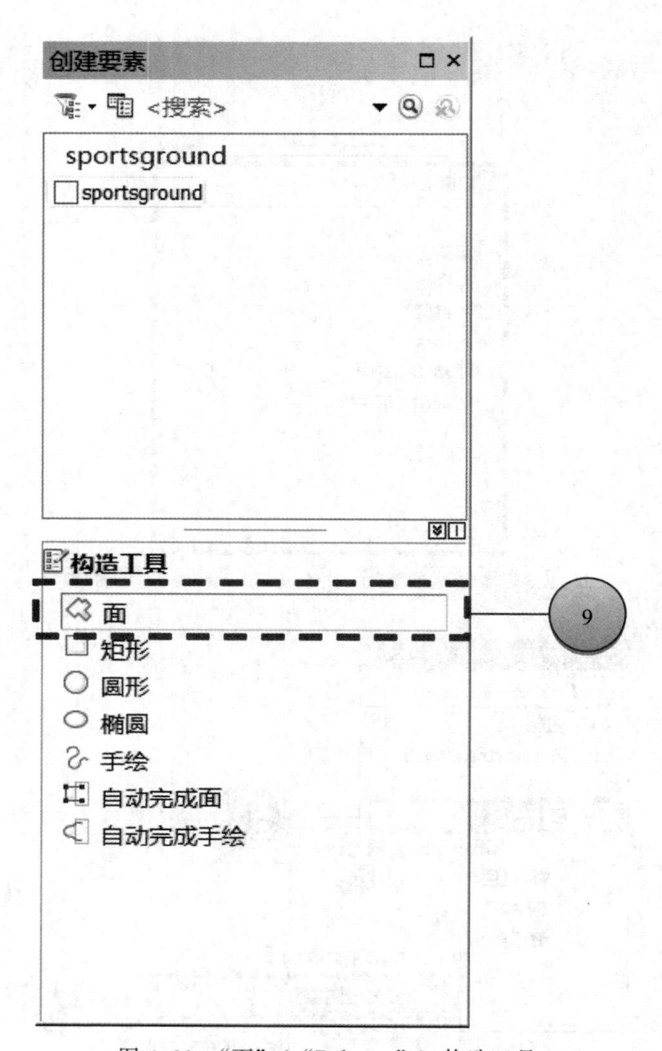

图 4.39 “面”（“Polygon”）构造工具

⑭ 点击【停止编辑（P）】（【Stop Editing】）菜单命令，停止编辑操作，如图 4.42 所示；

⑮ 在弹出的“保存”（“Save”）对话框中点击【是（Y）】（【Yes】）按钮，如图 4.43 所示；

⑯ 点击“标准工具”（“Standard”）栏上的“保存”（“Save”）图标，如图 4.44 所示。

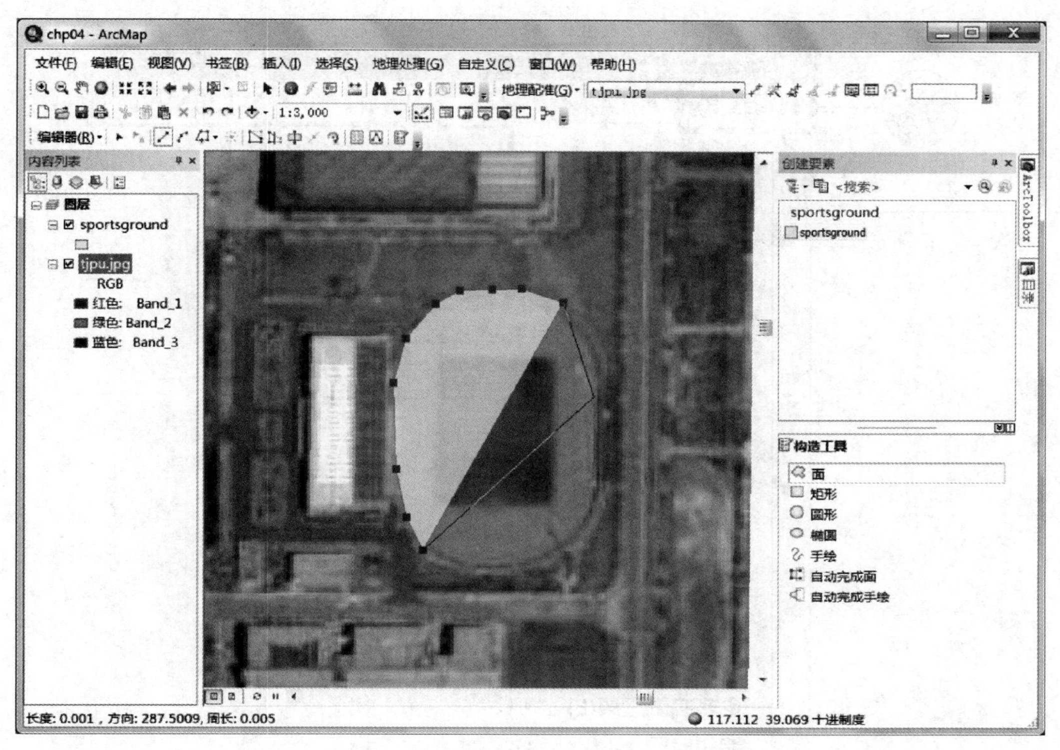

图 4.40 数字化过程

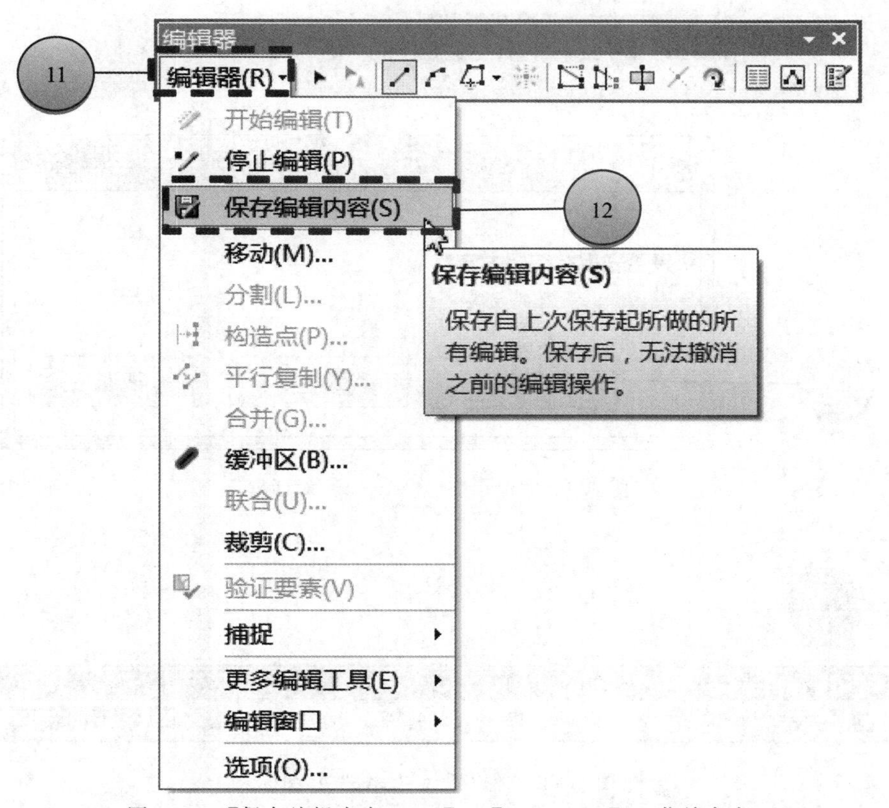

图 4.41 【保存编辑内容（S）】（【Save Edits】）菜单命令

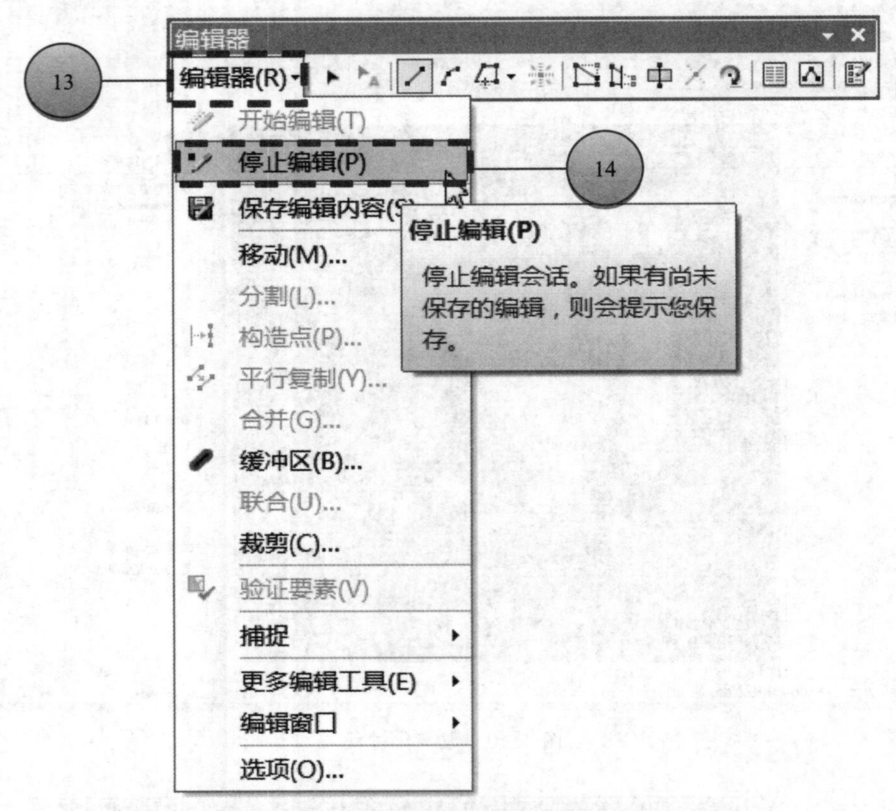

图 4.42 【停止编辑（P）】（【Stop Editing】）菜单命令

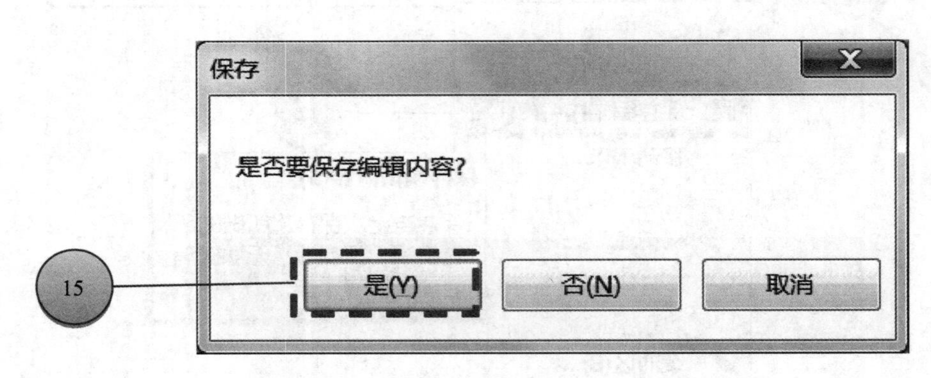

图 4.43 “保存”（“Save”）对话框

图 4.44 “保存”（“Save”）图标

4.5 属性数据输入

名词解释： 属性数据

属性数据与空间数据相对应，空间数据用于描述地物的空间位置、几何特征等，而属性数据用于描述地物的非空间信息如数量、种类、名称等。

实例 4-5 属性数据输入

(1) 给属性表增加字段

① 右键点击“内容列表”（“Table of Contents”）窗口中“sportsground”图层；

② 在弹出的快捷菜单中点击【打开属性表（T）】（【Open Attribute Table】）菜单命令，如图 4.45 所示，将打开如图 4.46 所示的属性表；

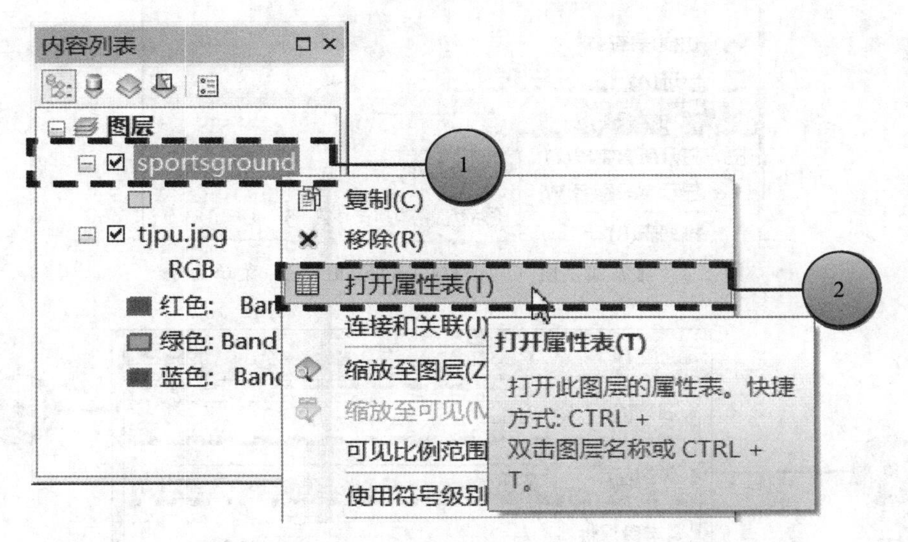

图 4.45 【打开属性表（T）】（【Open Attribute Table】）菜单命令

③ 点击“表”（“Table”）窗口中“表选项”（“Table Options”）下拉菜单，如图 4.46 所示；

④ 点击【添加字段（F）…】（【Add Field …】）菜单命令，如图 4.47 所示；

⑤ 在弹出的“添加字段”（“Add Field”）窗口中的“名称（N）：”（“Name:”）文本框中输入“name”；

⑥ 在“类型（T）：”（“Type:”）选项中选择“文本”（“Text”）；

⑦ 在字段属性中的长度处输入“20”；

⑧ 点击【确定】（【OK】）按钮完成输入，如图 4.48 所示，此时可以看到属性表中

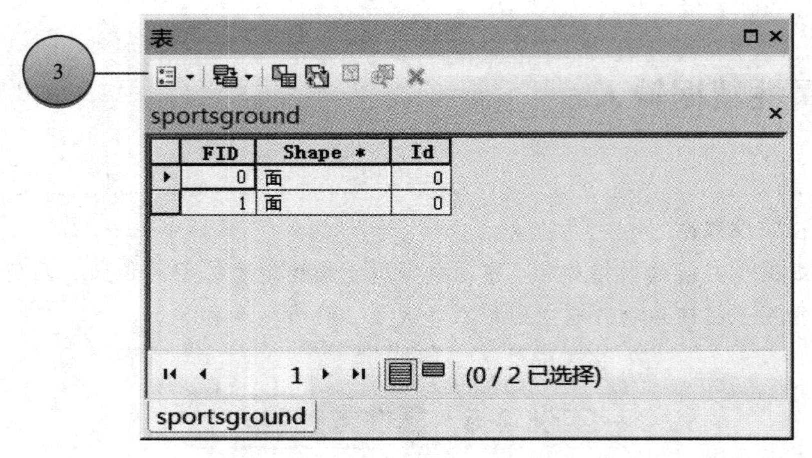

图 4.46 “表”（“Table”）窗口

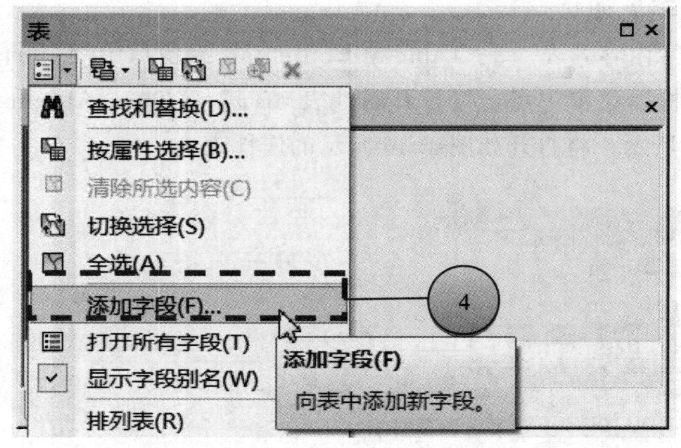

图 4.47 【添加字段（F）…】(【Add Field …】）菜单命令

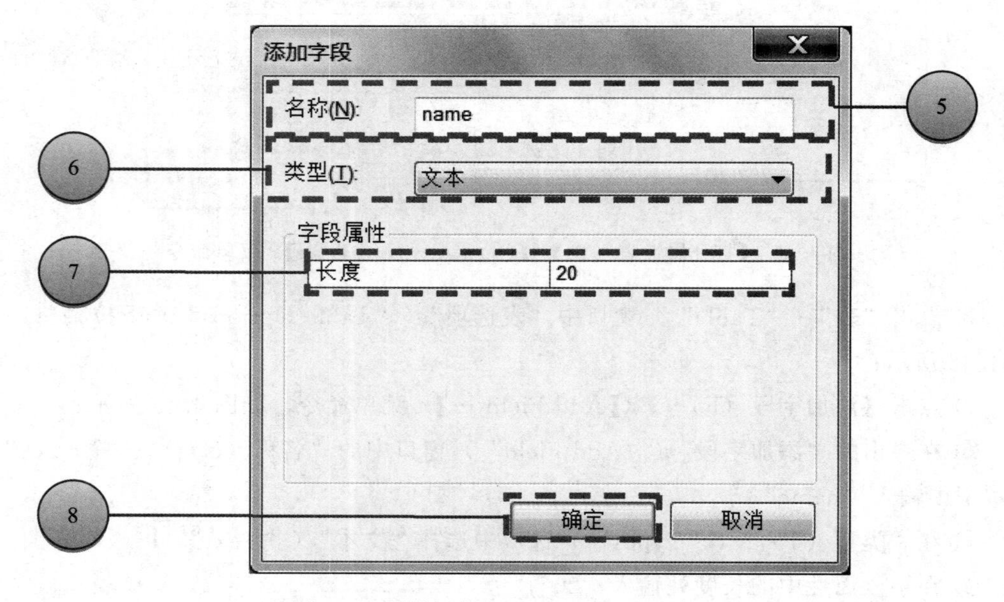

图 4.48 “添加字段”(“Add Field”）窗口

增加了新的字段“name”，如图 4.49 所示。

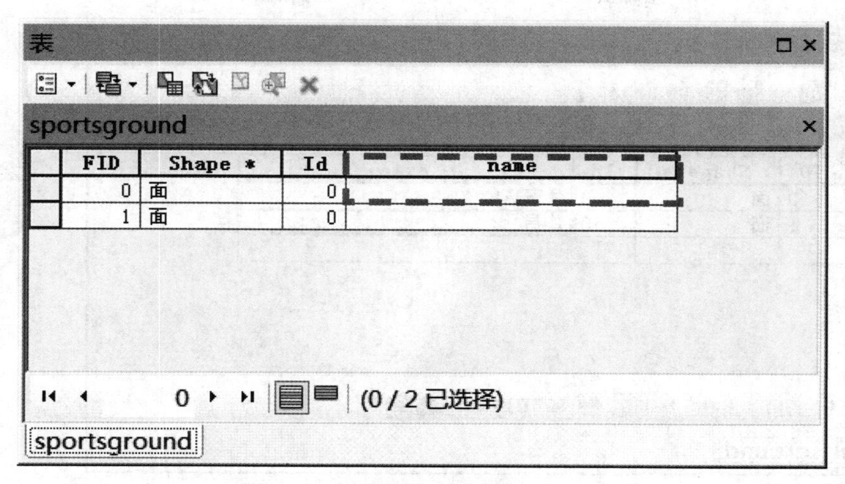

图 4.49 “表”（“Table”）窗口

(2) 属性数据的输入

① 点击“编辑器”（“Editor”）工具栏中“编辑器（R）”（“Editor”）下拉菜单；

② 点击【开始编辑（T)】(【Start Editing】) 菜单命令，如图 4.50 所示；

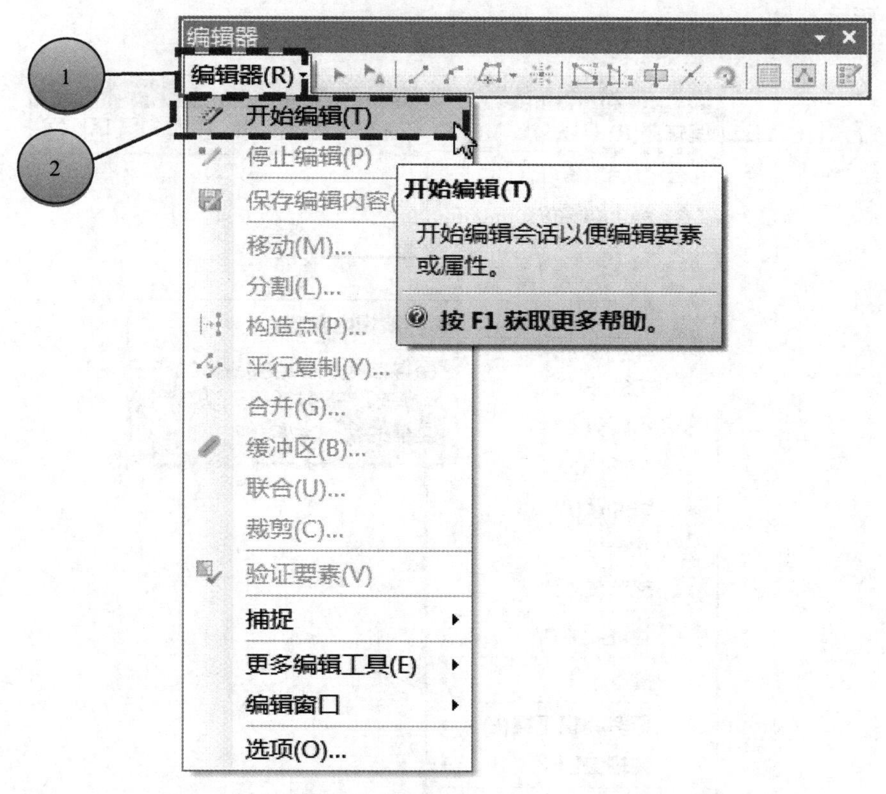

图 4.50 【开始编辑（T)】(【Start Editing】) 菜单命令

③ 点击“name”字段下方的表格，在 FID 分别为“0”和“1”的记录的 name 字

段处分别输入“体育场1”和“体育场2”，如图4.51所示；

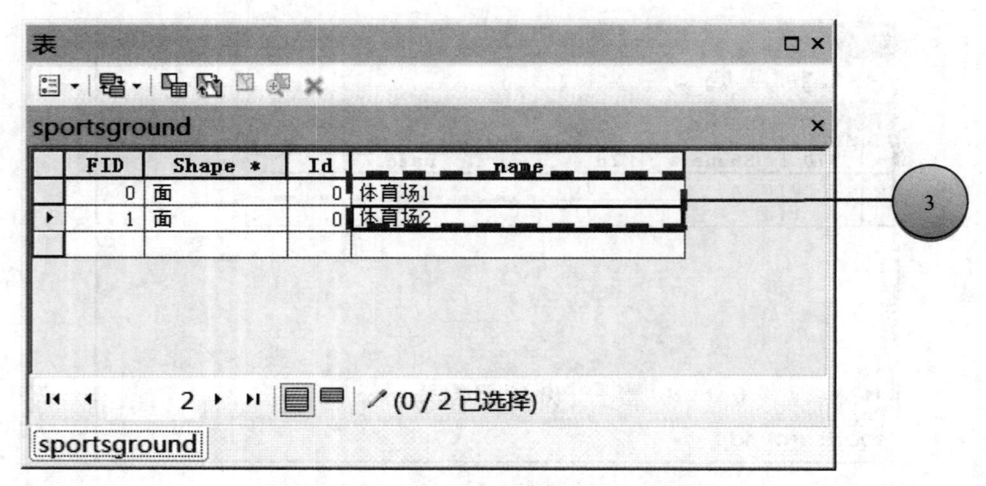

图4.51 “表”（“Table”）窗口

④ 点击“编辑器”（“Editor”）工具栏上的“编辑器（R）”（“Editor”）下拉菜单；

⑤ 点击【保存编辑内容（S)】(【Save Edits】) 菜单命令，完成数据的保存，如图4.52所示；

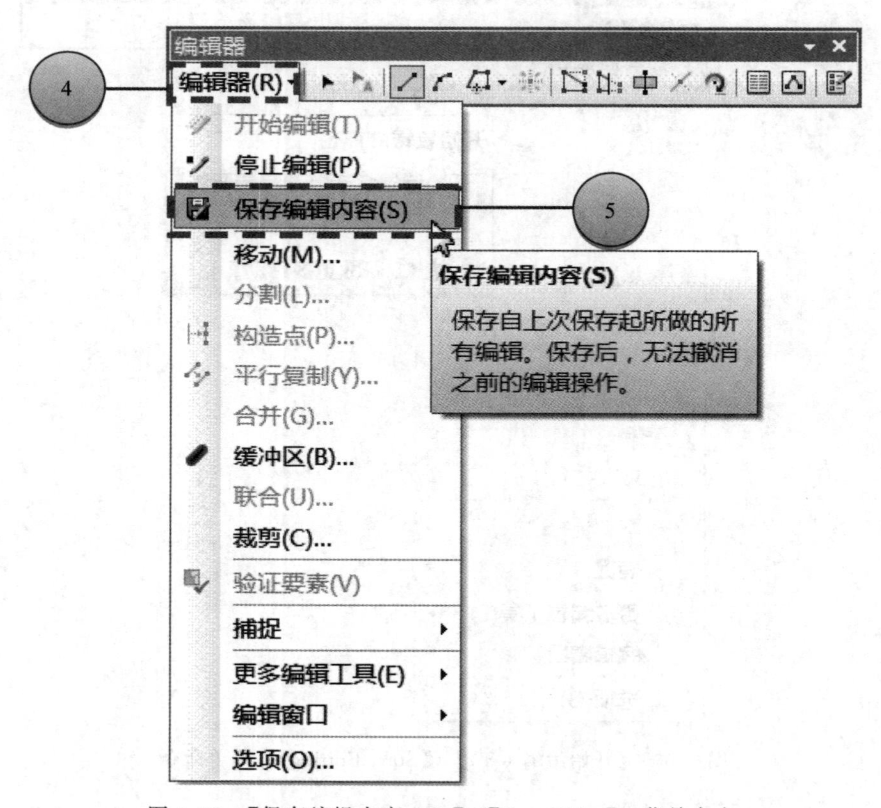

图4.52 【保存编辑内容（S)】(【Save Edits】) 菜单命令

⑥ 点击“编辑器”（“Editor”）工具栏上的“编辑器（R）”（“Editor”）下拉菜单；

⑦ 点击【停止编辑（P）】（【Stop Editing】）菜单命令，停止编辑操作，如图 4.53 所示；

⑧ 点击“标准工具”（“Standard”）栏上的“保存”（“Save”）图标，保存地图文档，如图 4.54 所示。

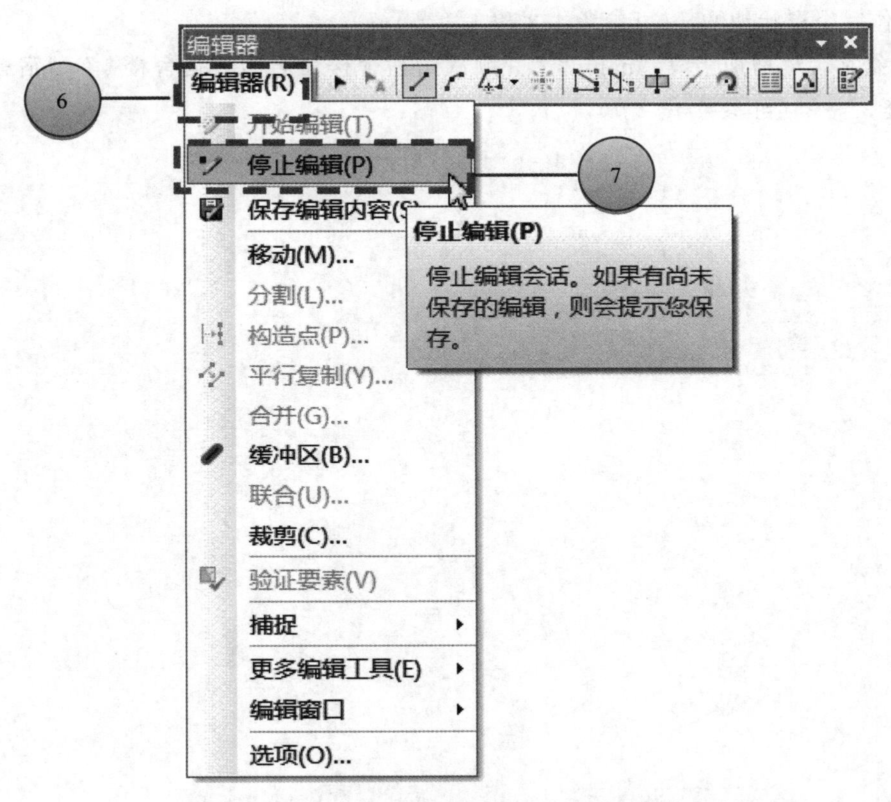

图 4.53 【停止编辑（P）】（【Stop Editing】）菜单命令

图 4.54 “保存”（“Save”）图标

小 结

本章主要介绍了地图文件的创建方法、地图配准的方法、图层创建的方法、空间数据的输入方法以及属性数据的输入方法。空间数据的输入方法是本章学习的重点。

练习

1. 对影像文件 tjpu.jpg 进行配准（可参考 4.1 和 4.2 节）；

2. 新建一个图层，数字化影像文件 tjpu.jpg 的中部位置的最大的那个湖泊（可参考 4.3 和 4.4 节）；

3. 给湖泊图层增加字段“name”，并给湖泊输入名称“人工湖”（可参考 4.5 节）；

4. 新建一个点状图层，数字化影像文件 tjpu.jpg 西部体育场南面的宿舍楼（每一栋楼当作一个点状地物）（可参考 4.3 和 4.4 节）；

5. 给宿舍楼增加字段“name”，并顺次给宿舍楼命名为“宿舍楼 1”“宿舍楼 2”“宿舍楼 3”…（可参考 4.5 节）。

5 数据处理与分析

本章学习目标

- 掌握坐标定义与转换的方法；
- 掌握栅格数据分析的方法；
- 了解空间插值的方法；
- 掌握矢量数据分析的方法。

为了方便以后的练习，请先在自己的硬盘上创建一个文件夹，如“D：\GIS”。然后将练习数据（文件夹“Exercises”）拷贝到该文件夹下。同时在GIS目录下创建一个新的文件夹“MyExercises”用于存放自己的练习数据。若在前一章中已完成上述操作可以跳过这些步骤。将“D：\GIS\Exercises\Chp05”文件夹拷贝到“D：\GIS\MyExercises\”文件夹下。

5.1 坐标定义与转换

实例 5-1 指定坐标系统

有时我们会拿到一些丢失坐标文件的数据，这时如果我们能够知道其真实的坐标系统，就可以给其指定坐标系统。

① 启动 ArcMap，选择“空白地图”（“Blank Map”）作为模板；

② 点击【确定】(【OK】)，如图 5.1 所示，得到如图 5.2 所示窗口；

③ 点击“标准工具”(“Standard”）栏上的“目录”(“Catalog”）图标，如图 5.3 所示；

④ 在“目录”（“Catalog”）窗口中展开“D：\GIS\Exercises\Chp05”文件夹，分别将文件“bou1_4p. shp”“bou2_4l. shp”拖拽至地图窗口，如图 5.4 所示；

⑤ 当添加“bou2_4l. shp”时，软件提示该数据缺少空间参考信息，点击【确定】（【OK】）按钮，如图 5.5 所示；最终软件界面如图 5.6 所示；

⑥ 双击“内容列表”（“Table of Contents”）窗口中的“bu2_4l”图层，如图 5.7 所示；

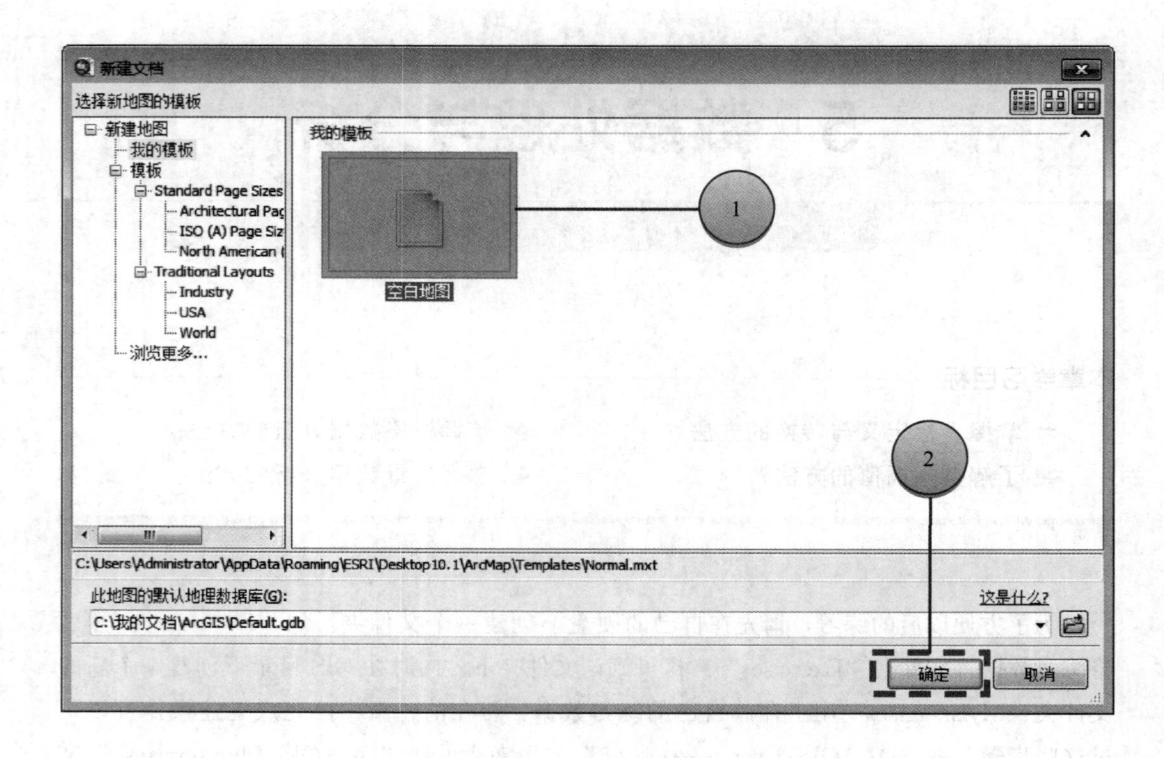

图 5.1 “新建文档”（“New Document”）窗口

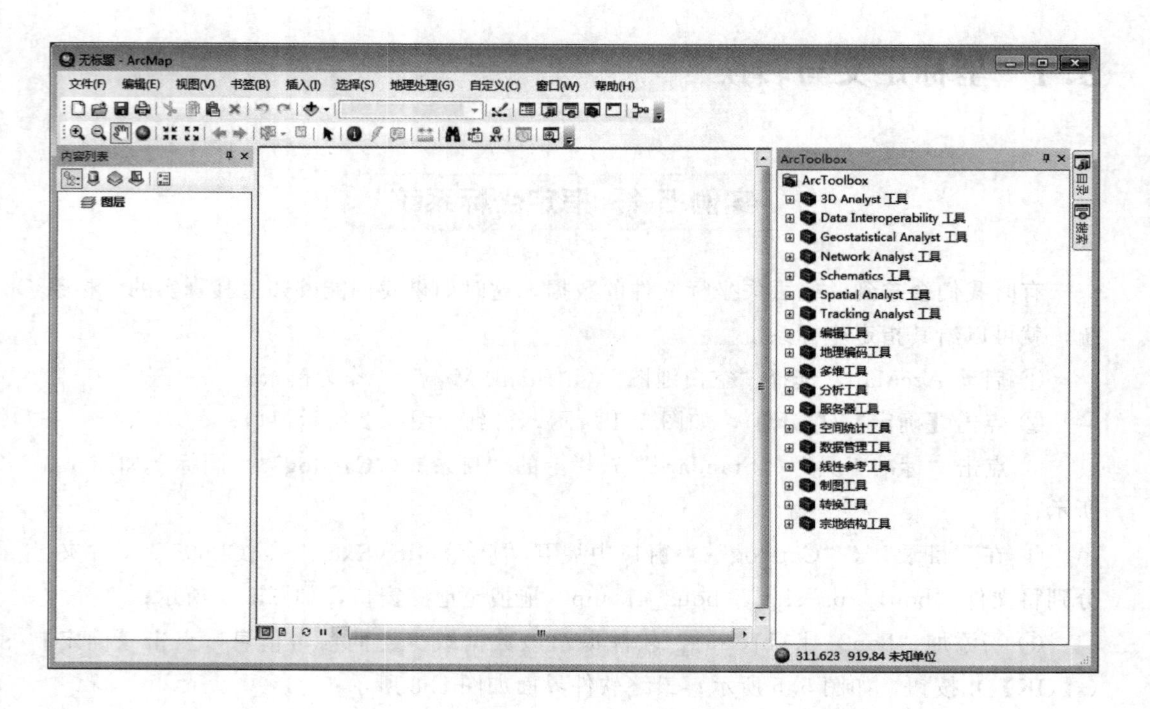

图 5.2 结果窗口

图 5.3 “目录”（“Catalog”）图标

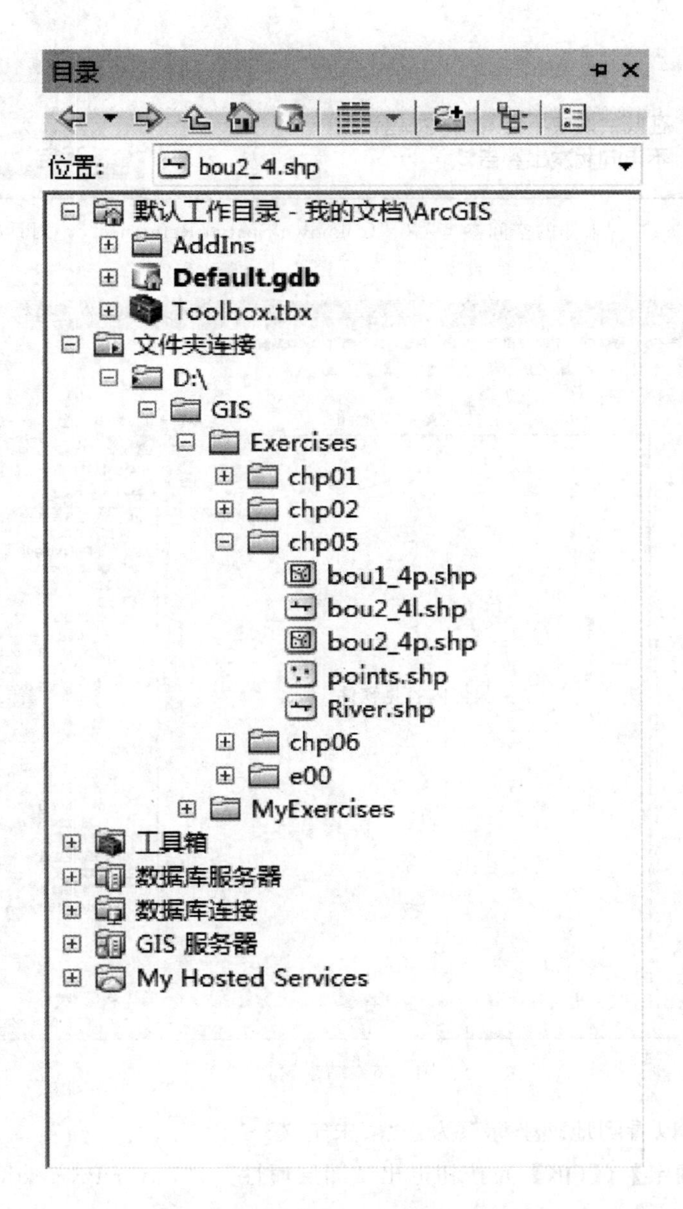

图 5.4 “目录”（“Catalog”）窗口

⑦ 在弹出的“图层属性”（“Layer Properties”）窗口中，选择“源”（“Source”）

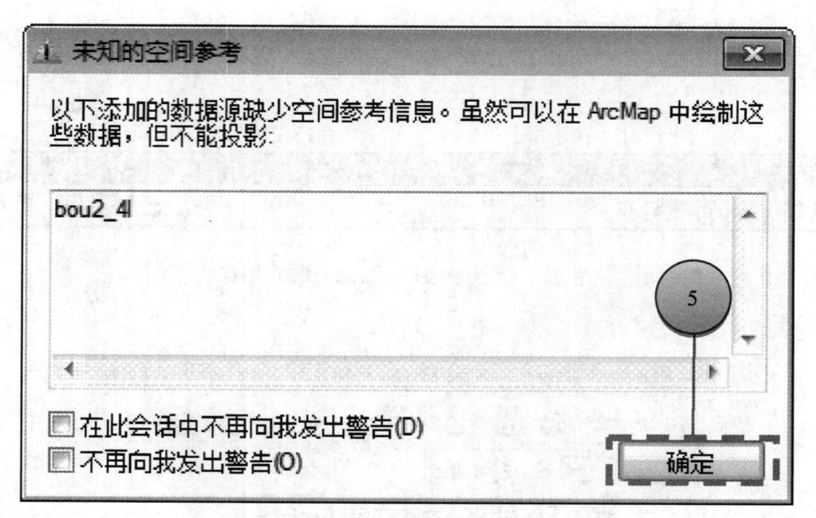

图 5.5 “未知的空间参考”（“Unknown Spatial Reference”）对话框

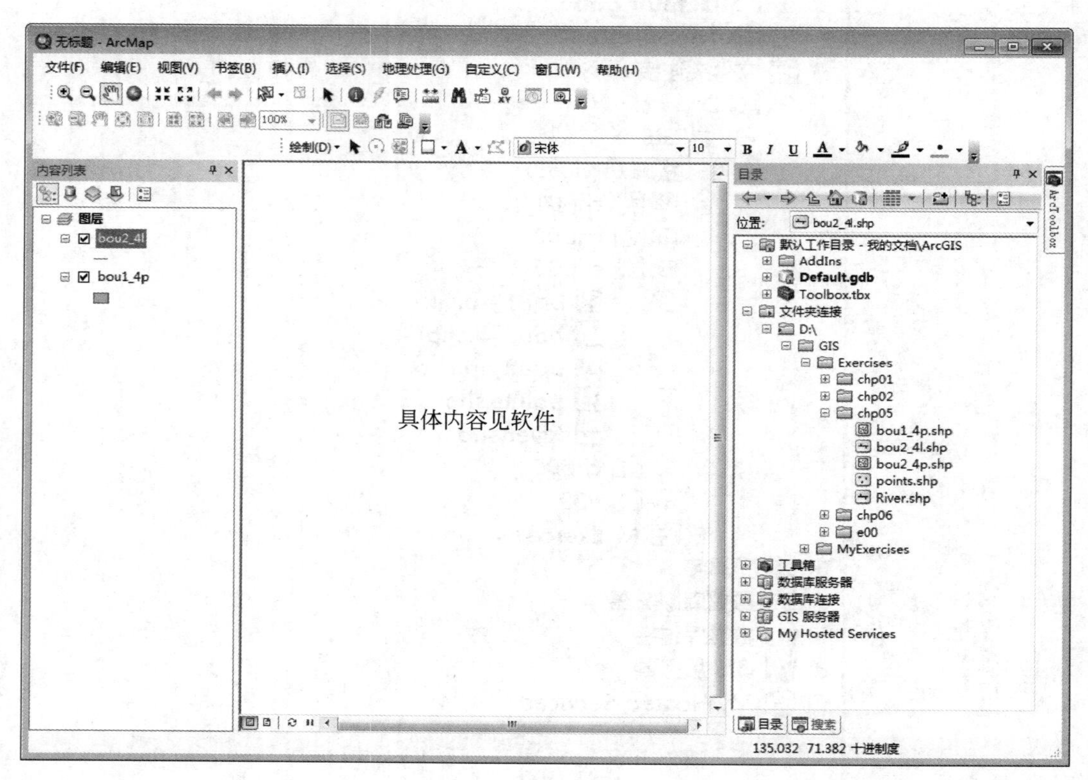

图 5.6 结果窗口

选项卡，这时可以看到地理坐标系为：“＜未定义＞”；

⑧ 点击【确定】（【OK】）按钮退出“图层属性”（“Layer Properties”）窗口，如图 5.8 所示；

⑨ 点击“标准工具”（“Standard”）栏上的“ArcToolbox”（“ArcToolbox”）图标，如图 5.9 所示；

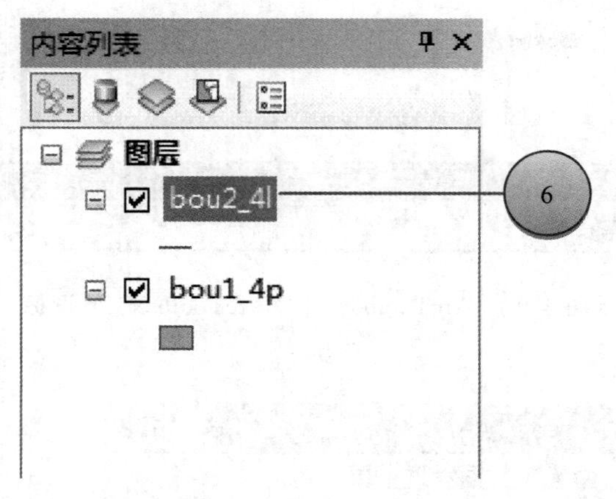

图 5.7 “内容列表”（“Table of Contents”）窗口

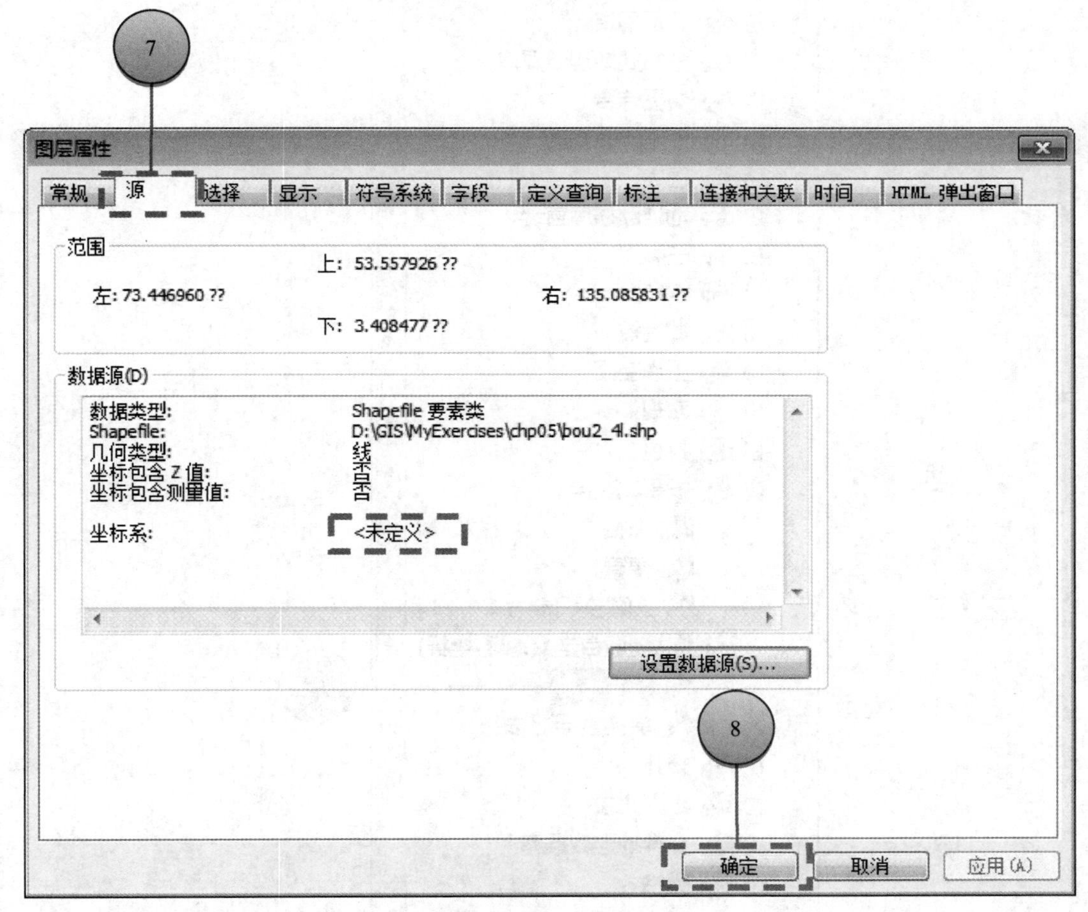

图 5.8 “图层属性”（“Layer Properties”）窗口

⑩ 在“ArcToolbox”窗口中依次展开“数据管理工具”⟶“投影和变换”（“Data Management Tools”⟶“Projections and Transformations”），双击“定义投影”（“Define Projection”）工具，如图 5.10 所示；

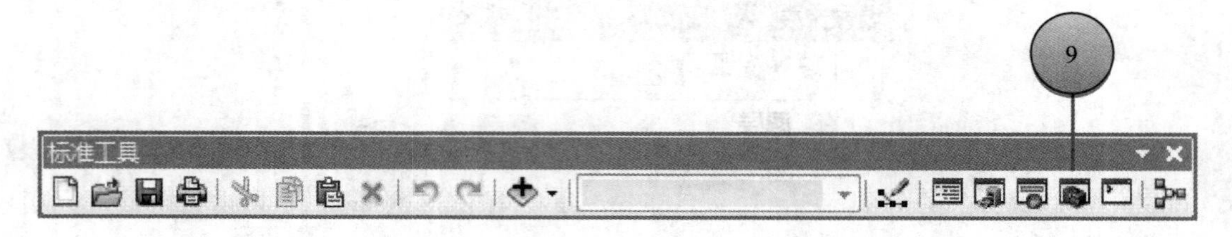

图 5.9 “ArcToolbox”（“ArcToolbox”）图标

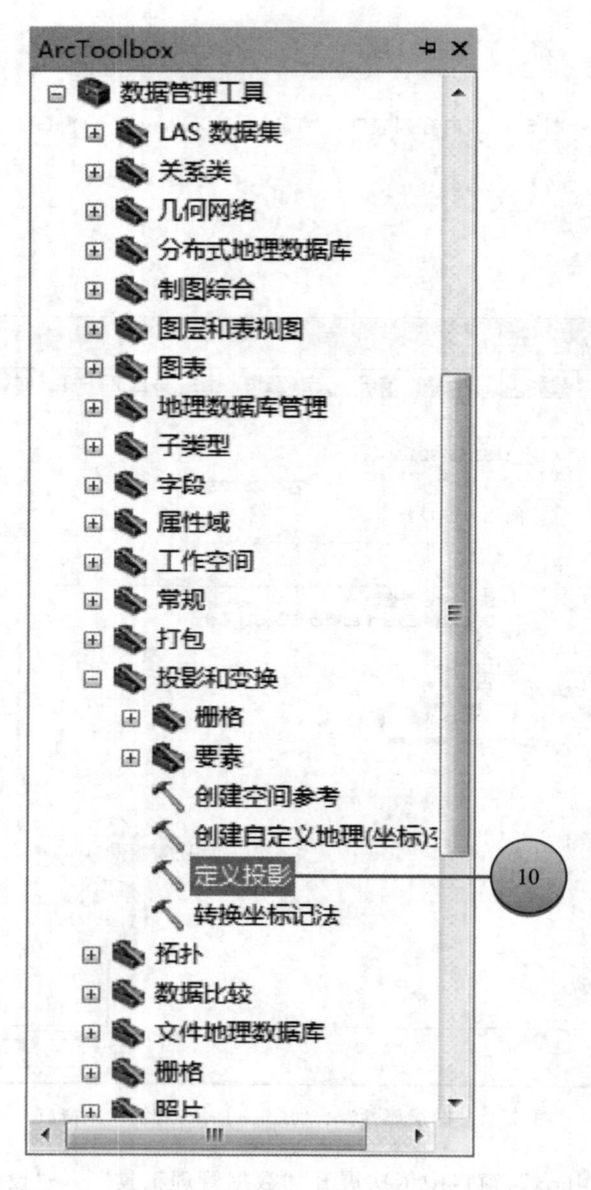

图 5.10 “定义投影”（“Define Projection”）工具

⑪ 在弹出的“定义投影”（“Define Projection”）窗口中单击“输入数据集或要素

类”（“Input Dataset or FeatureClass”）下面的下拉框；

⑫ 选择“bou2_4l”，如图 5.11 所示；

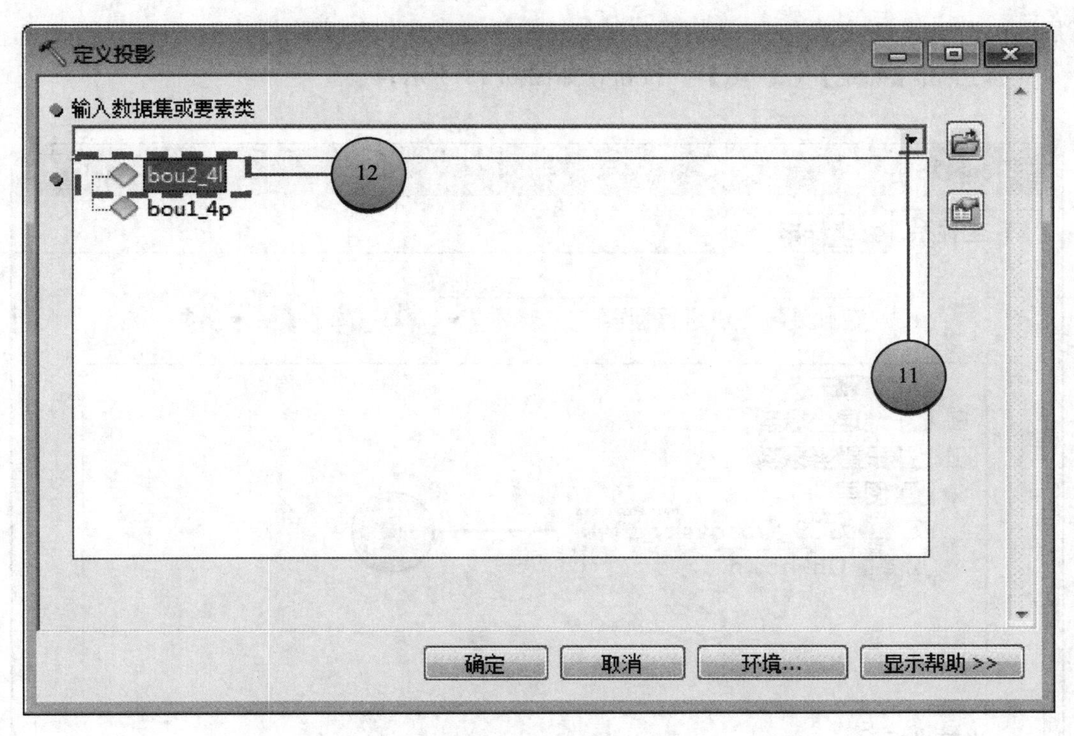

图 5.11 “定义投影”（“Define Projection”）窗口

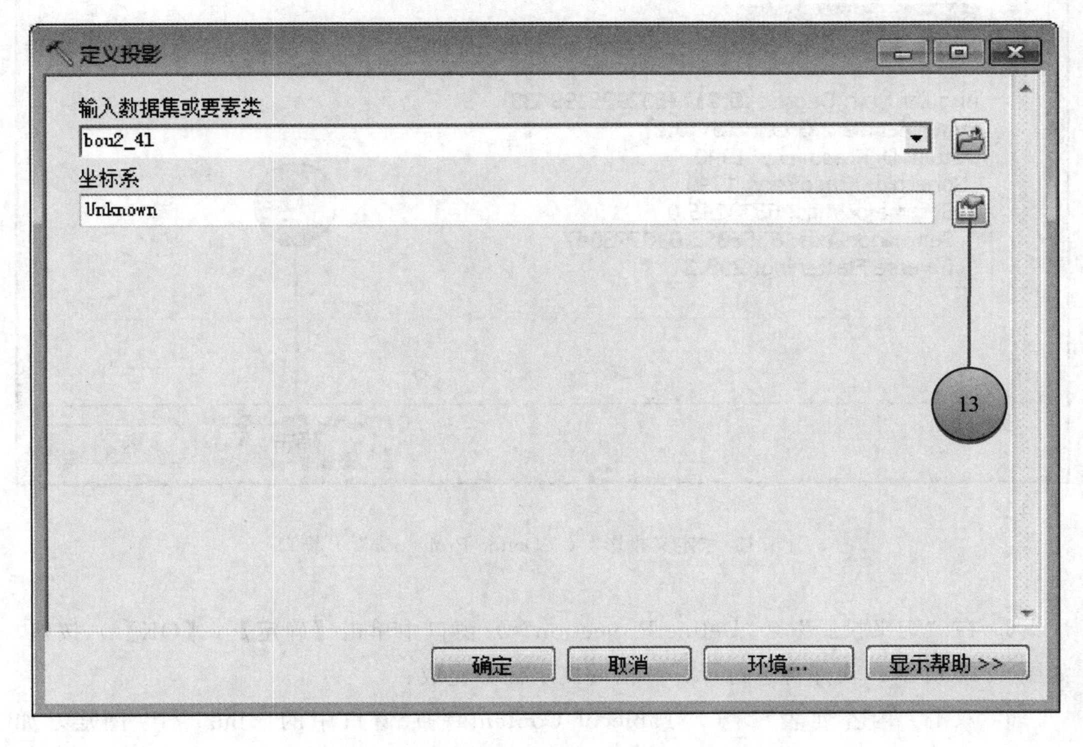

图 5.12 “定义投影”（“Define Projection”）窗口

⑬ 点击“坐标系”（“Coordinate System”）右侧图标，如图 5.12 所示；

⑭ 在弹出的“空间参考属性”（“Spatial Reference Properties”）窗口中展开“图层”（“Layers”）文件夹，选择“GCS_Krasovsky_1940”投影；

⑮ 点击【确定】（【OK】）按钮，如图 5.13 所示；

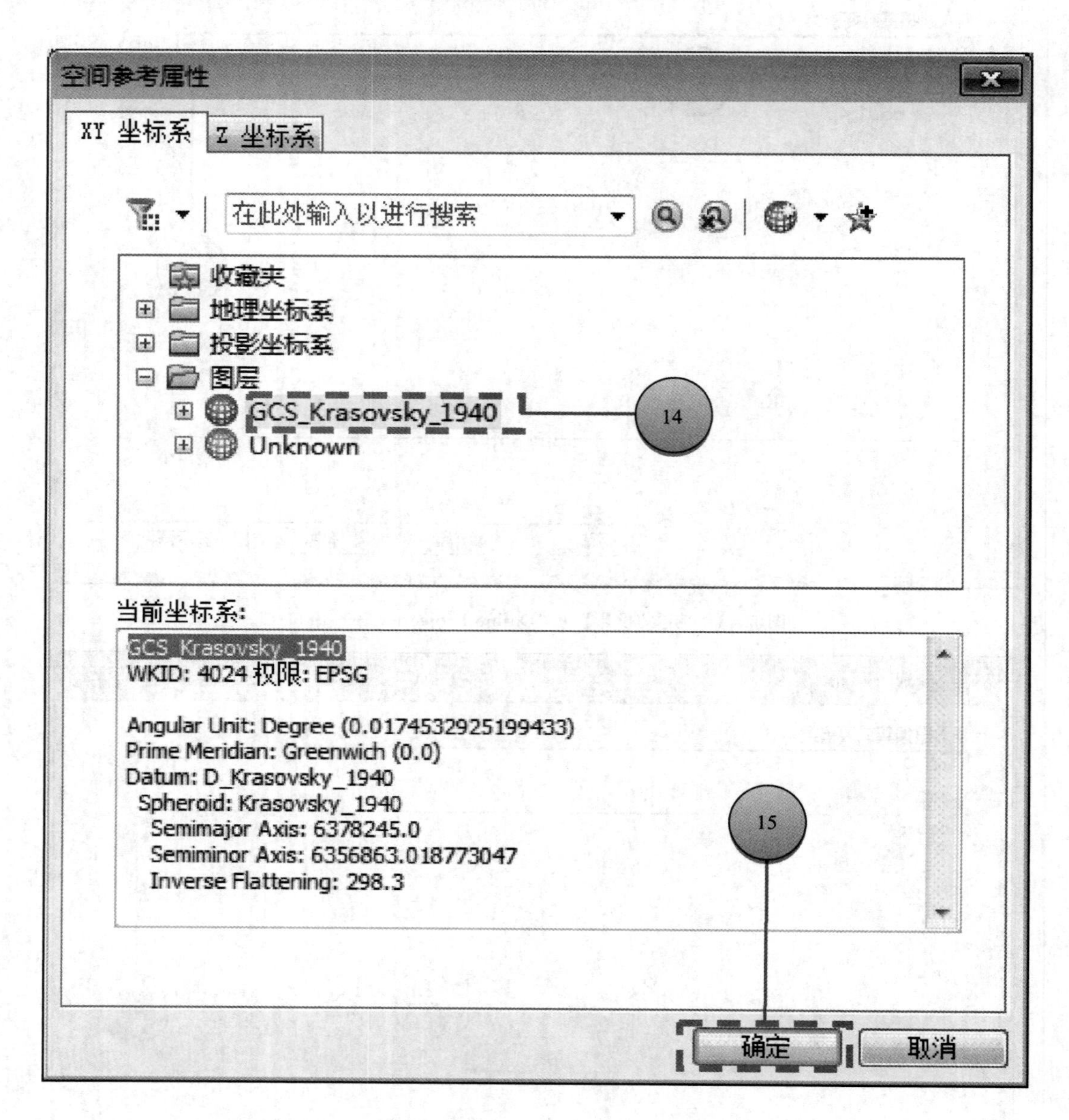

图 5.13 “定义投影”（“Define Projection”）窗口

⑯ 在“定义投影”（“Define Projection”）窗口中单击【确定】（【OK】）按钮，如图 5.14 所示，软件将进行计算，稍后提示任务完成；

⑰ 双击“内容列表”（“Table of Contents”）窗口中的“bu2_41”图层，如图 5.15 所示；

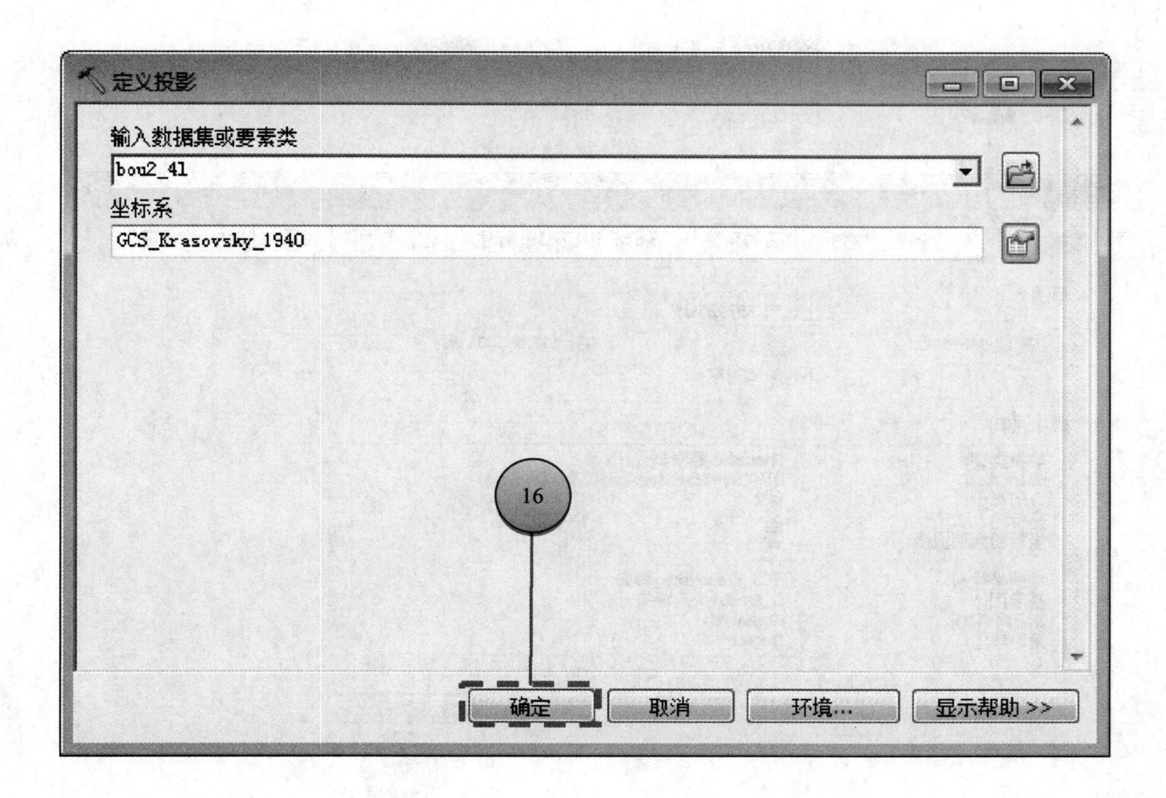

图 5.14 “定义投影”（“Define Projection”）窗口

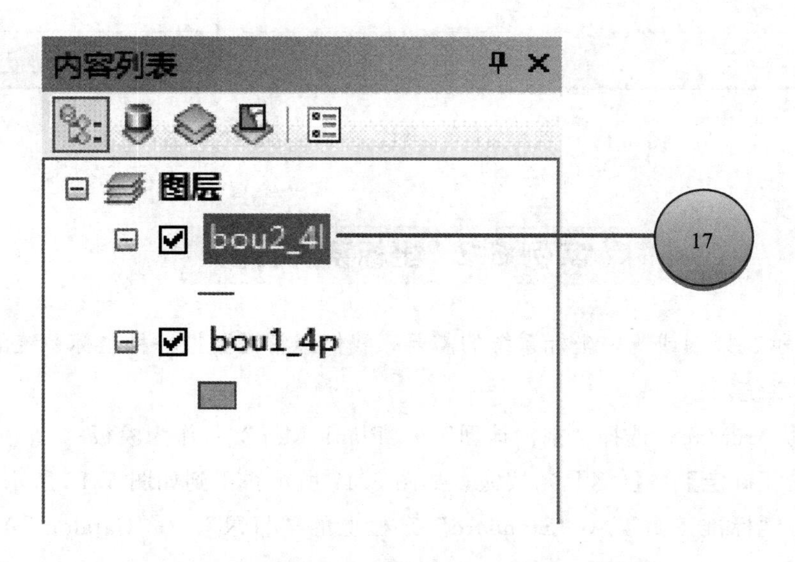

图 5.15 “内容列表”（“Table Of Contents”）窗口

⑱ 在弹出的“图层属性”（“Layer Properties”）窗口中，选择“源”（“Source”）选项卡，这时可以看到地理坐标系为：“GCS_Krasovsky_1940”；

⑲ 点击【确定】（【OK】）按钮，如图 5.16 所示。

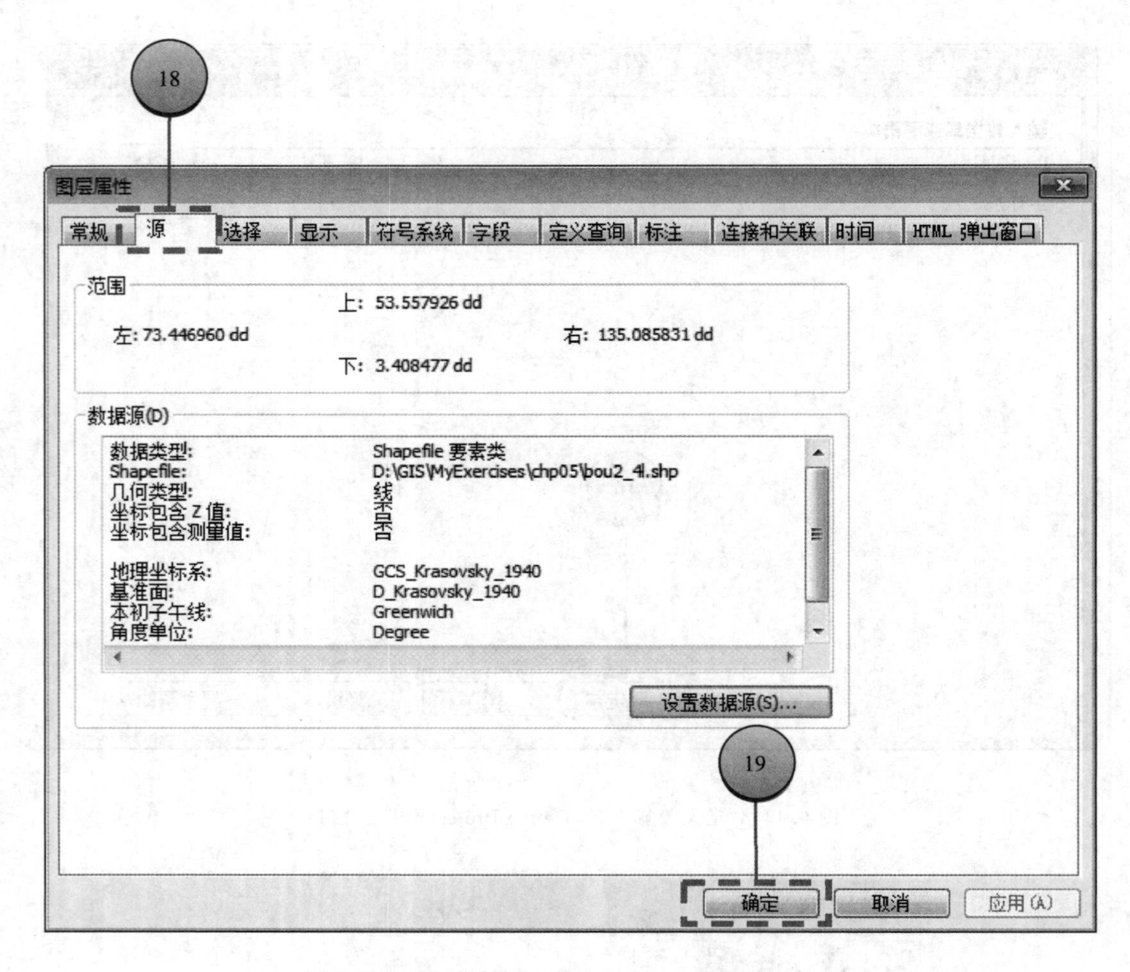

图 5.16 “图层属性”（“Layer Properties”）窗口

实例 5-2　坐标系统转换

为了显示、处理或统一坐标系统的需要，我们经常需要把一种坐标系统的数据转换至另一坐标系统。

① 启动 ArcMap，选择“空白地图”（“Blank Map”）作为模板；

② 点击【确定】（【OK】）按钮，如图 5.17 所示，得到如图 5.18 所示窗口；

③ 点击“标准工具”（“Standard”）栏上的“目录”（“Catalog”）图标，如图 5.19 所示；

④ 在“目录”（“Catalog”）窗口中展开“D：\GIS\MyExercises\Chp05”文件夹，再拖拽“points. shp”文件至地图窗口，如图 5.20 所示，添加数据后的界面如图 5.21 所示；

⑤ 双击“内容列表”（“Table Of Contents”）窗口中的“points”图层，如

图 5.22 所示；

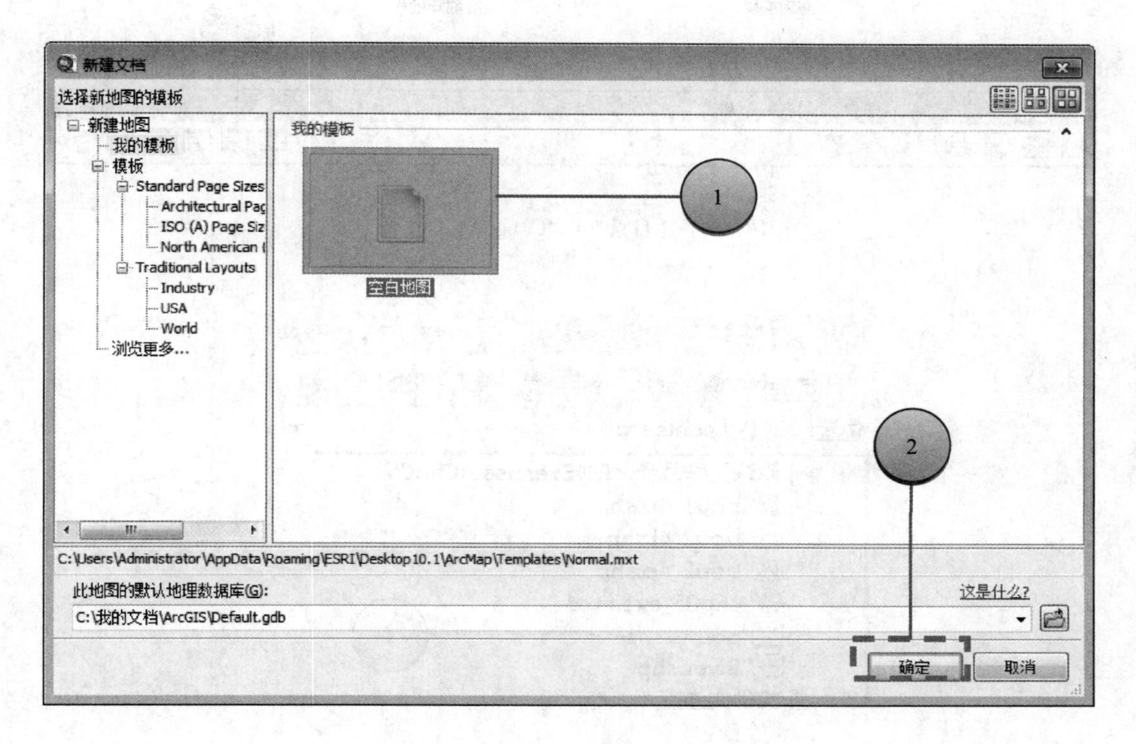

图 5.17 “新建文档”（“New Document”）窗口

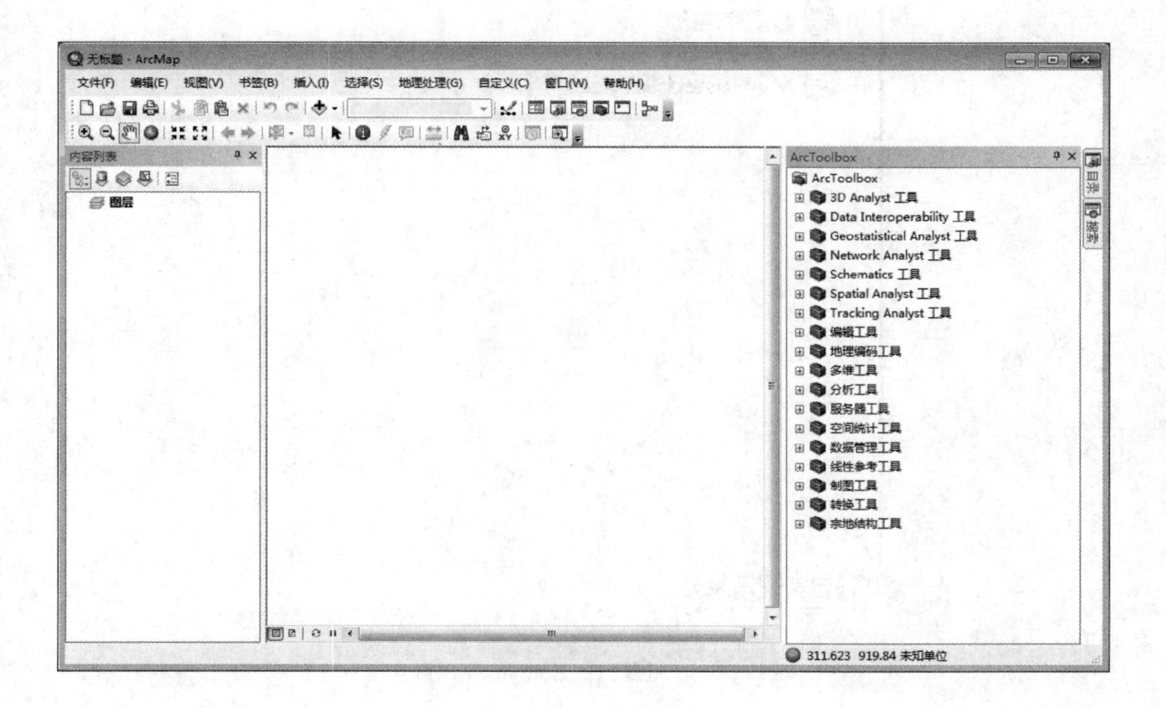

图 5.18 结果窗口

图 5.19 “目录”（“Catalog”）图标

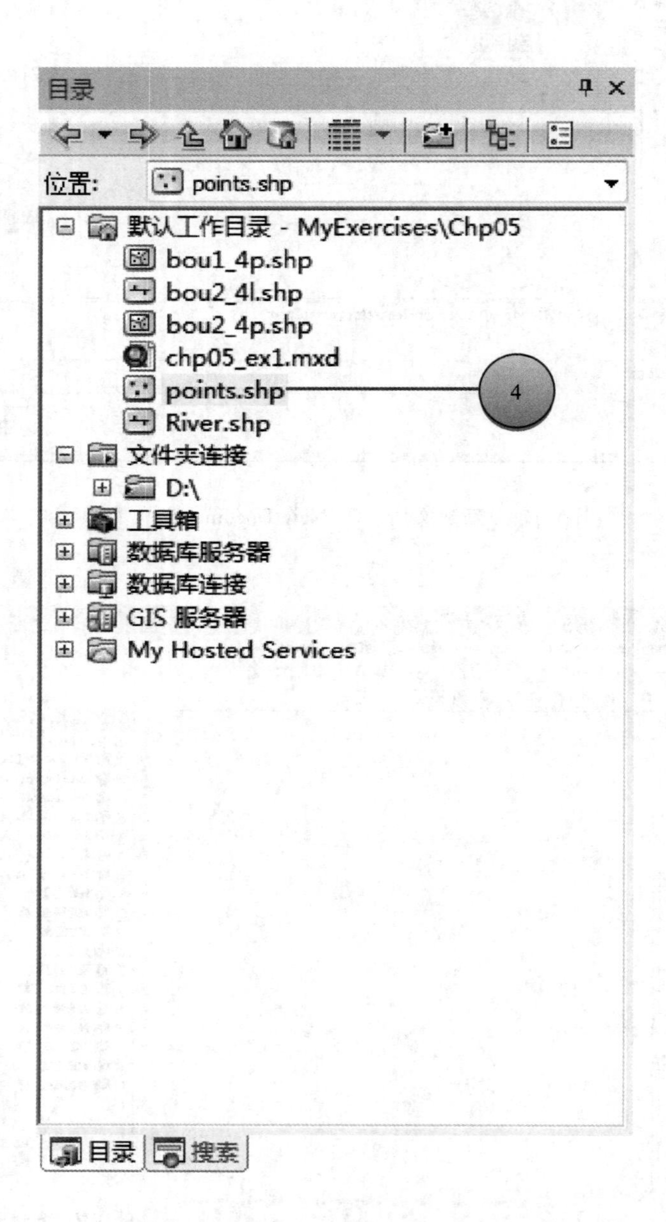

图 5.20 “目录”（“Catolog”）窗口

⑥ 在弹出的“图层属性”（“Layer Properties”）窗口中，选择“源”（“Source”）

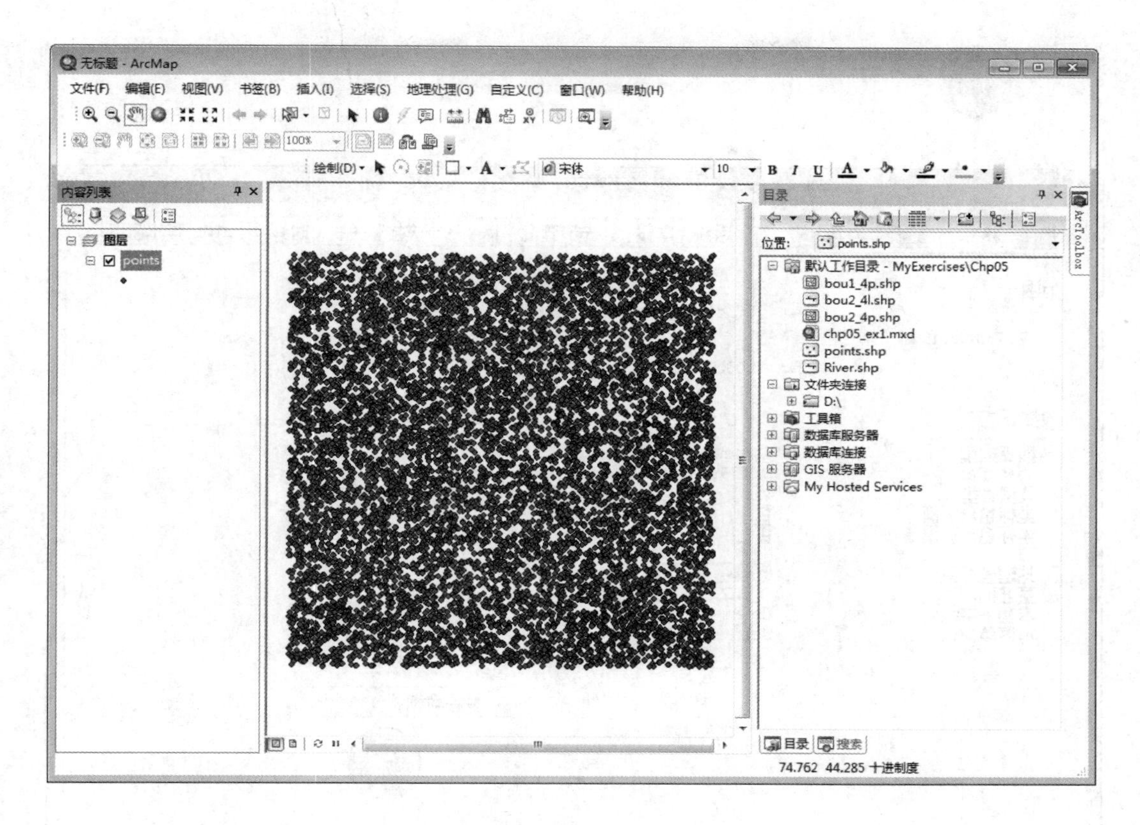

图 5.21　结果窗口

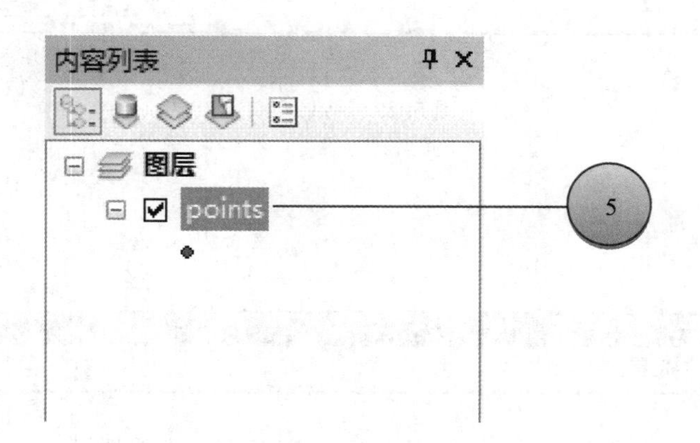

图 5.22　“内容列表”（“Table Of Contents”）窗口

选项卡，这时可以看到地理坐标系为：“GCS_WGS_1984”；

⑦ 点击【确定】（【OK】）按钮退出“图层属性”（“Layer Properties”）窗口，如图 5.23 所示；

⑧ 点击“标准工具”（“Standard”）栏上的“ArcToolbox”（“ArcToolbox”）图标，如图 5.24 所示；

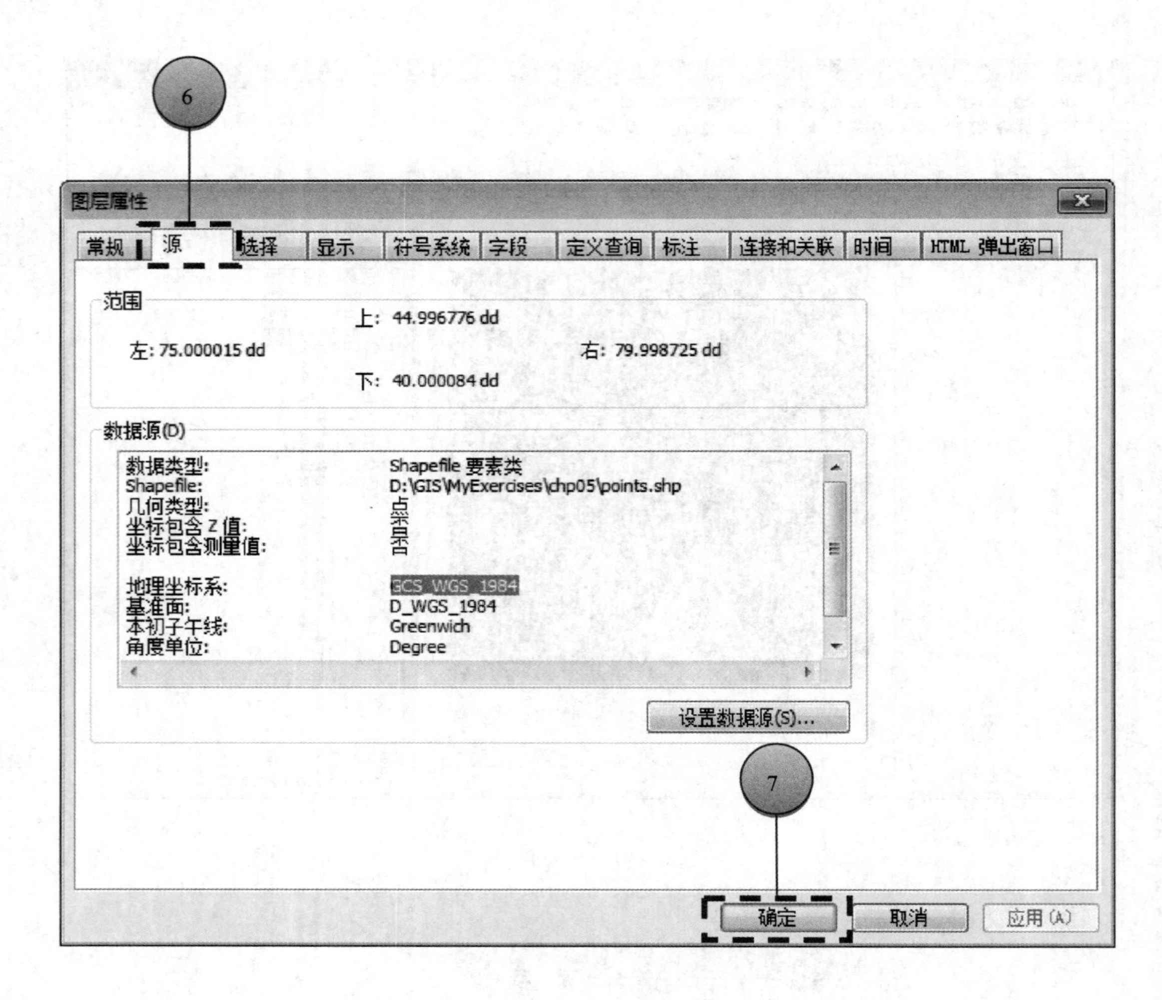

图 5.23 结果窗口

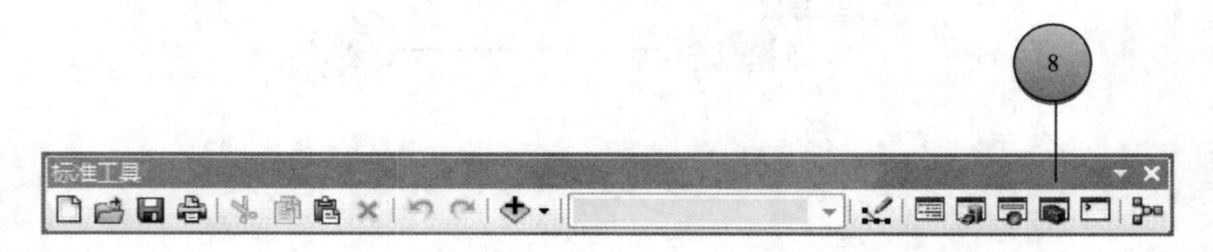

图 5.24 “ArcToolbox”（“ArcToolbox”）图标

⑨ 在“ArcToolbox”窗口中依次展开“数据管理工具”⟶“投影和变换”⟶“要素”（“Data Management Tools”⟶“Projections and Transformations”⟶“Feature”），双击“投影”（“Project”）工具，如图 5.25 所示；

⑩ 在弹出的“投影”（“Project”）窗口中单击“输入数据集或要素类”（“Input Dataset or Feature Class”）下面的下拉框；

⑪ 选择“points”，如图 5.26 所示；

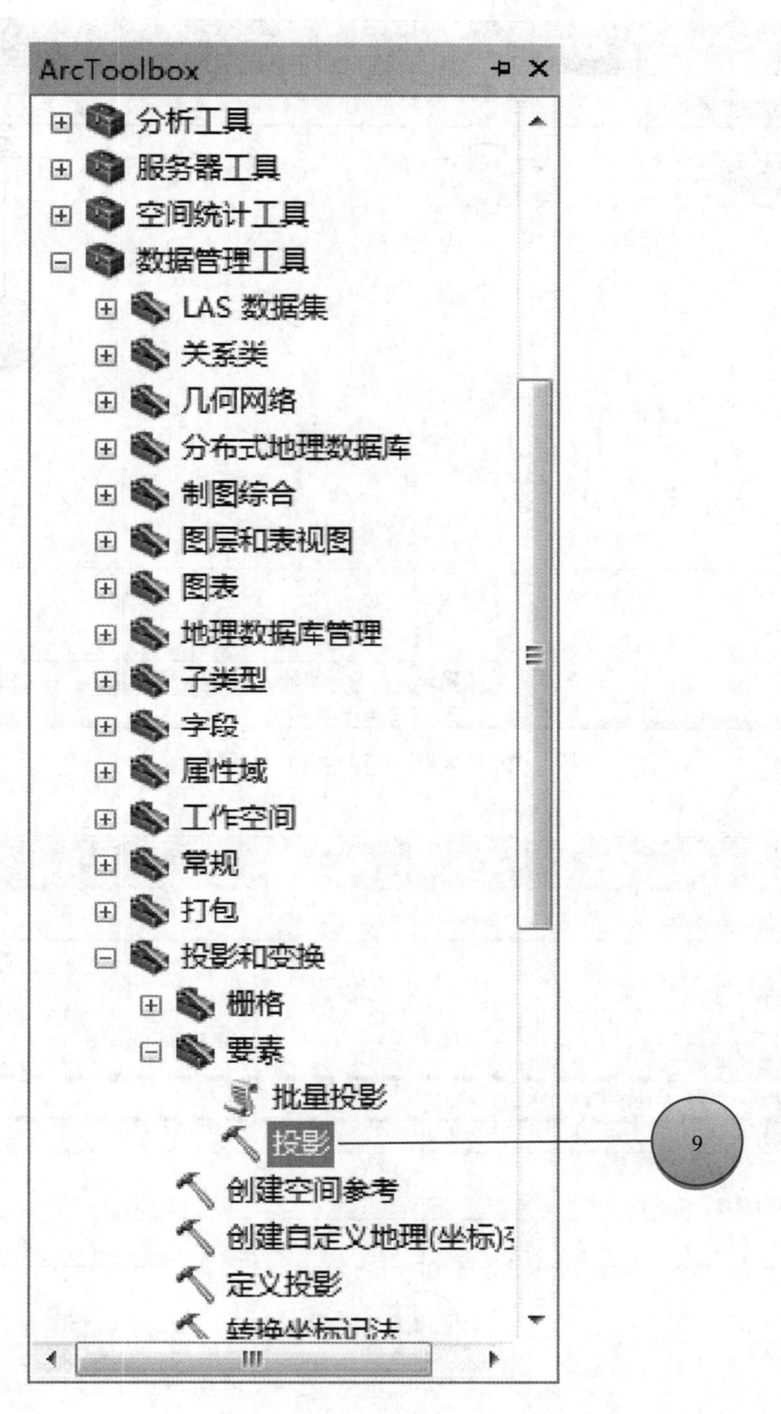

图 5.25 “投影”（“Project”）工具

⑫ 将“输出数据集或要素类”（“Output Dataset or Feature Class”）设置为“D:\GIS\MyExercises\Chp05\points_prj.shp”；

⑬ 点击“输出坐标系”（“Output Coordinate System”）右侧图标，如图 5.27 所示；

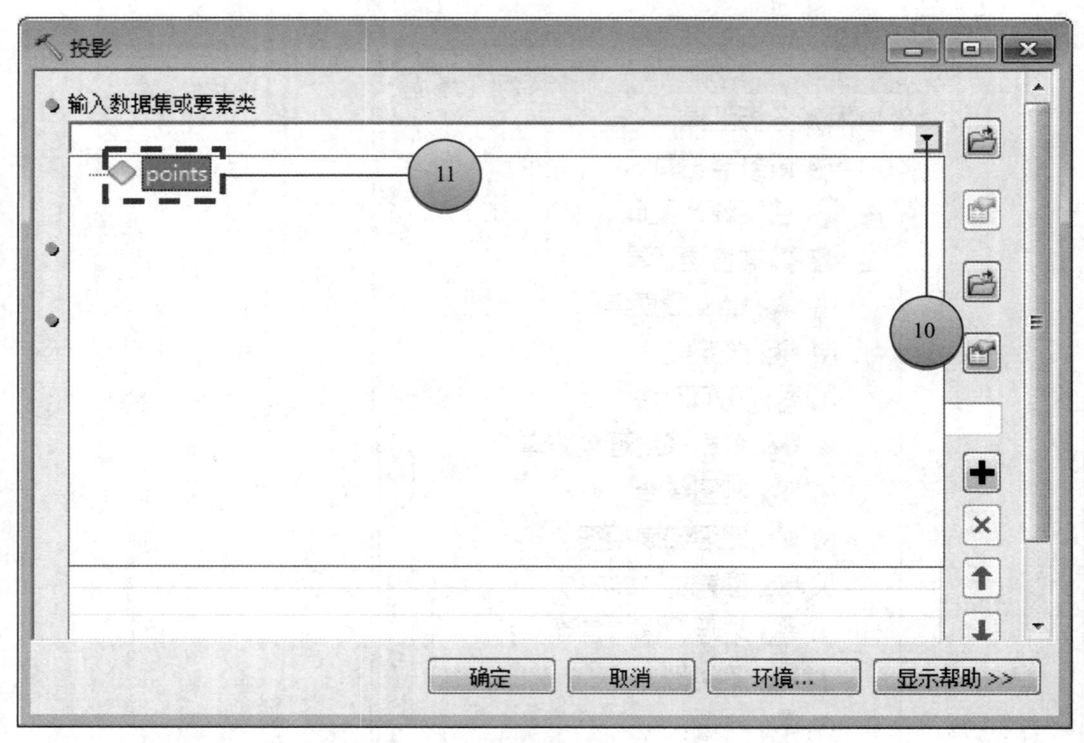

图 5.26 “投影”（“Project”）窗口

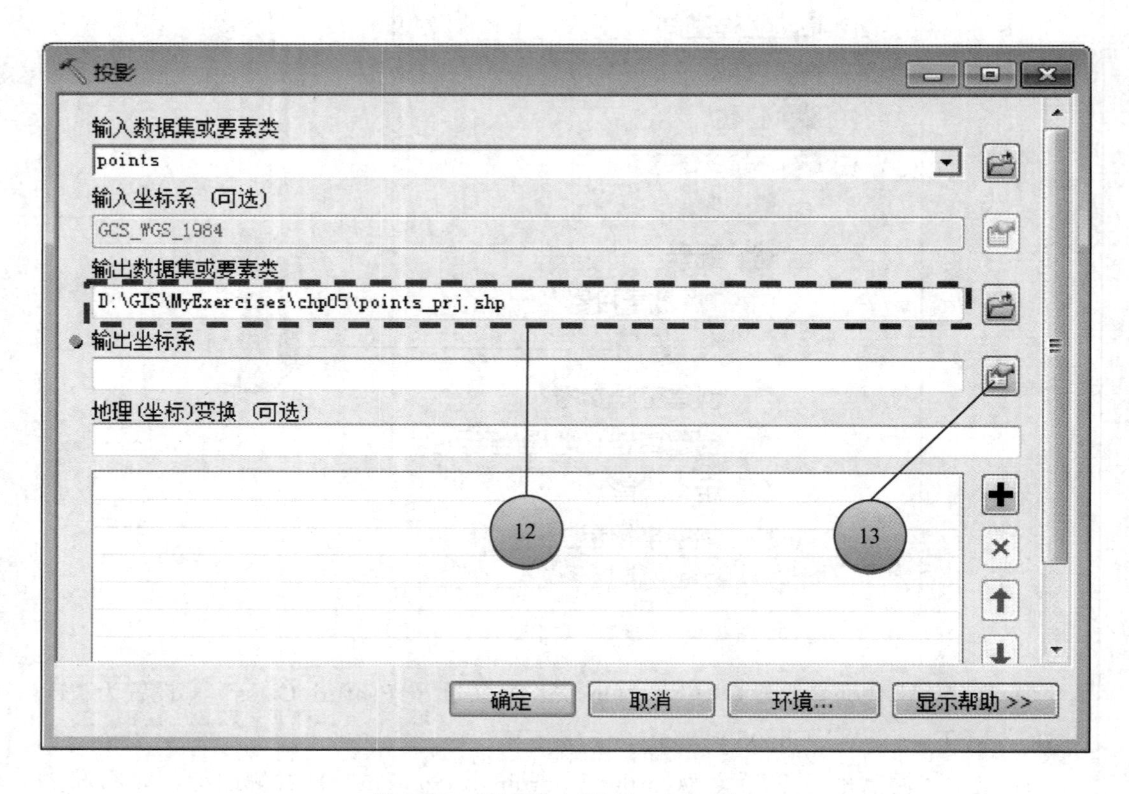

图 5.27 “投影”（“Project”）窗口

⑭ 在弹出的“空间参考属性”（“Spatial Reference Properties”）窗口中依次展开“地理坐标系”⟶“Asia” （“Geographic Coordinate Systems”⟶“Asia”），选择“Beijing_1954”投影；

⑮ 点击【确定】（【OK】）按钮，如图 5.28 所示；

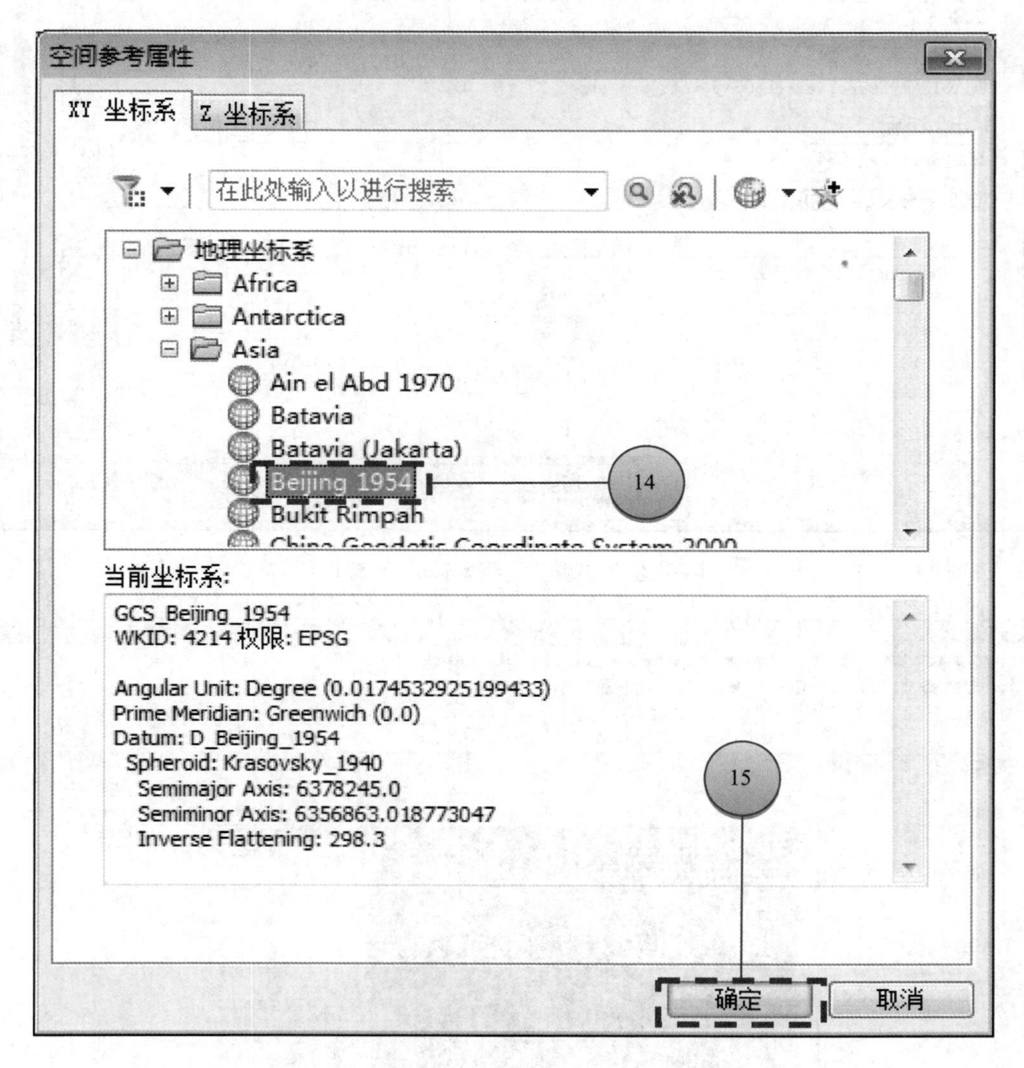

图 5.28 “空间参考属性”（“Spatial Reference Properties”）窗口

⑯ 在“投影”（“Project”）窗口中单击【确定】（【OK】），如图 5.29 所示，软件将进行计算，稍后提示任务完成，投影转换后的新图层也会自动添加至系统，如图 5.30 所示；

⑰ 双击“内容列表”（“Table Of Contents”）窗口中的“points_prj”图层，如图 5.31 所示；

⑱ 在弹出的“图层属性”（“Layer Properties”）窗口中，选择“源”（“Source”）选项卡，这时可以看到地理坐标系为：“GCS_Beijing_1954”；

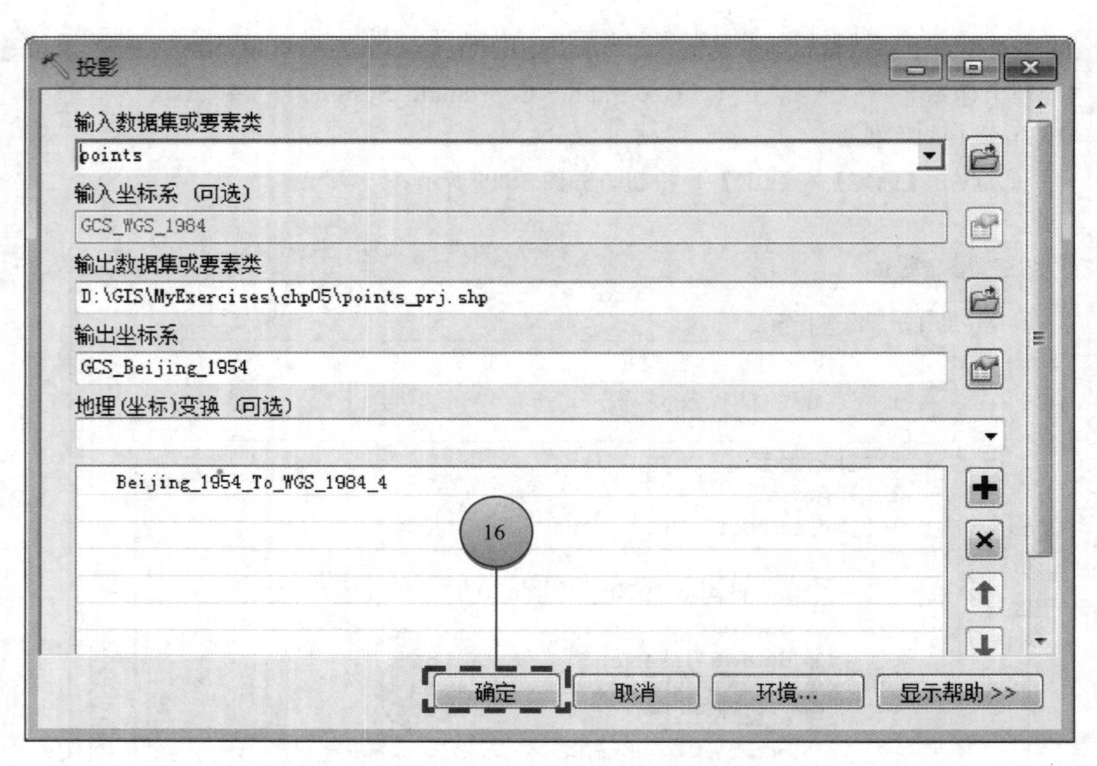

图 5.29 “投影”（“Project”）窗口

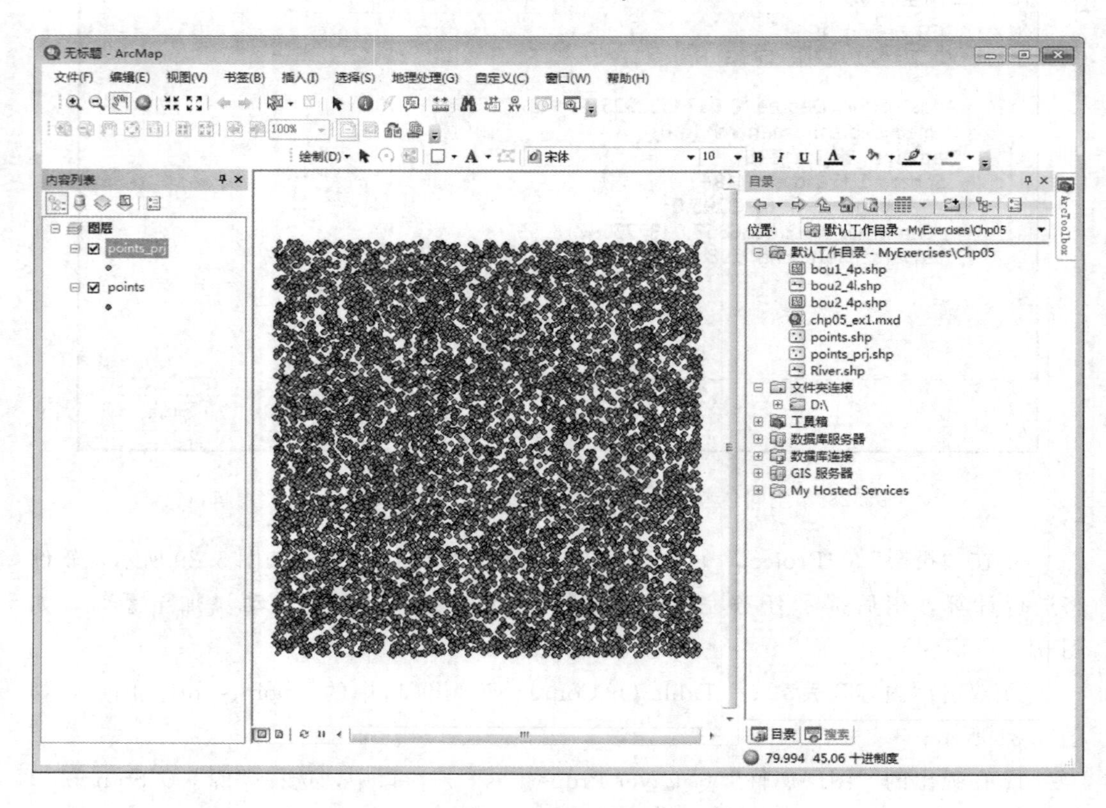

图 5.30 结果窗口

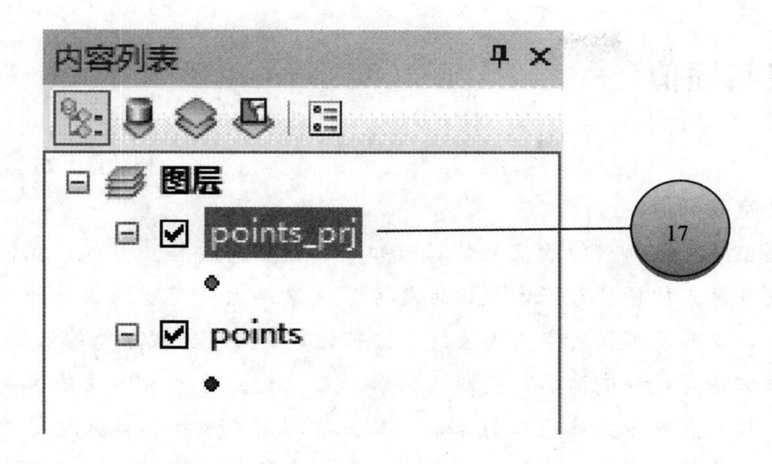

图 5.31 “内容列表”（“Table Of Contents”）窗口

⑲ 单击【确定】（【OK】）按钮，关闭“图层属性”（“Layer Properties”）窗口，如图 5.32 所示。

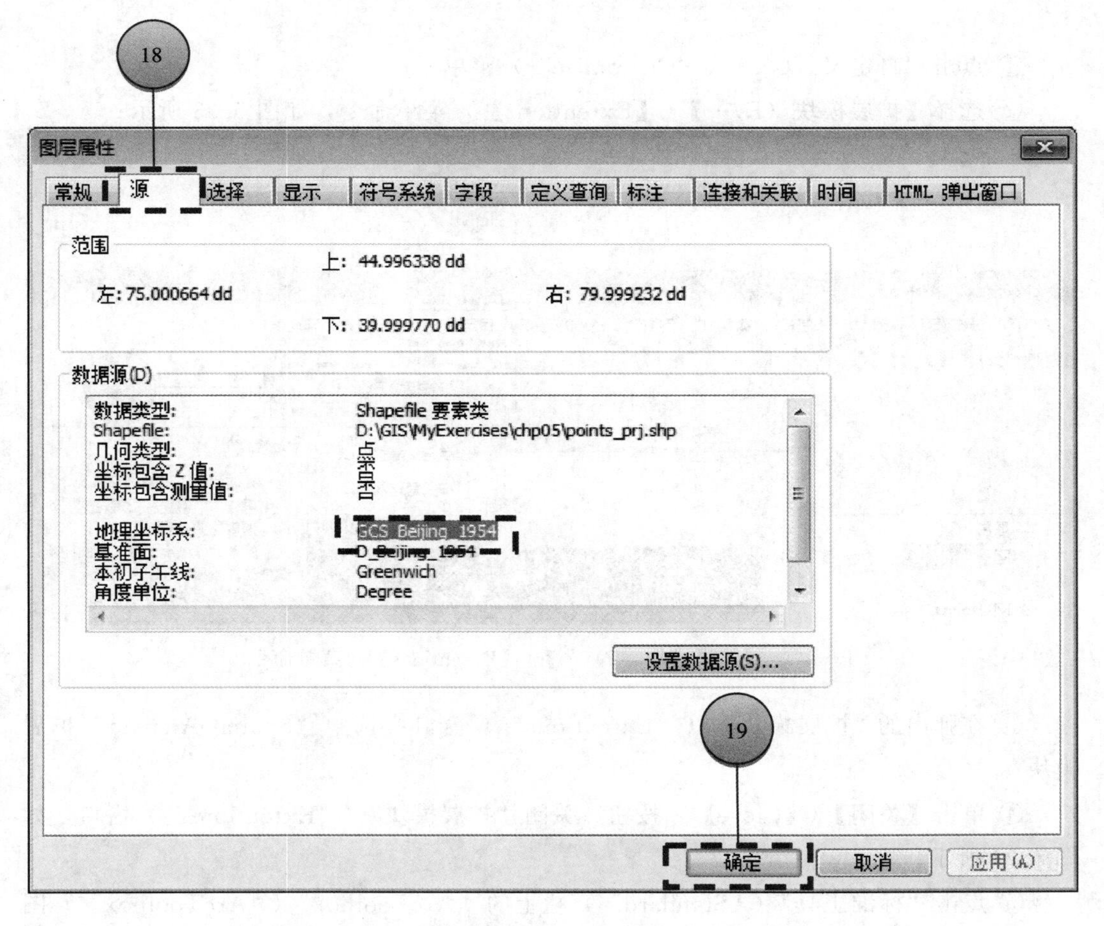

图 5.32 “图层属性”（“Layer Properties”）窗口

5.2 空间插值

名词解释：空间插值

空间插值是用已知点的数值来估算未知点的数值的过程。例如，我们需要知道某一区域内任意点的温度与降水值，但是除了气象站点处有观测值以外其他地方并没有观测值，这时就可以用空间插值的方法来估算没有气象站点处的温度和降水值。空间插值的方法可以分成两类：全局方法和局部方法。这两种方法的区别在于控制点的使用，控制点就是数值已知的点。全局方法利用所有控制点来估算未知点的数值，即未知点的值受到所有控制点的影响，局部方法仅利用部分控制点来估算未知点的数值，即未知点的值仅受到局部控制点的影响。

实例 5-3 高程数据插值

① 点击“自定义（C）”（“Customize”）菜单栏；

② 选择【扩展模块（E）…】（【Extentions】）菜单命令，如图 5.33 所示；

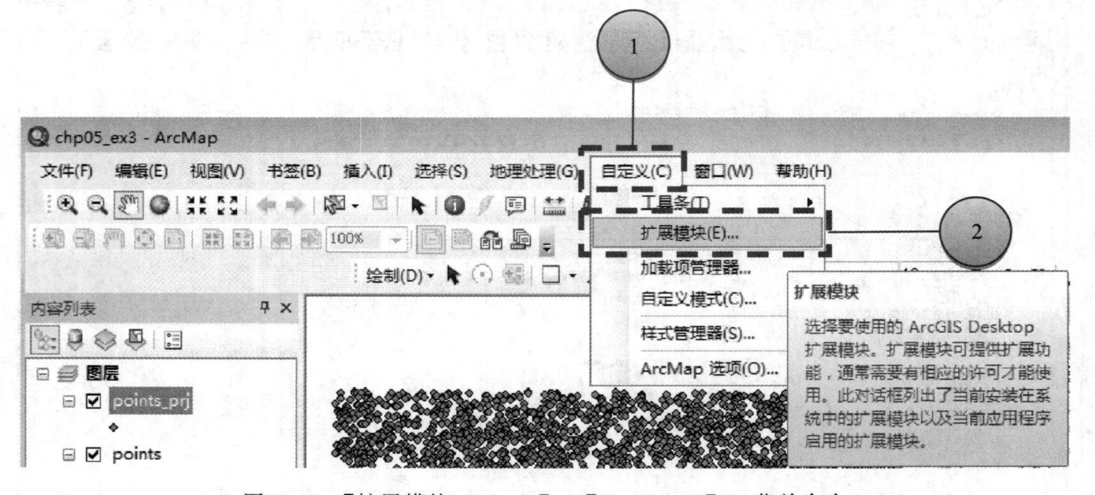

图 5.33 【扩展模块（E）…】（【Extentions】）菜单命令

③ 在弹出的“扩展模块”（“Extentions”）窗口中选中“Spatial Analyst”扩展模块；

④ 单击【关闭】（【Close】）按钮，关闭“扩展模块”（“Extentions”）窗口，如图 5.34 所示；

⑤ 点击“标准工具”（“Standard”）栏上的“ArcToolbox”（“ArcToolbox”）图标，如图 5.35 所示；

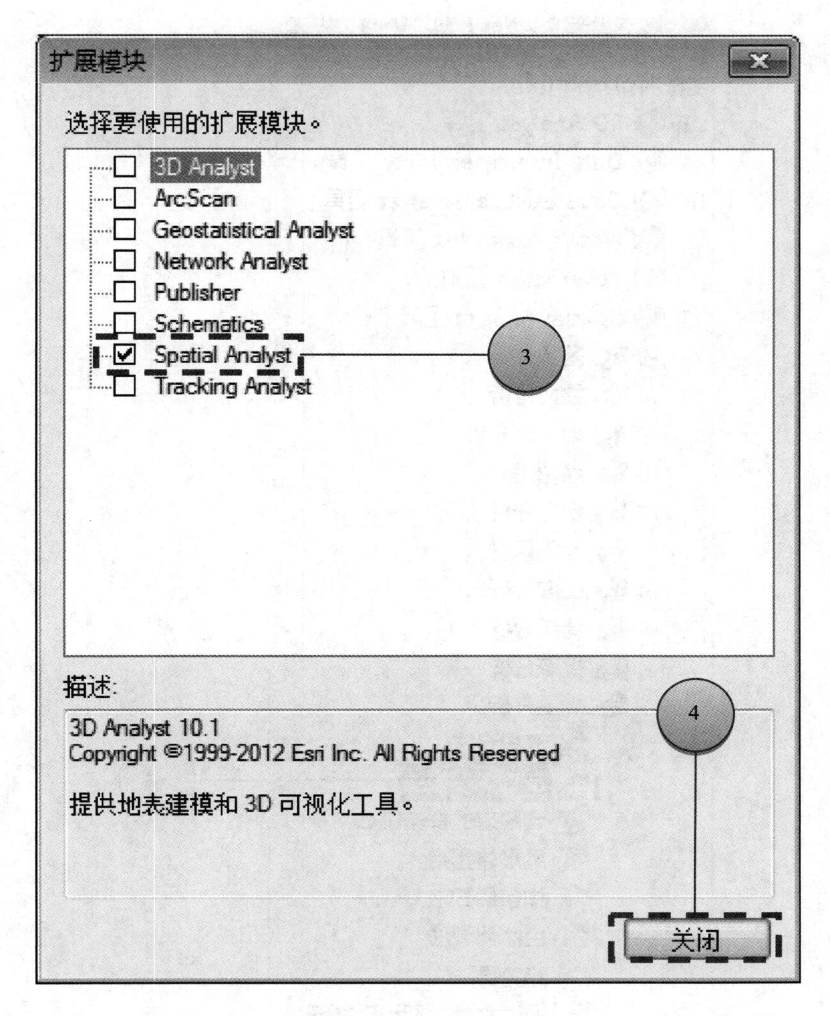

图 5.34 “扩展模块”（“Extentions”）窗口

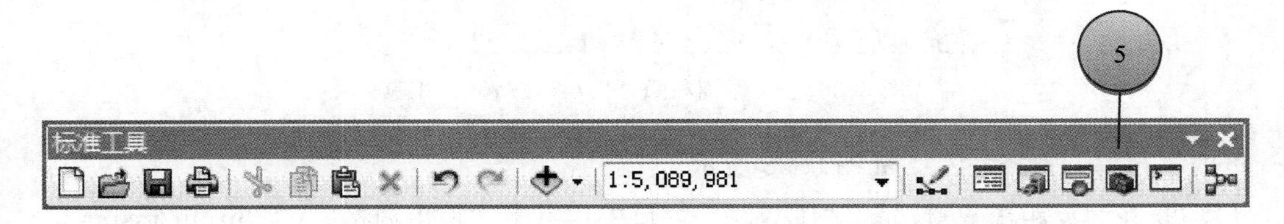

图 5.35 “ArcToolbox”（“ArcToolbox”）图标

⑥ 在“ArcToolbox”窗口中依次展开“Spatial Analyst 工具”⟶“插值分析”（“Spatial Analyst Tools”⟶“Interpolation”），双击“反距离权重法”（“IDW”）工具，如图 5.36 所示；

⑦ 在弹出的“反距离权重法”（“IDW”）窗口中，单击“输入点要素”（“Input point features”）下的下拉框，选择“points_prj”，如图 5.37 所示；

⑧ 在“反距离权重法”（“IDW”）窗口中，单击“Z 值字段”（“Z value field”）

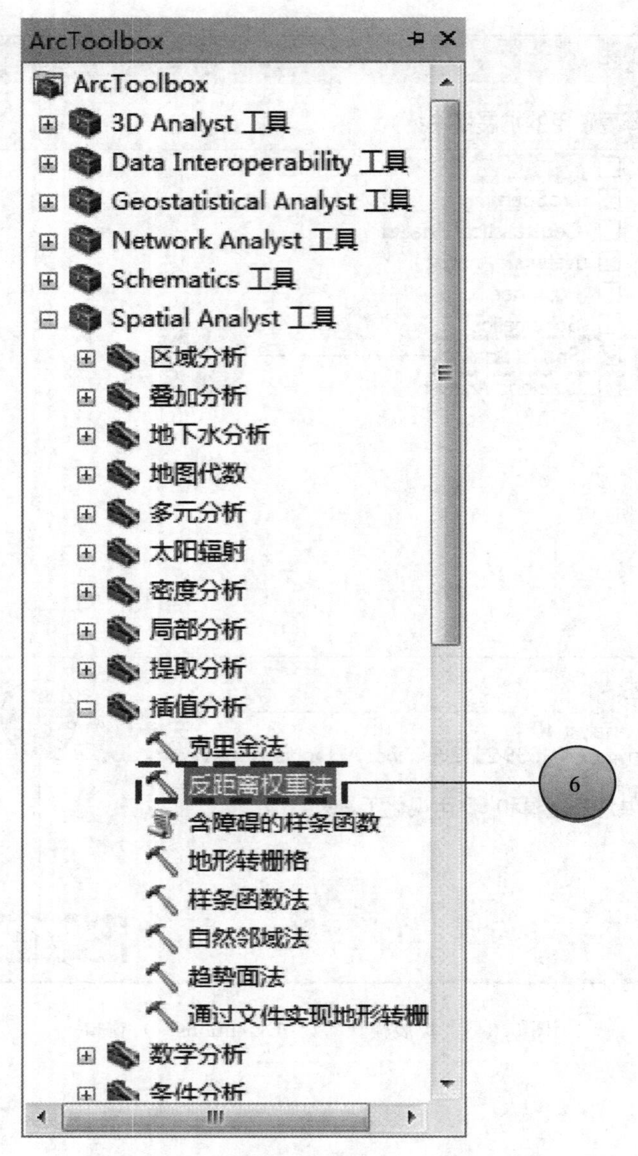

图 5.36 “反距离权重法”（“IDW”）工具

下的下拉框，选择“Z”，如图 5.38 所示；

⑨ 在“反距离权重法”（“IDW”）窗口中，点击“输出栅格”（“Output raster”）右侧的图标，如图 5.39 所示；

⑩ 在弹出的“输出栅格”（“Output raster”）窗口中的“名称：”（“Name：”）处输入“DEM. tif”；

⑪ 单击【保存】（【Save】）按钮，将要输出的插值结果保存在默认的位置，如图 5.40 所示；

⑫ 在“反距离权重法”（“IDW”）窗口中，将“输出像元大小（可选）”［“Output cell size (optional)”］设置为“0.01”，其他选项保持默认；

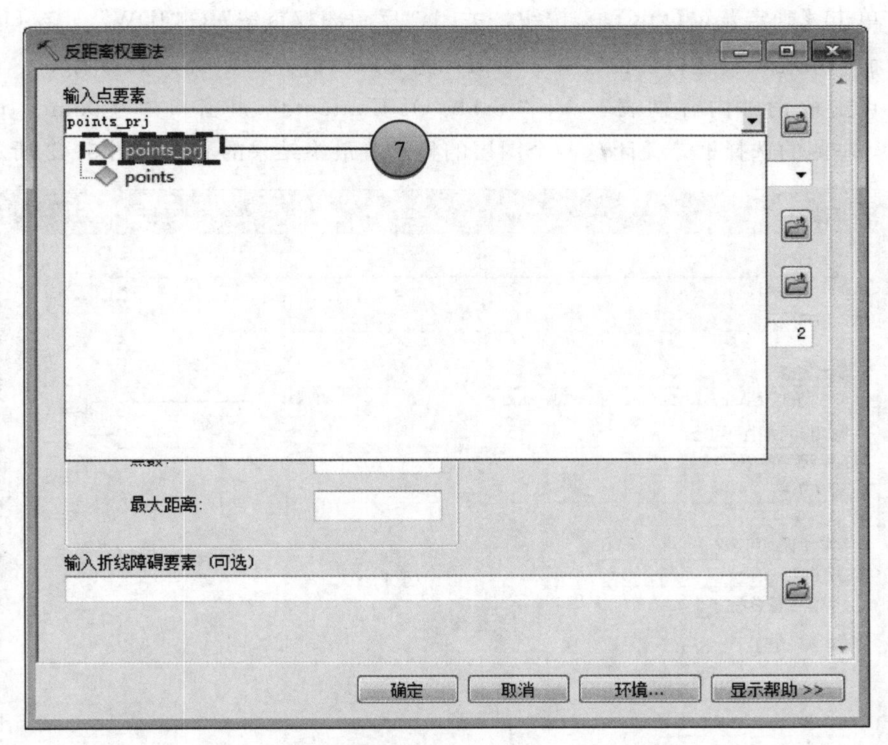

图 5.37 “反距离权重法”（“IDW”）窗口

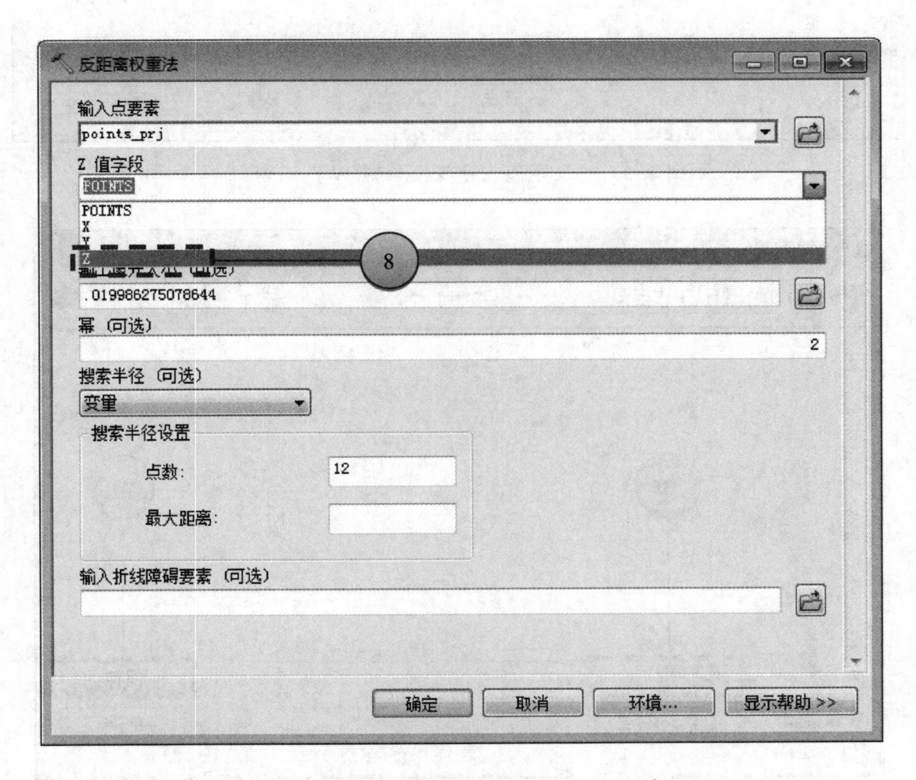

图 5.38 “反距离权重法”（“IDW”）窗口

⑬ 单击【确定】(【OK】)按钮，关闭“反距离权重法”(“IDW”)窗口，如图5.41所示，系统将会进行插值计算，插值计算完成后的界面如图5.42所示；

⑭ 点击取消“内容列表”（“Table Of Contents”）窗口中“points_prj”和“points”左侧的选择框，关闭这两个图层的显示，最终结果的界面如图5.43所示。

图5.39 “反距离权重法”(“IDW”)窗口

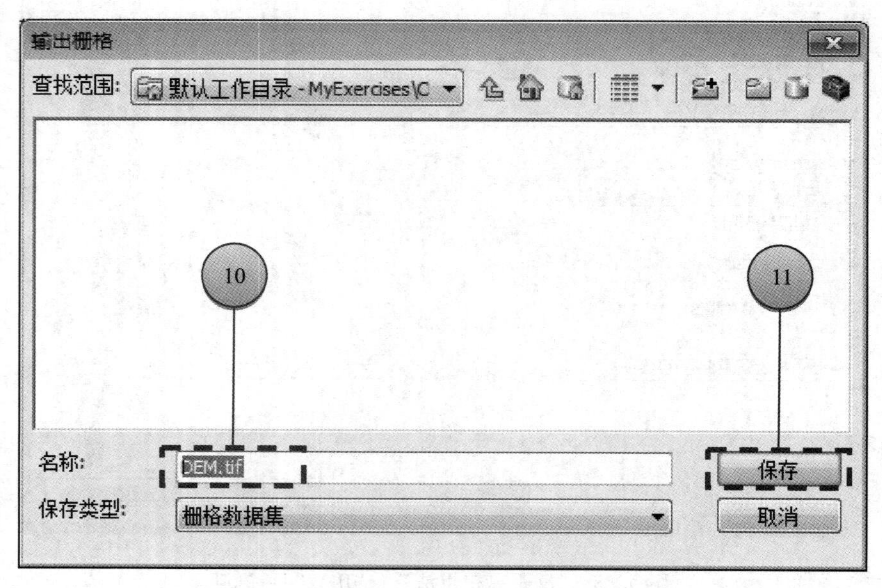

图5.40 “输出栅格”(“Output raster”)窗口

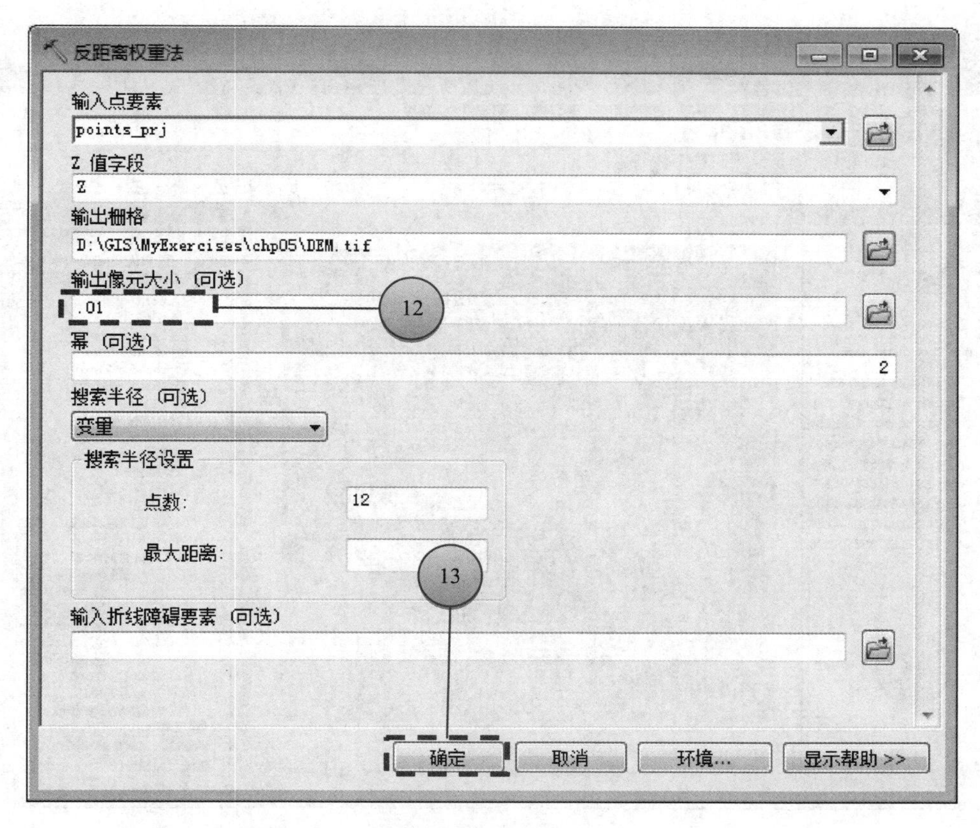

图 5.41 “反距离权重法”（“IDW”）窗口

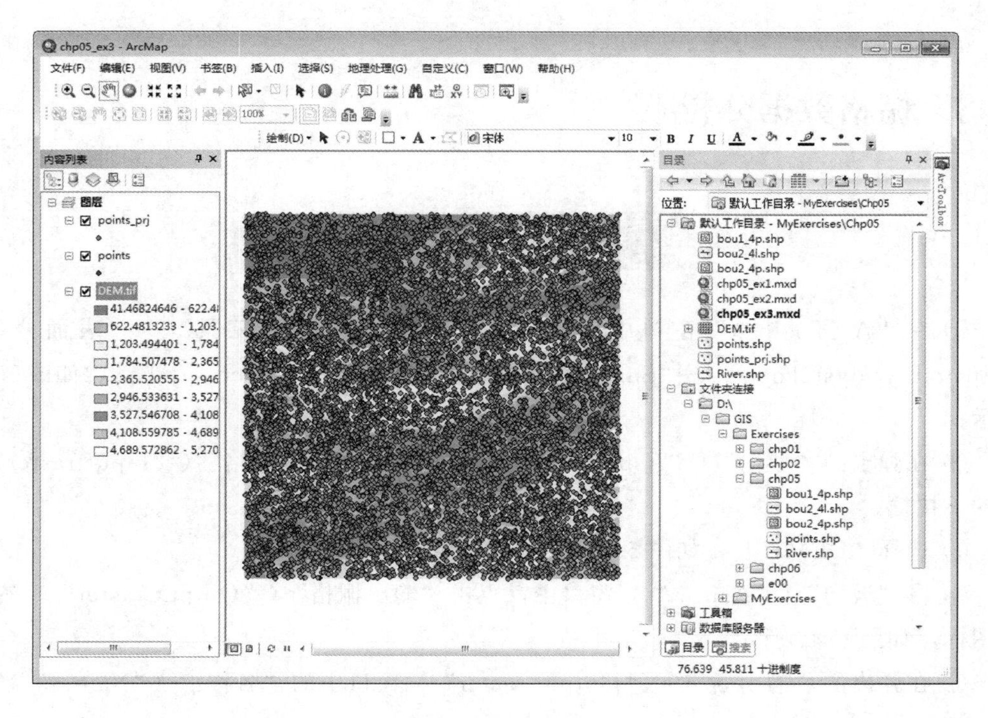

图 5.42 结果窗口

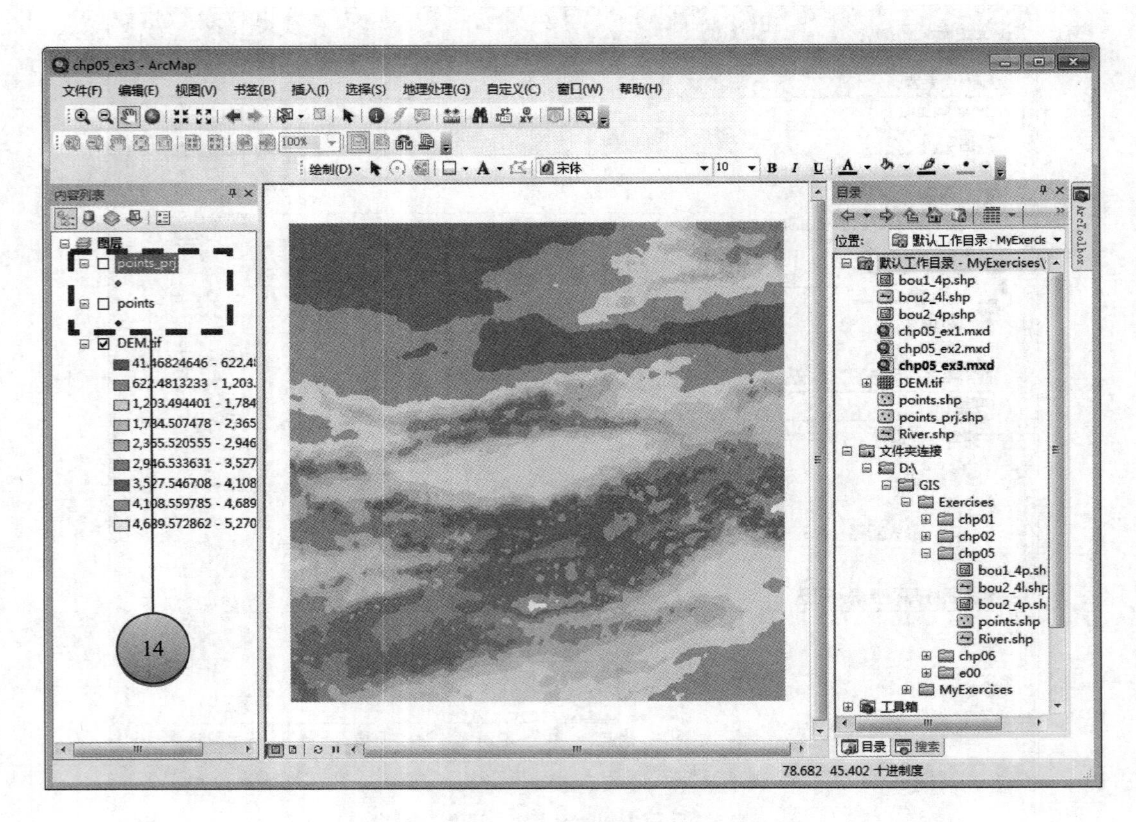

图 5.43 结果窗口

5.3 栅格数据分析

实例 5-4 坡向分析

① 在“ArcToolbox”窗口中依次展开“Spatial Analyst 工具”⟶“表面分析”(“Spatial Analyst Tools”⟶“Surface”)，双击“坡向”(“Aspect”)工具，如图 5.44 所示；

② 在弹出的“坡向”(“Aspect”)窗口中，单击“输入栅格”(“Input raster”)下的下拉框；

③ 选择“DEM. tif”，如图 5.45 所示；

④ 在“坡向”(“Aspect”)窗口中，点击“输出栅格”(“Output raster”)右侧的图标，如图 5.46 所示；

⑤ 在弹出的“输出栅格”(“Output raster”)窗口中的“名称:”(“Name:”)处输入“Aspect. tif”；

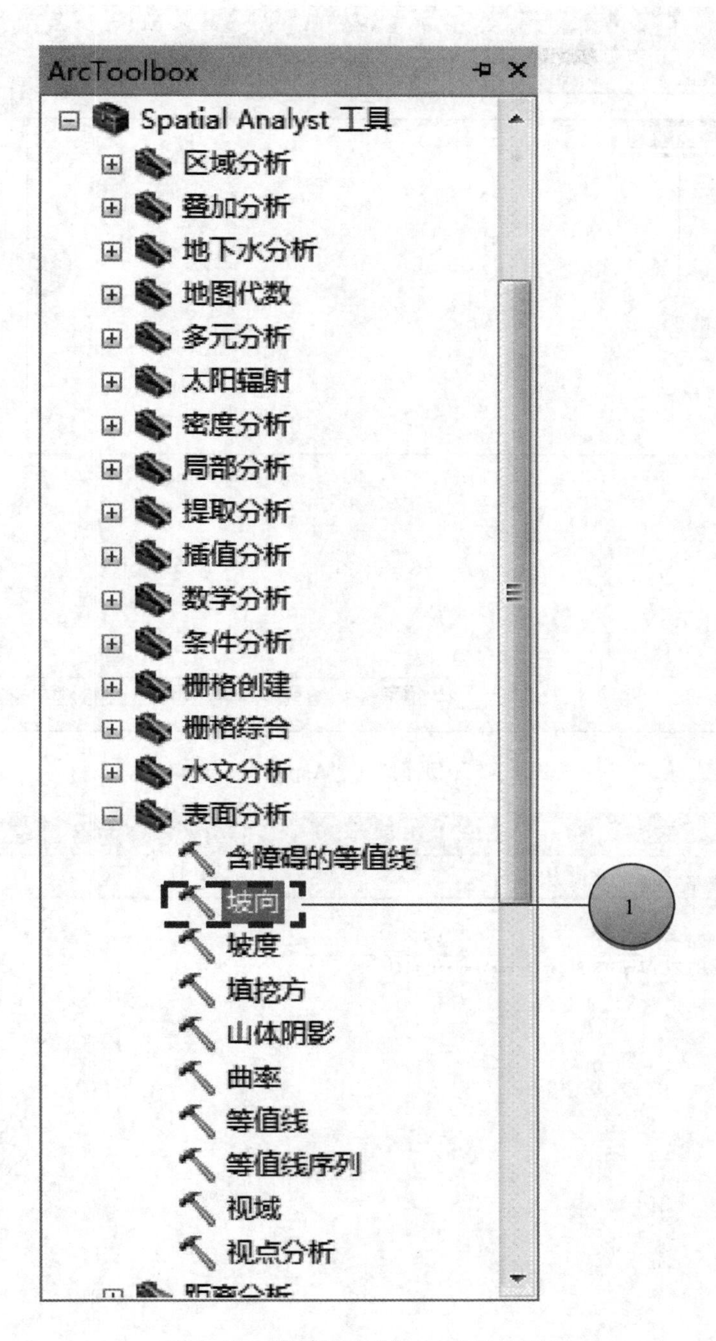

图 5.44 “坡向”（“Aspect”）工具

⑥ 单击【保存】（【Save】）按钮，将要输出的插值结果保存在默认的位置，如图 5.47 所示；

⑦ 在“坡向”（“Aspect”）窗口中，单击【确定】（【OK】）按钮，关闭“坡向”（“Aspect”）窗口，如图 5.48 所示，系统将会计算坡向，最终结果的界面如图 5.49 所示。

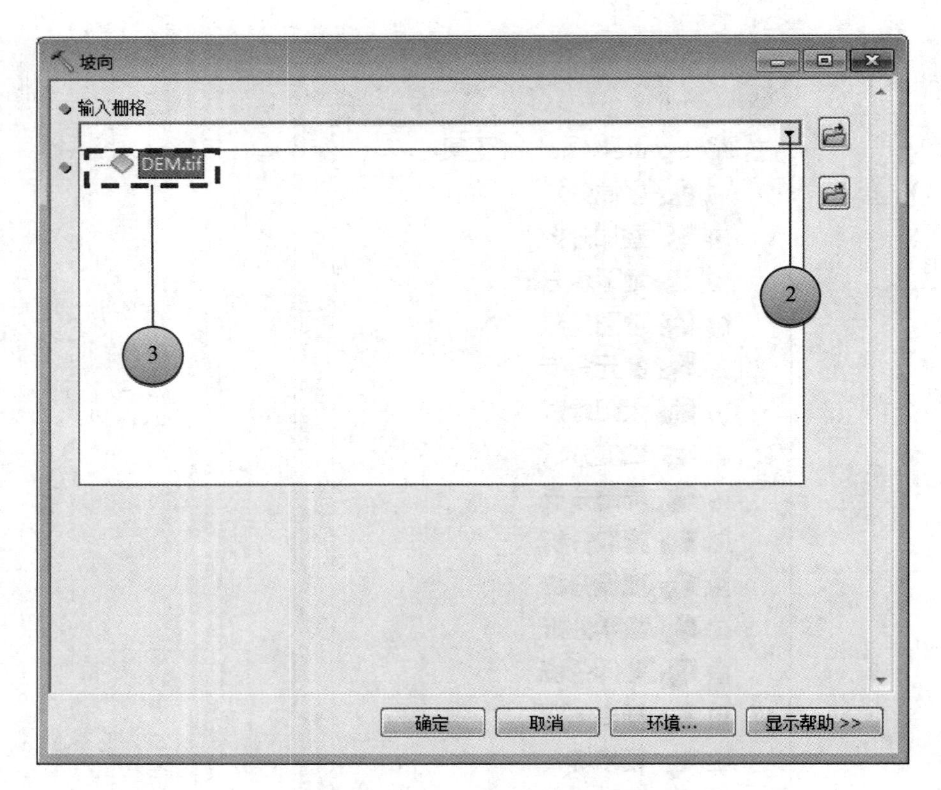

图 5.45 “坡向”（“Aspect”）窗口

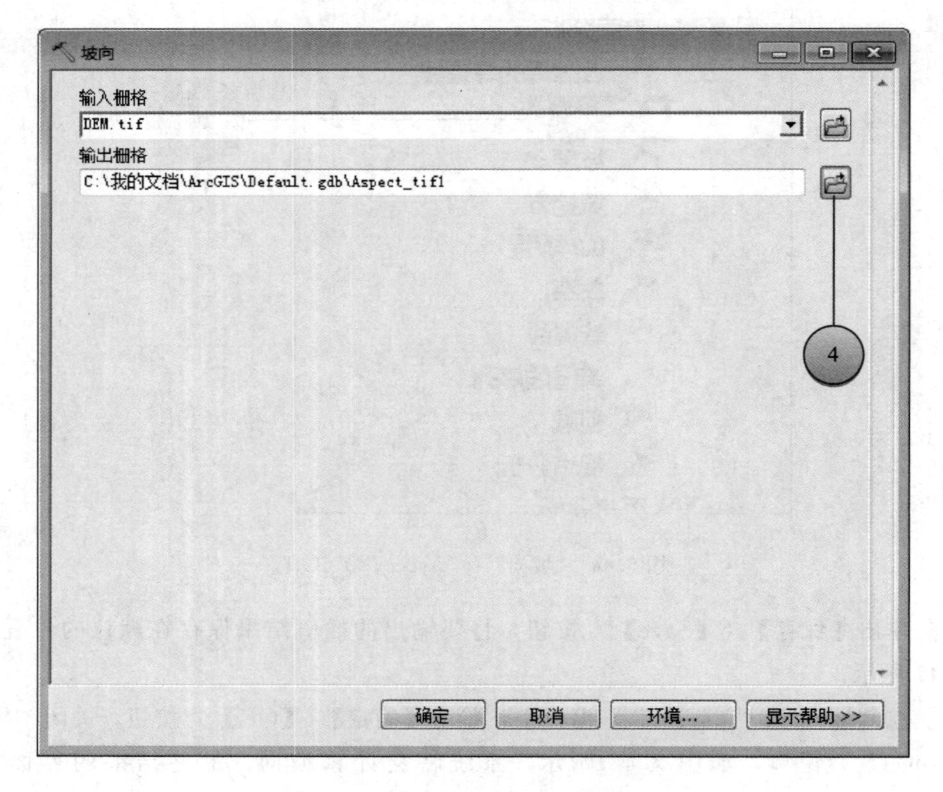

图 5.46 “坡向”（“Aspect”）窗口

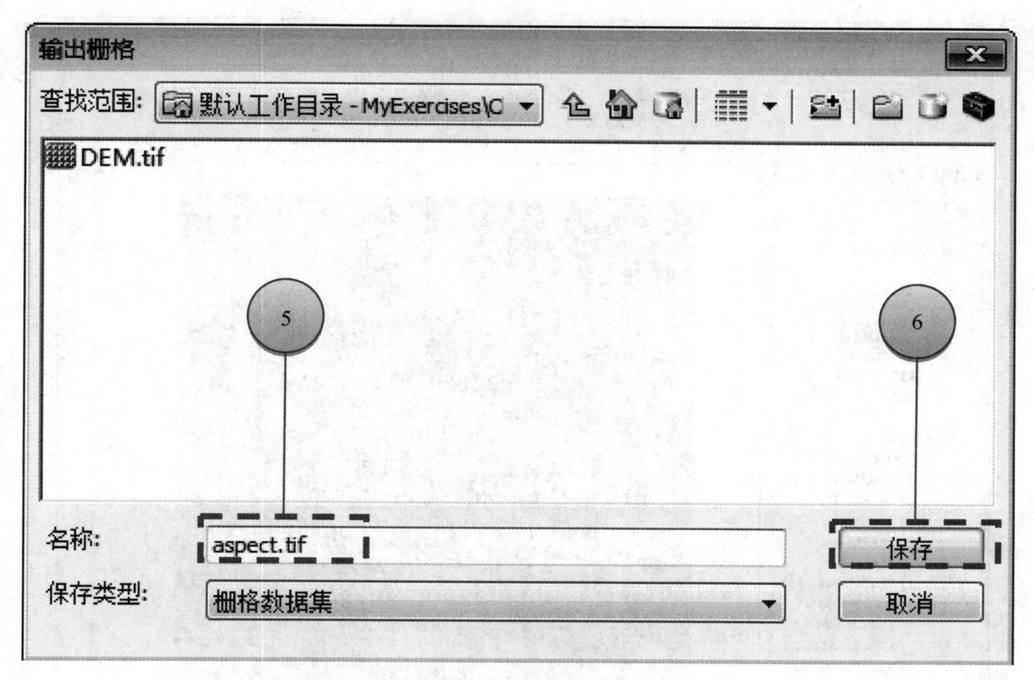

图 5.47 “输出栅格”（“Output raster”）窗口

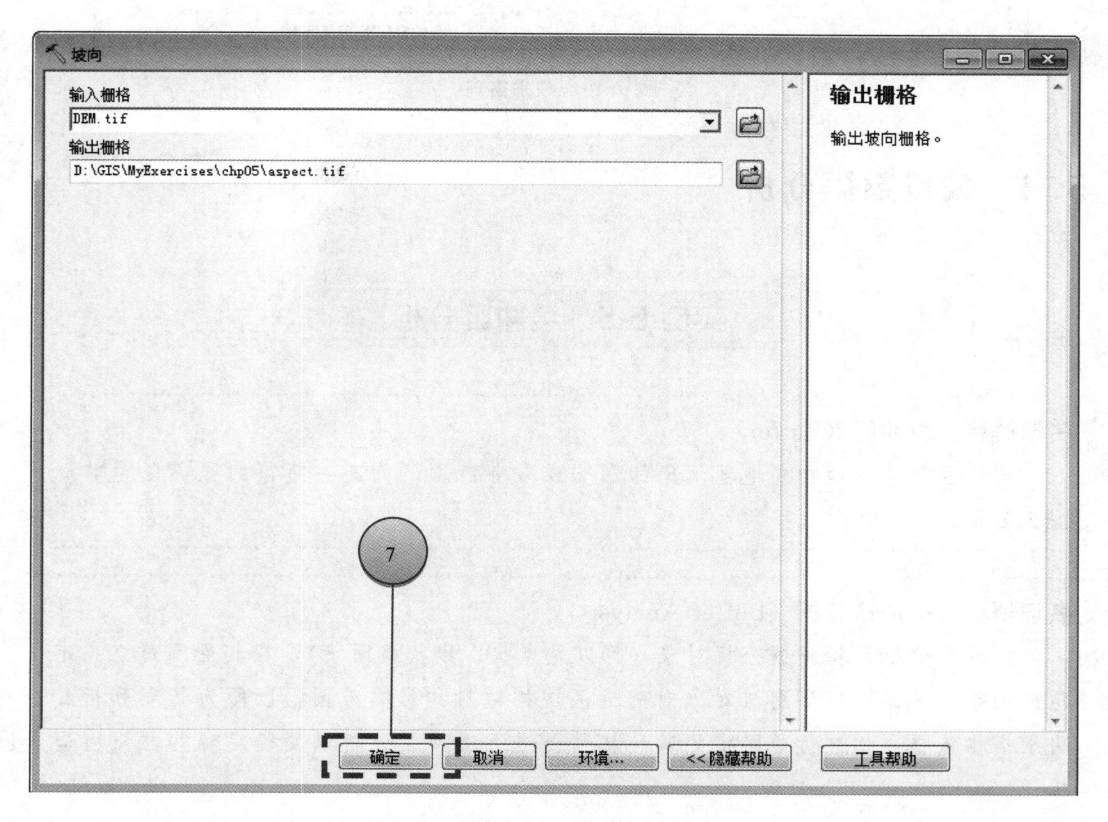

图 5.48 “坡向”（“Aspect”）窗口

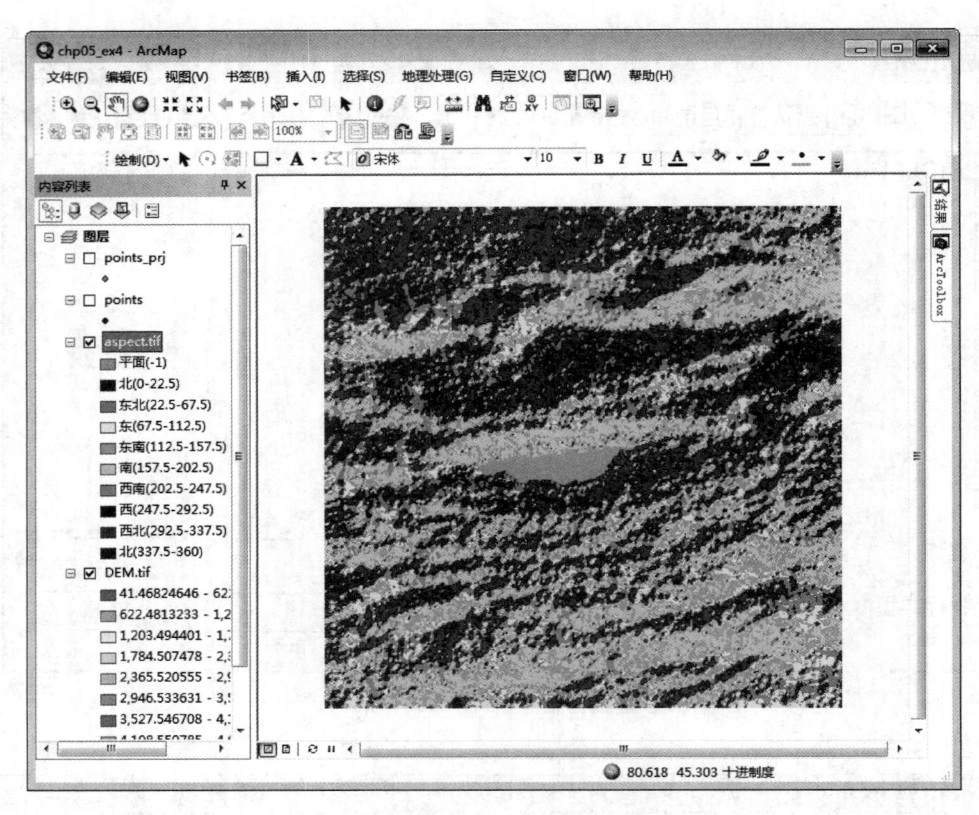

图 5.49 结果窗口

5.4 矢量数据分析

实例 5-5 缓冲区分析

名词解释： 缓冲区（Buffer）

缓冲区是某一地物或地理现象的影响或服务范围。如某一超市的服务区为其周围 2 公里。

名词解释： 缓冲区分析（Buffer Analysis）

缓冲区分析是指根据分析对象（可以是点状、线状或面状），在其周围建立一定距离的带状区，用以识别该对象对邻近区域的辐射和影响范围，以便为某项分析或决策提供依据。如进行道路扩建时，就需要进行缓冲区分析以便确定哪些住户应当拆迁。

① 启动 ArcMap，选择“空白地图”（“Blank Map”）作为模板；

② 点击【确定】(【OK】)，如图 5.50 所示，得到如图 5.51 所示窗口；

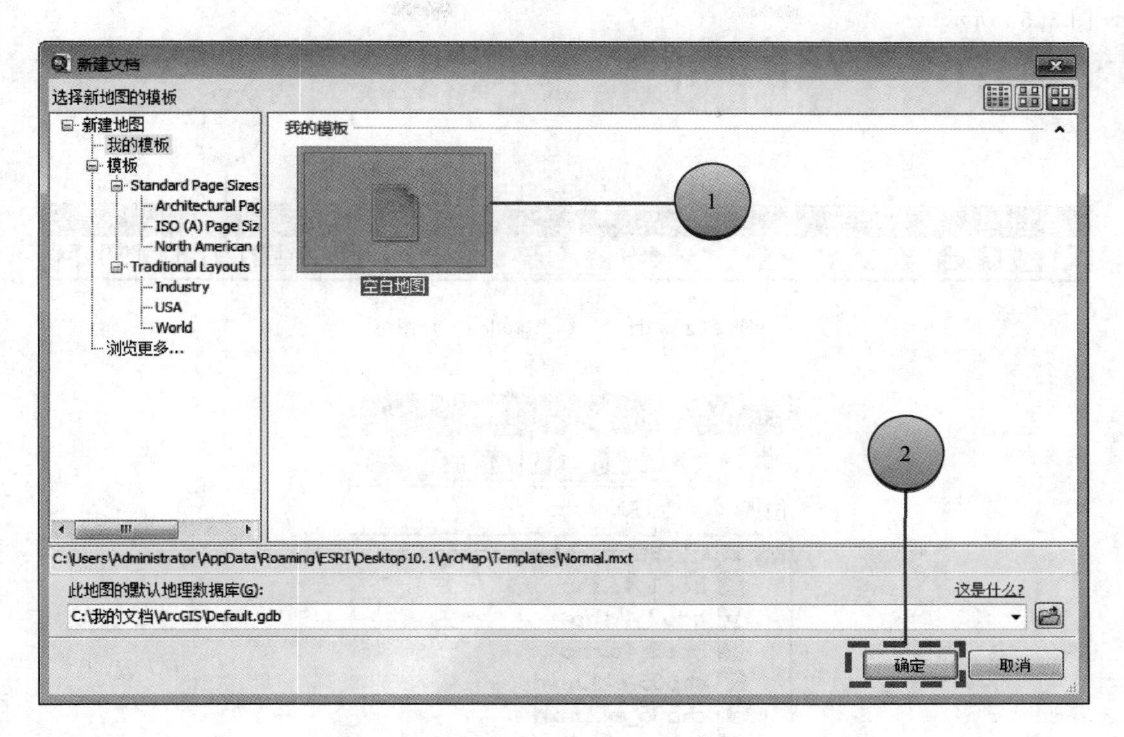

图 5.50 “新建文档”(“New Document”) 窗口

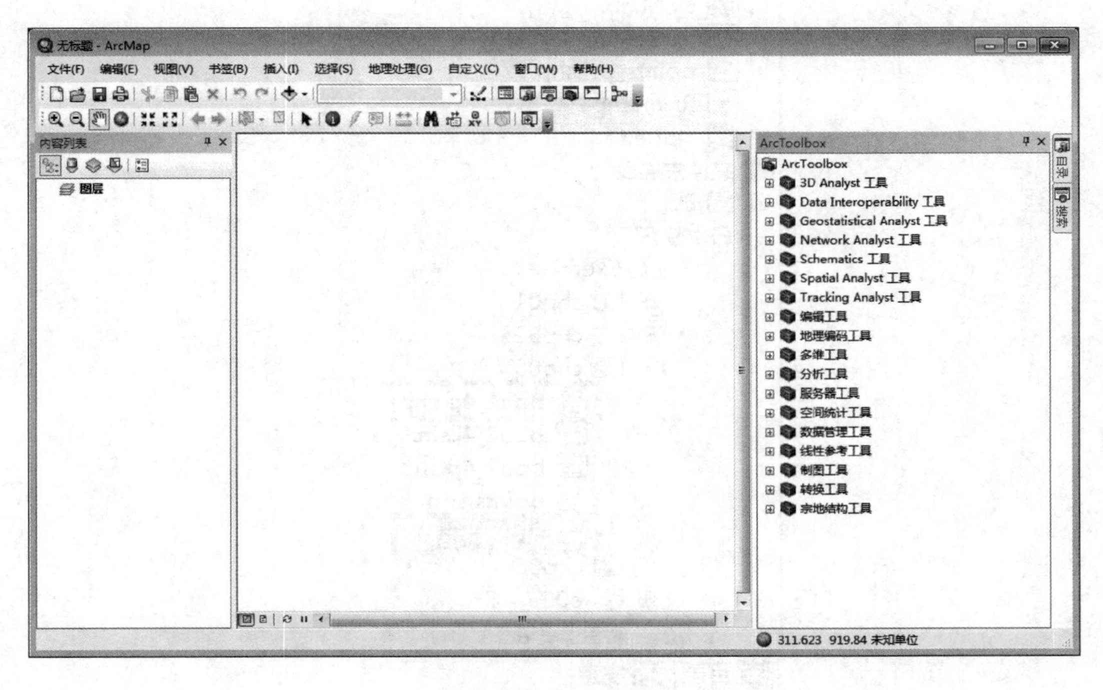

图 5.51 结果窗口

③ 点击“标准工具”（“Standard”）栏上的“目录”（“Catalog”）图标，如图 5.52 所示；

图 5.52 “目录”（“Catalog”）图标

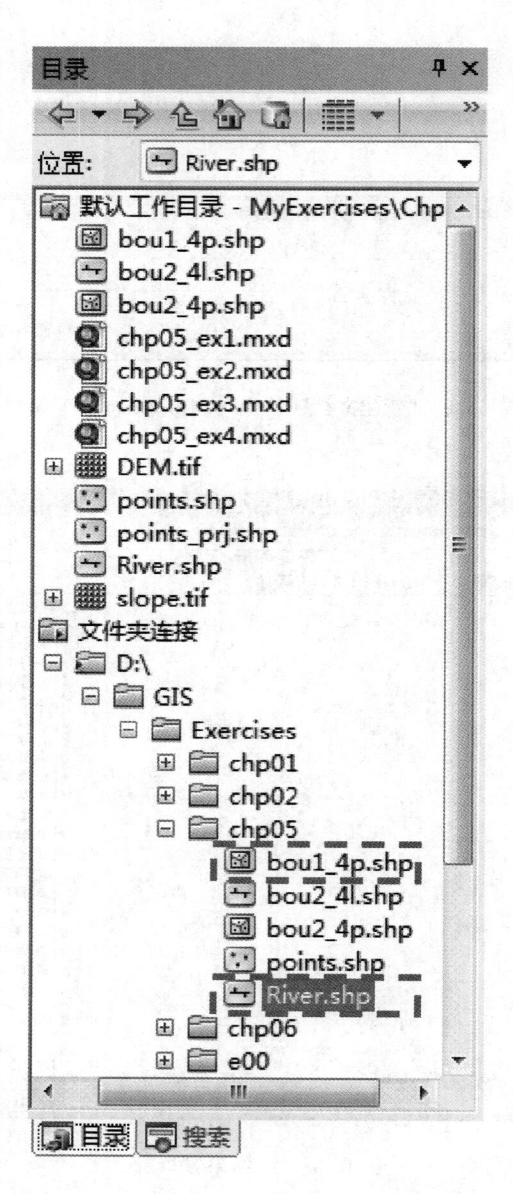

图 5.53 “目录”（“Catalog”）窗口

④ 在“目录”（“Catalog”）窗口中展开“D：\GIS\MyExercises\Chp05”文件夹，分别将文件“River. shp”和“bou1_4p. shp”拖拽至地图窗口，如图 5.53 所示，添加图层后的软件界面如图 5.54 所示；

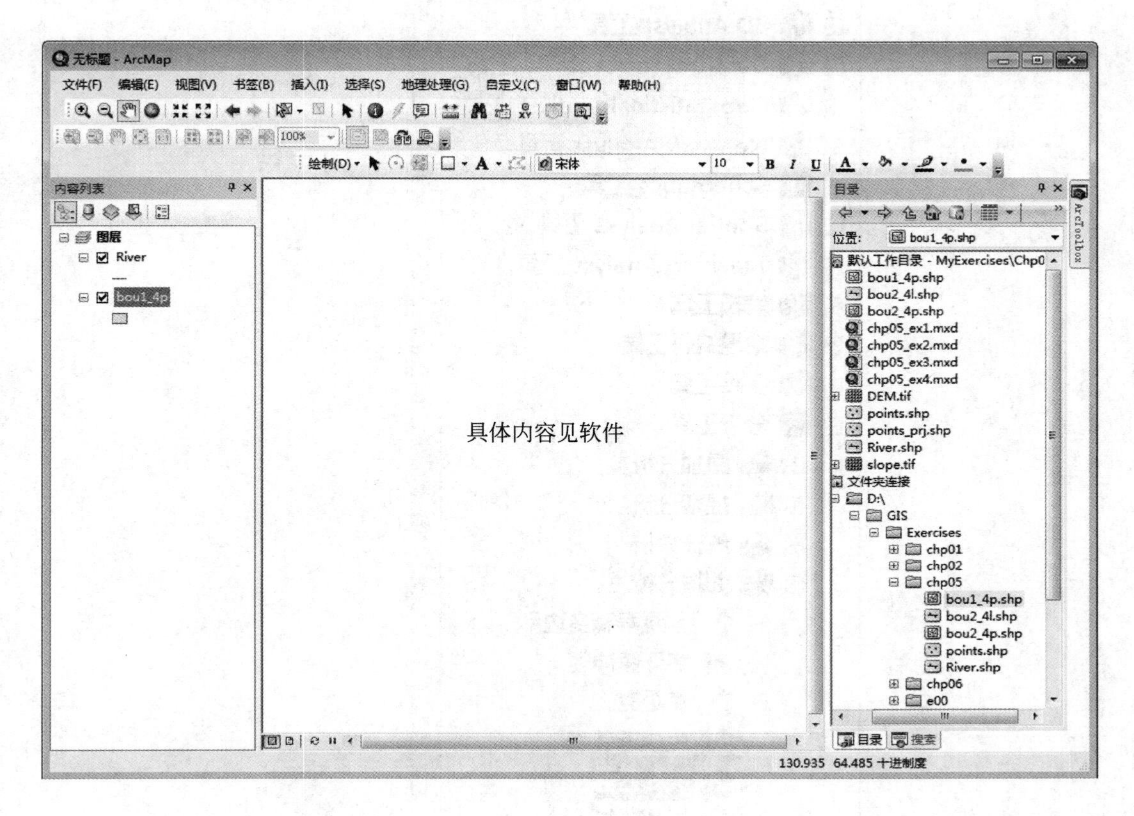

图 5.54 结果窗口

⑤ 点击“标准工具”（“Standard”）栏上的“ArcToolbox”（“ArcToolbox”）图标，如图 5.55 所示；

图 5.55 “ArcToolbox”（“ArcToolbox”）图标

⑥ 在“ArcToolbox”窗口中依次展开“分析工具”→“邻域分析”（“Analysis Tools”→“Proximity”），双击“缓冲区”（“Buffer”）工具，如图 5.56 所示；

⑦ 在弹出的“缓冲区”（“Buffer”）窗口中，单击“输入要素”（“Input Features”）下的下拉框；

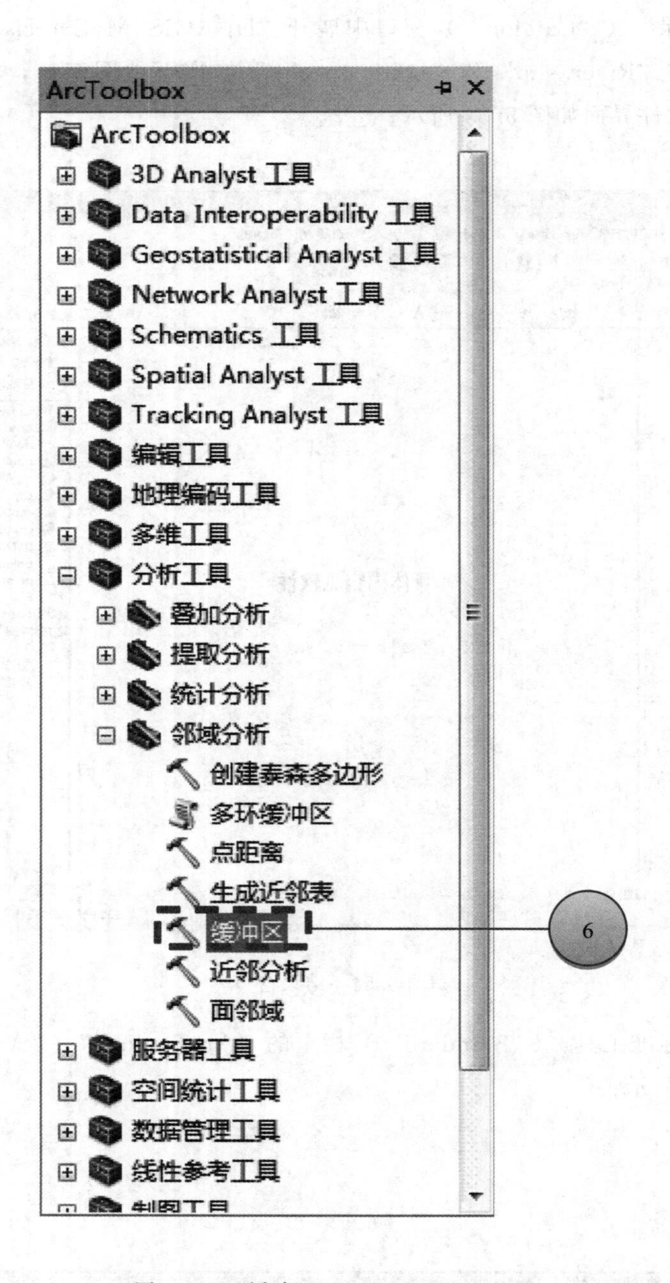

图 5.56 “缓冲区”（“Buffer”）工具

⑧ 选择“River”，如图 5.57 所示；

⑨ 在“缓冲区”（“Buffer”）窗口中，点击“输出要素类”（“Output Feature Class”）右侧的图标，如图 5.58 所示；

⑩ 在弹出的“输出要素类”（“Output Feature Class”）窗口中的“名称:”（“Name:”）处输入“buffer”；

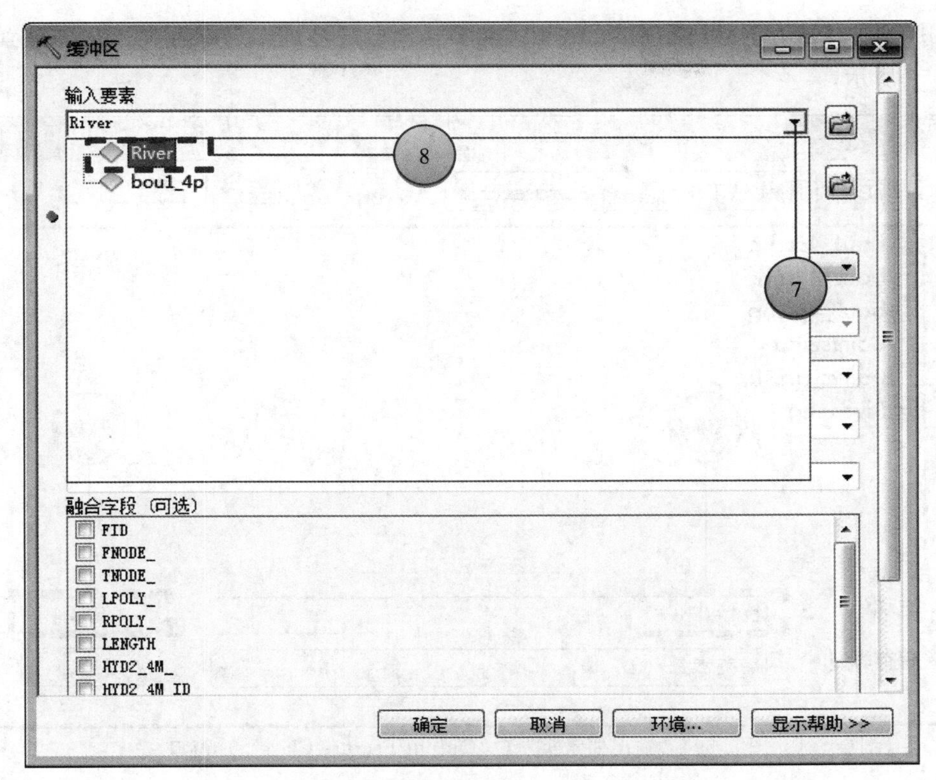

图 5.57 “缓冲区”（“Buffer”）窗口

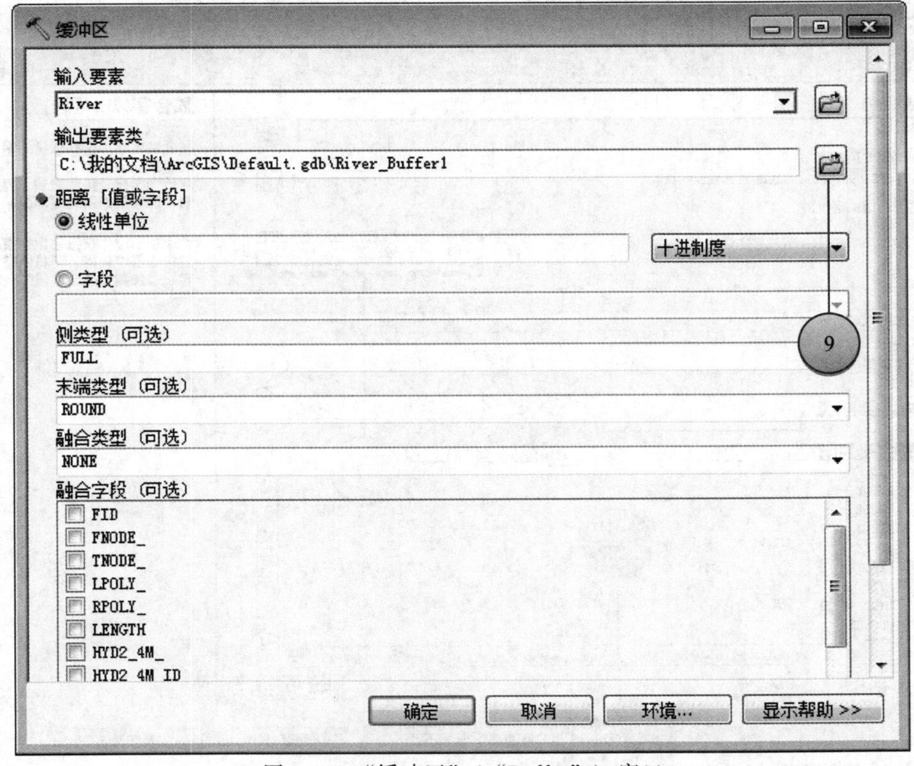

图 5.58 “缓冲区”（“Buffer”）窗口

⑪ 单击【保存】(【Save】) 按钮，将要输出的缓冲区结果保存在默认的位置，如图 5.59 所示；

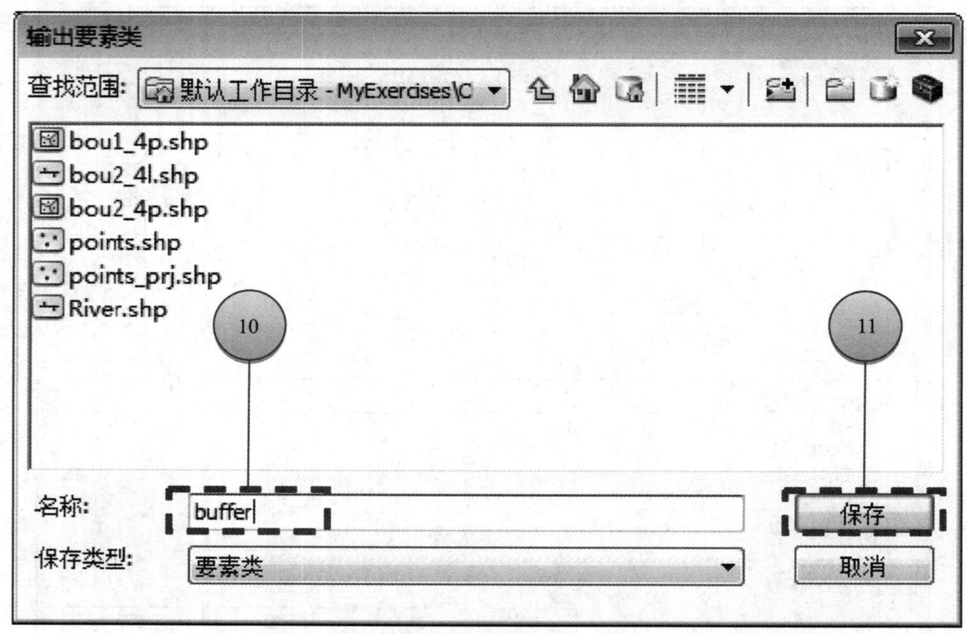

图 5.59 “输出要素类”(“Output Feature Class”) 窗口

⑫ 在“缓冲区”(“Buffer”) 窗口中，在“线性单位”(“Linear unit”) 下的文本框中输入“100”，单位设置为“千米”；

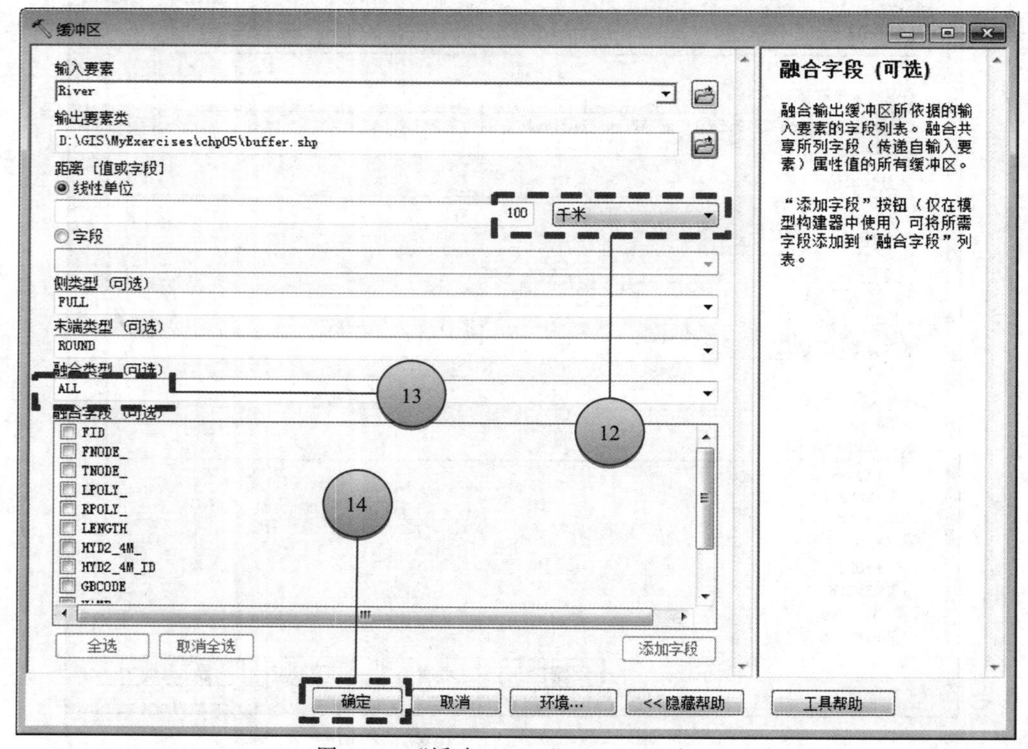

图 5.60 “缓冲区”(“Buffer”) 窗口

⑬“融合类型（可选）”［“Dissolve Type（optional）”］，选择“ALL”，其他参数保持默认；

⑭ 单击【确定】（【OK】）按钮，关闭“缓冲区”（“Buffer”）窗口，如图5.60所示，系统将会进行缓冲区计算。

小 结

本章主要介绍了坐标定义与转换的方法、空间插值的方法、栅格数据分析的方法和矢量数据分析的方法。其中栅格数据分析的方法和矢量数据分析的方法是本章学习的重点。

练 习

1. 将 boul_4p. shp 转换成任意一种坐标系统，观察图形的变化（可参考5.1节）。

2. 分别使用克里金法、样条函数法和趋势面法对 points_prj 的高程值进行插值，并观察不同插值结果的差异（可参考5.2节）。

3. 把练习2中克里金法、样条函数法和趋势面法的插值结果两两做差，进一步观察插值结果的差异（提示：可以使用栅格计算器工具实现）。

4. 利用练习2中的任意一个插值结果，生成该区的坡度图和等值线图（可参考5.3节）。

5. 计算全国各地到一级河流（River. shp 文件的河流数据）的欧式距离［提示：使用欧式距离工具（Euclidean Distance）］。

6. 使用第二章的 capital 数据，生成其100公里的缓冲区（可参考5.4节）。

7. 查找一级河流（River. shp 文件的河流数据）的50公里内的所有城市（第三章的 city. shp 文件中的数据）（可参考5.4节和3.1节）。

6 地图设计与出版

本章学习目标

- ✔ 掌握地图布局设置的内容与方法；
- ✔ 了解网格设置的方法；
- ✔ 掌握地图图例的设置方法；
- ✔ 了解地图整饰的方法；
- ✔ 了解地图输出的方法。

为了方便以后的练习，请先在自己的硬盘上创建一个文件夹，如“D：\ GIS”。然后将练习数据（文件夹“Exercises”）拷贝到该文件夹下。同时在 GIS 目录下创建一个新的文件夹“MyExercises”用于存放自己的练习数据。若在前一章中已完成上述操作可以跳过这些步骤。将“D：\ GIS \ Exercises \ Chp06”文件夹拷贝到“D：\GIS \ MyExercises \ ”文件夹下。

6.1 布局设置

实例 6-1 数据加载

① 启动 ArcMap，选择“空白地图”（“Blank Map”）作为模板；

② 点击【确定】（【OK】），如图 6.1 所示，得到如图 6.2 所示窗口；

③ 点击“插入（I）”（“Insert”）菜单；

④ 在下拉菜单列表中点击【数据框（D）】（【Data Frame】）菜单命令，如图 6.3 所示，结果如图 6.4 所示；

⑤ 单击第一个数据框名称“图层”（“Layers”）；

⑥ 稍后再次单击第一个数据框名称“图层”（“Layers”），如图 6.4 所示；

⑦ 此时可以修改第一个数据框的名称，将其改为“主图”，结果如图 6.5 所示；

⑧ 重复以上步骤，把另外一个数据框的名称修改为“亚洲”，如图 6.6 所示；

⑨ 右键点击“主图”数据框；

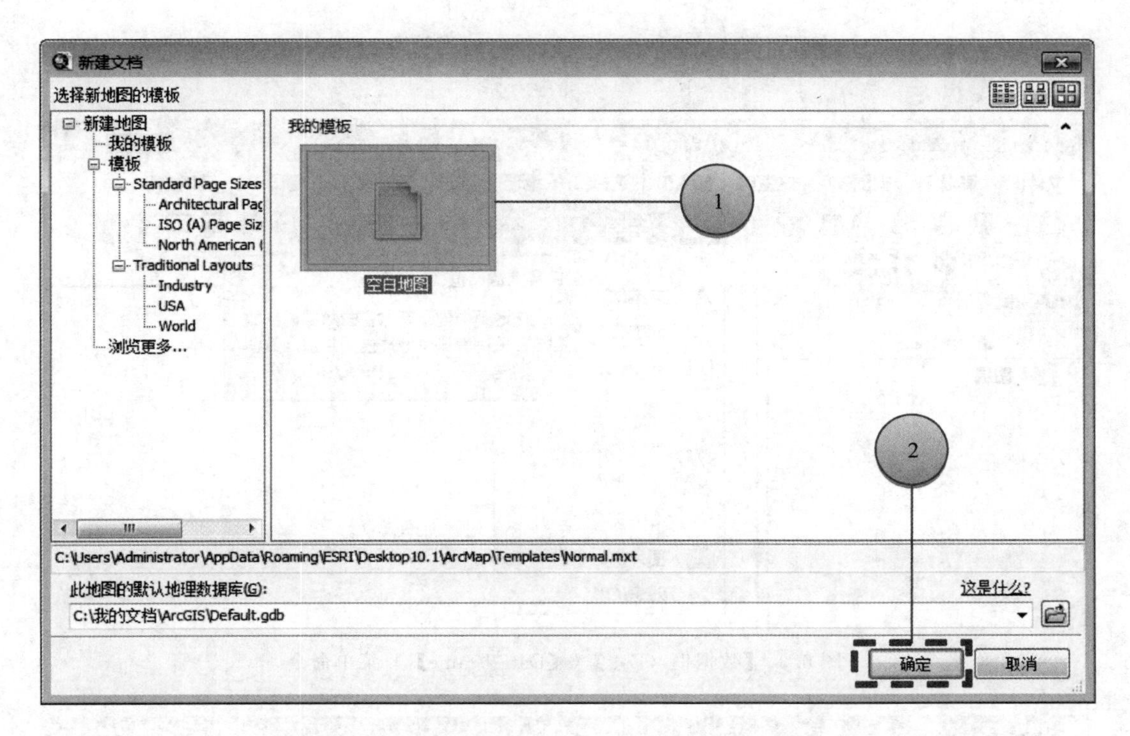

图 6.1 “新建文档”（“New Document”）窗口

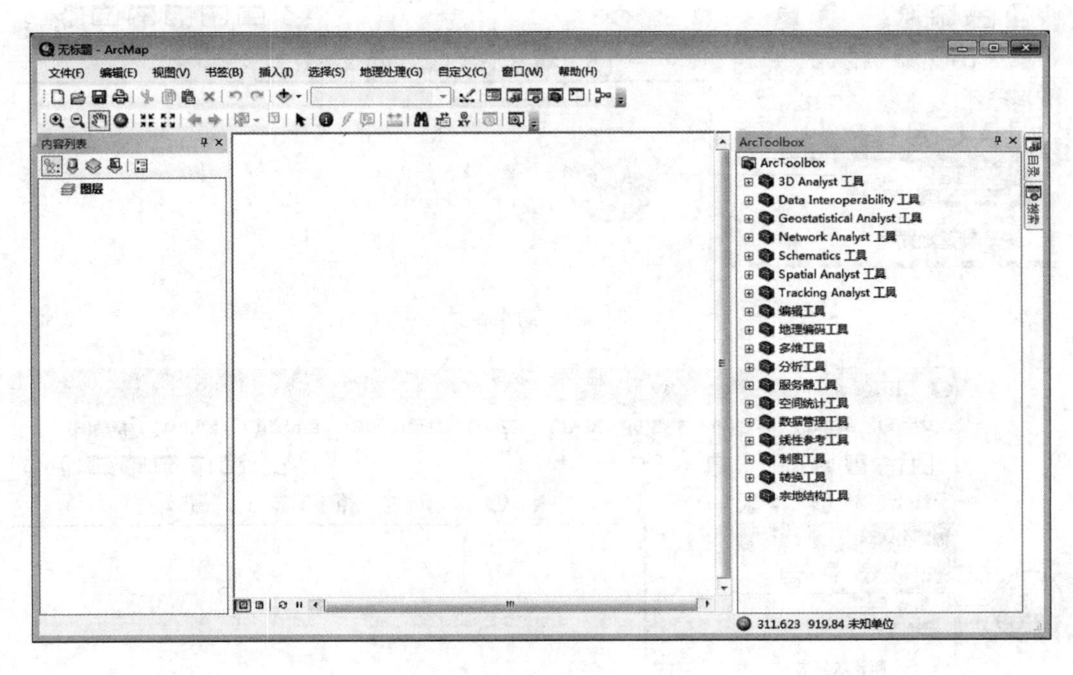

图 6.2 结果窗口

⑩ 在弹出的快捷菜单中选择【激活（A）】（【Activate】）菜单命令，把该数据框设置成活动的数据框，如图 6.7 所示；

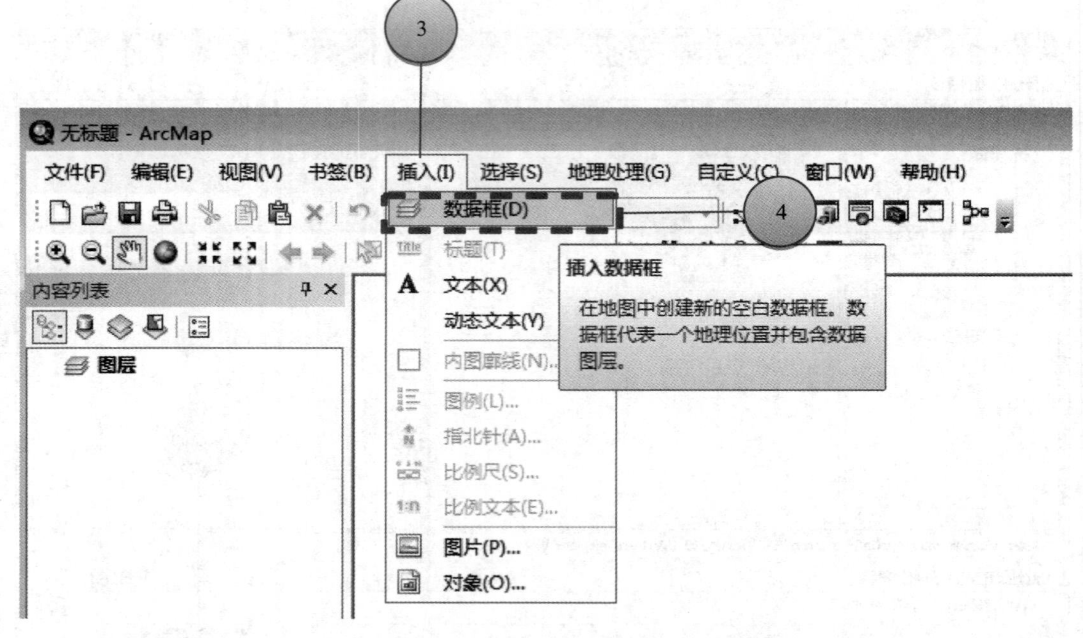

图 6.3 【数据框（D）】（【Data Frame】）菜单命令

图 6.4 结果窗口

图 6.5 结果窗口

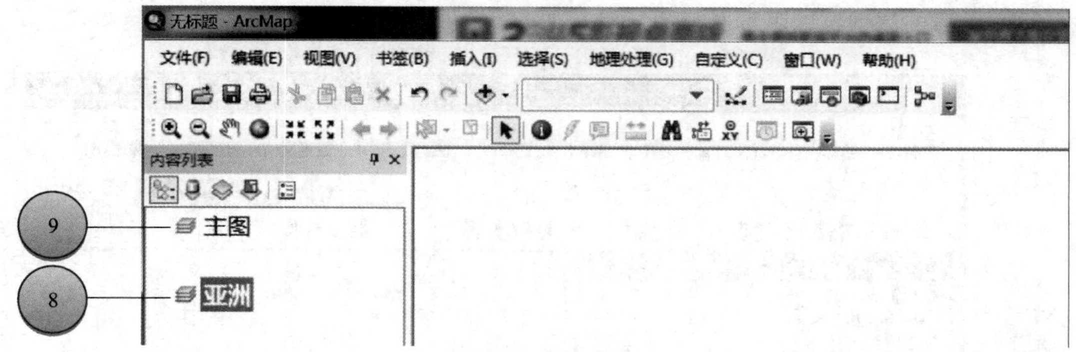

图 6.6　结果窗口

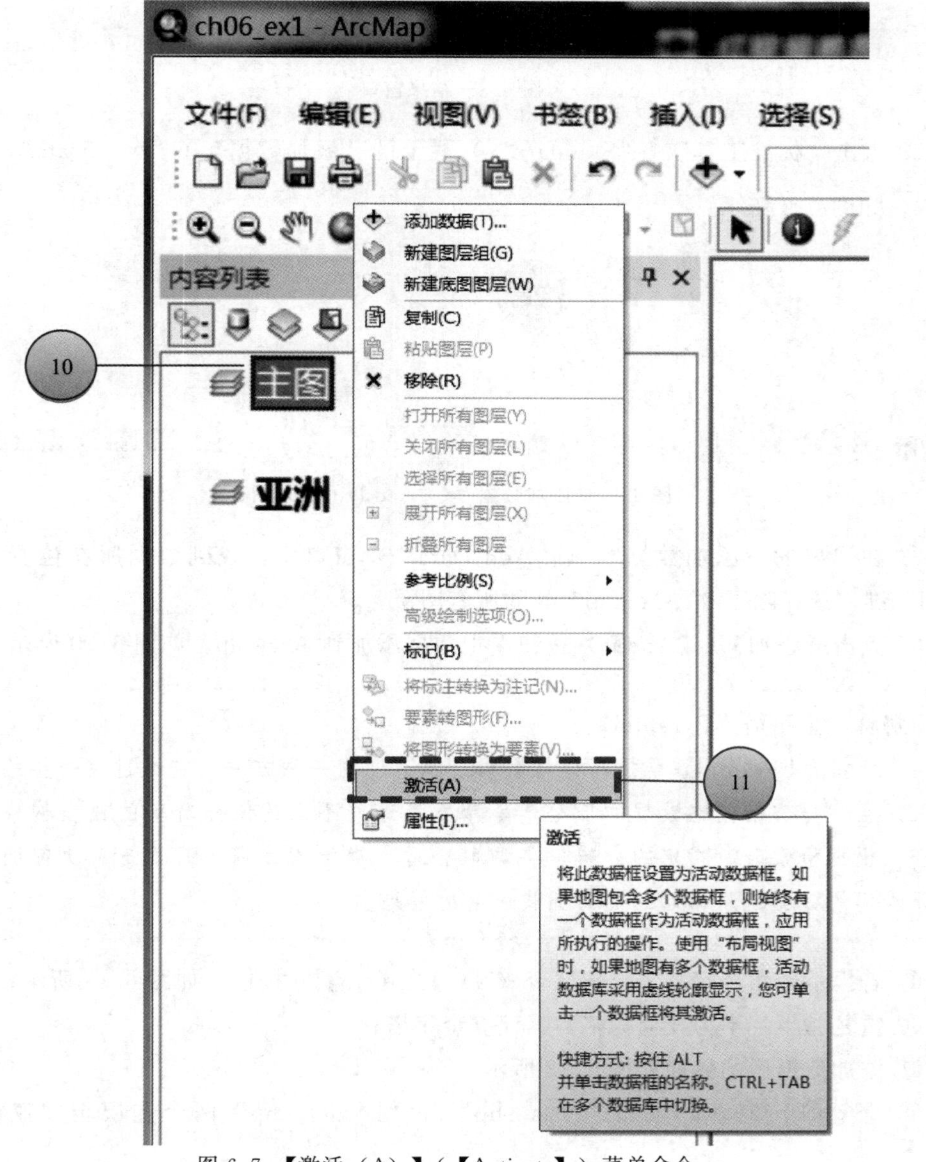

图 6.7　【激活（A）】（【Activate】）菜单命令

⑪ 激活的数据框的名称会加粗显示，如图 6.8 所示；

图 6.8 结果窗口

⑫ 点击“标准工具”（“Standard”）栏上的“添加数据”（“Add Data”）图标 ，如图 6.9 所示；

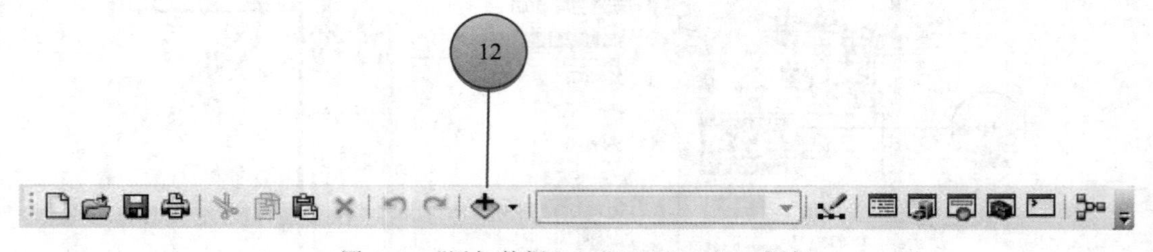

图 6.9 “添加数据”（“Add Data”）图标

⑬ 在弹出的“添加数据”（“Add Data”）窗口中，找到数据所在位置，按住“Ctrl”键，选择除了“Asia. shp”外的所有图层；

⑭ 点击【添加】（【Add】）按钮，把数据添加到 ArcMap，如图 6.10 所示；

名词解释：金字塔（Pyramid）

金字塔（Pyramid）是提高栅格数据显示速度的一种方法。它通过重采样的方式获取高空间分辨率栅格数据的低分辨率版本，这些不同的低分辨率的数据构成一个集合。根据检索时所指定的分辨率去调取合适分辨率的数据，而不是每次都调用最高分辨率的数据，从而起到提高加载速度的效果。

⑮ 若提示创建金字塔，点击【否（N）】（【No】）按钮，如图 6.11 所示；

⑯ 重复⑮步，不为任何栅格数据建立金字塔；

⑰ 添加数据后的界面如图 6.12 所示；

⑱ 重复⑩～⑰步，添加“Asia. shp”和“border. shp”两个图层至“亚洲”数据框。

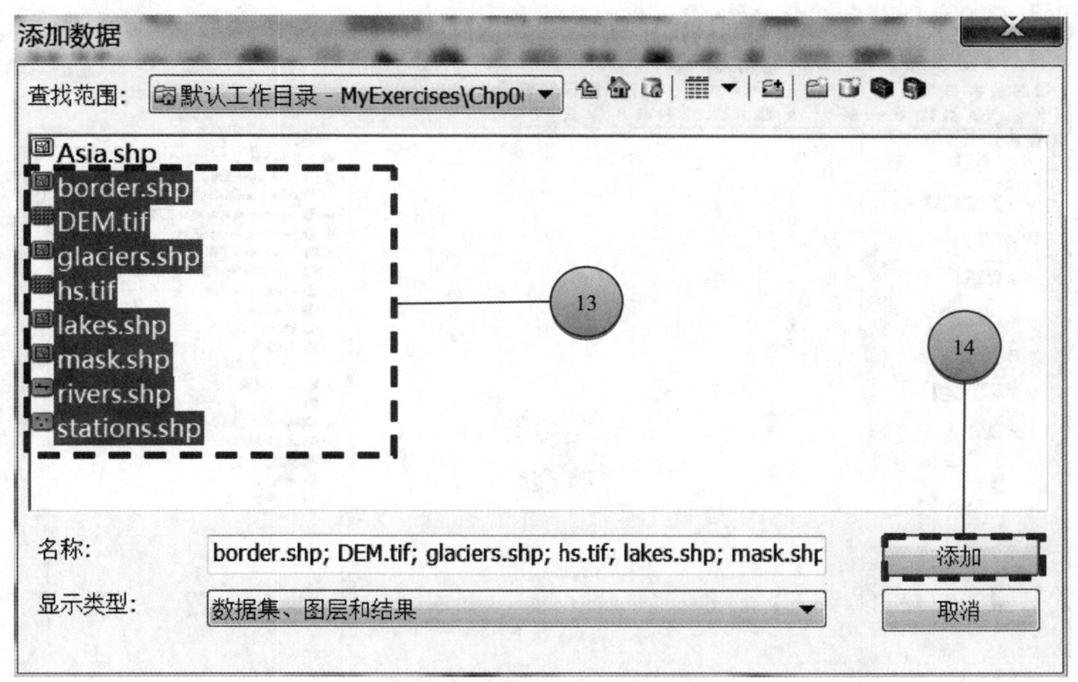

图 6.10 “添加数据”（“Add Data”）窗口

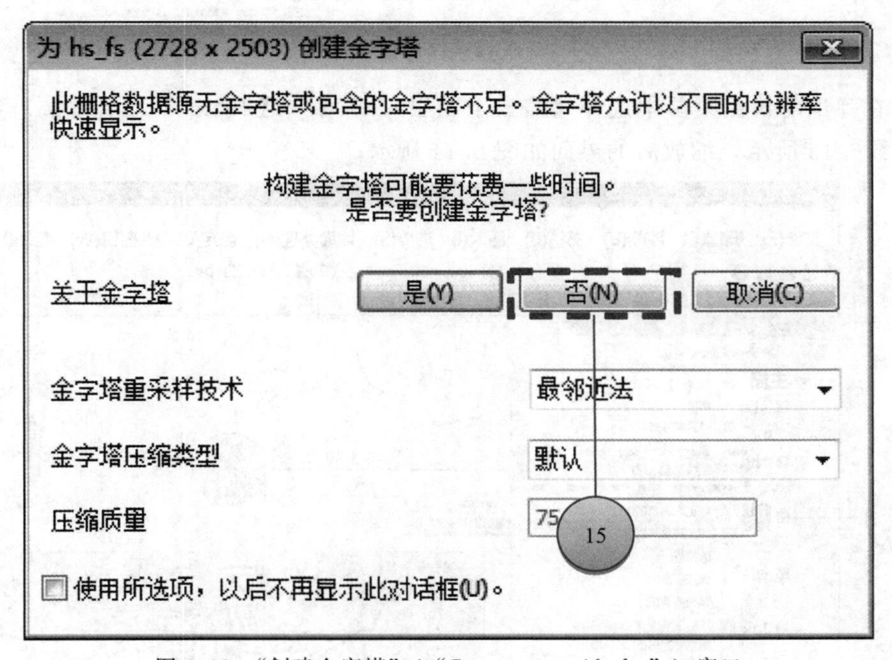

图 6.11 “创建金字塔”（“Create pyramids for”）窗口

实例 6-2 图层名更改

① 如实例 6-1 激活“主图”数据框，在“内容列表”（“Table Of Contents”）窗口中右键点击“主图”数据框下的“border”图层；

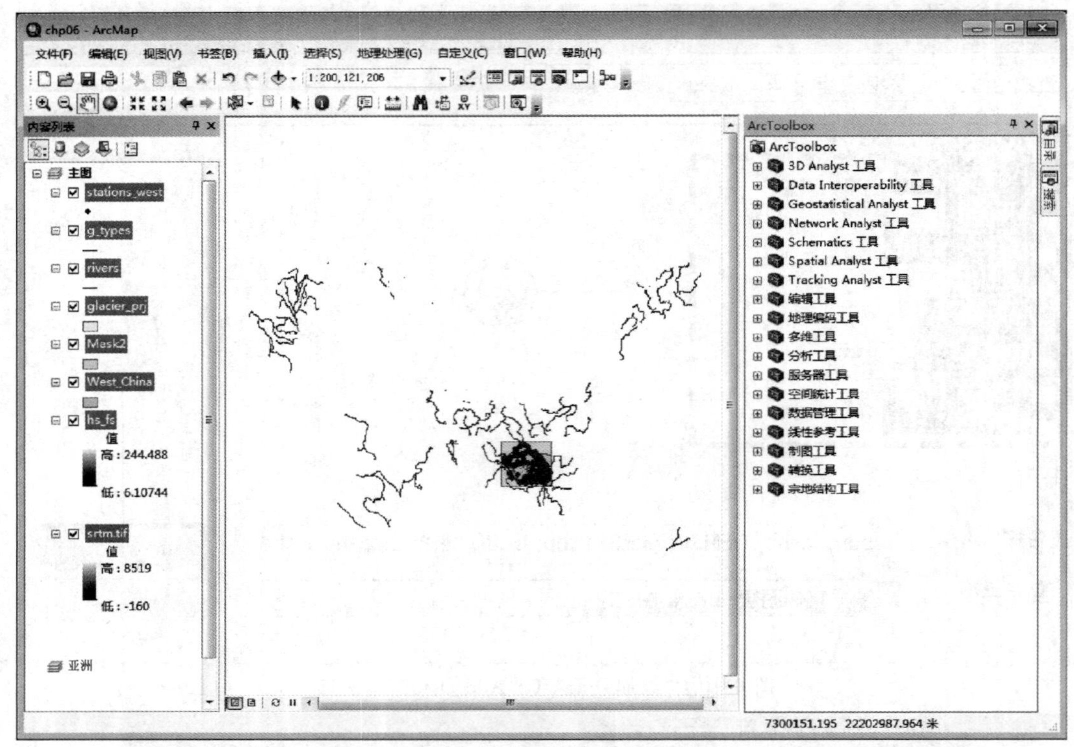

图 6.12　结果窗口

② 在弹出的快捷菜单中选择【缩放至图层（Z）】（【Zoom To Layer】）菜单命令，如图 6.13 所示，缩放后的界面如图 6.14 所示；

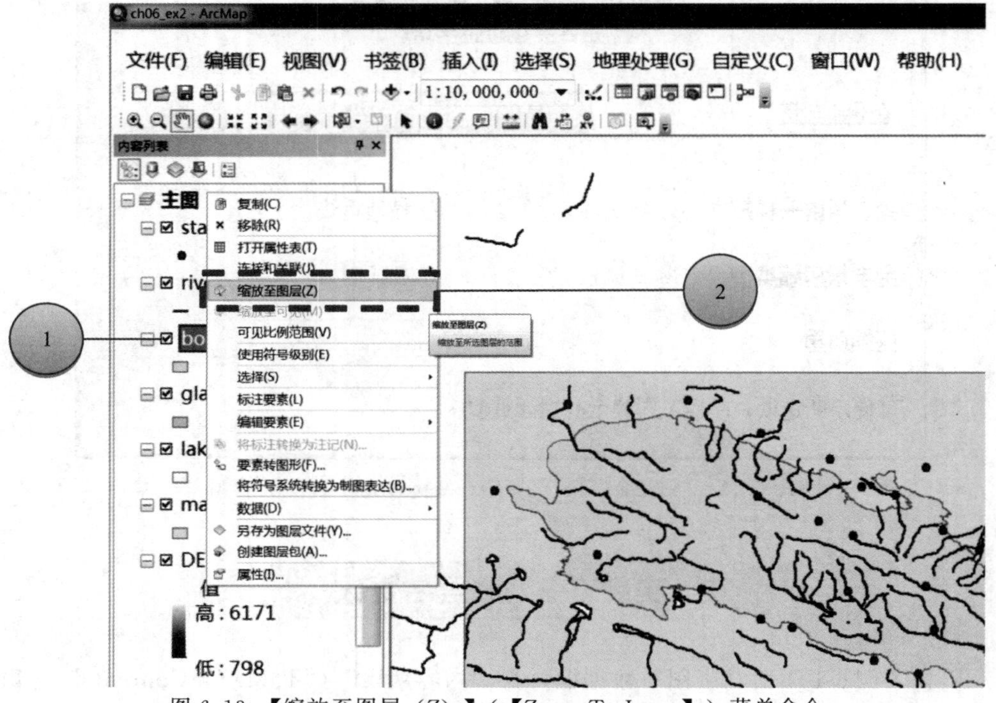

图 6.13　【缩放至图层（Z）】（【Zoom To Layer】）菜单命令

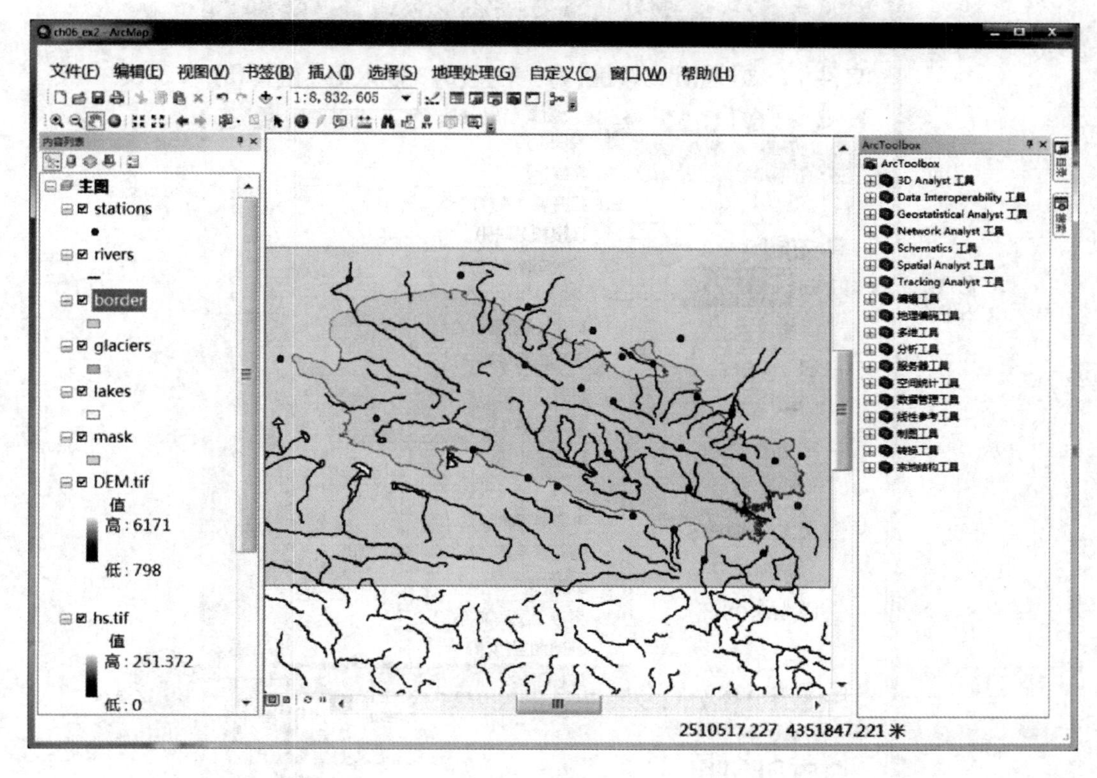

图 6.14 结果窗口

③ 在“内容列表”（“Table Of Contents”）窗口中右键点击“stations”图层；

④ 在弹出的快捷菜单中选择【属性（I）…】（【Properties…】）菜单命令，如图6.15所示；

⑤ 在弹出的“图层属性”（“Layer Properties”）窗口中选择“常规”（“General”）选项卡；

⑥ 将图层名称改为“气象站点”；

⑦ 点击【确定】（【OK】）按钮，如图6.16所示；

⑧ 根据表6-1，重复③～⑦步，将其他图层也进行更名；

表 6-1 图层名更改

原图层名	更改后的图层名
lakes	湖泊
rivers	河流
glaciers	冰川
mask	掩膜
border	边界
hs. tif	山体阴影
DEM. tif	DEM

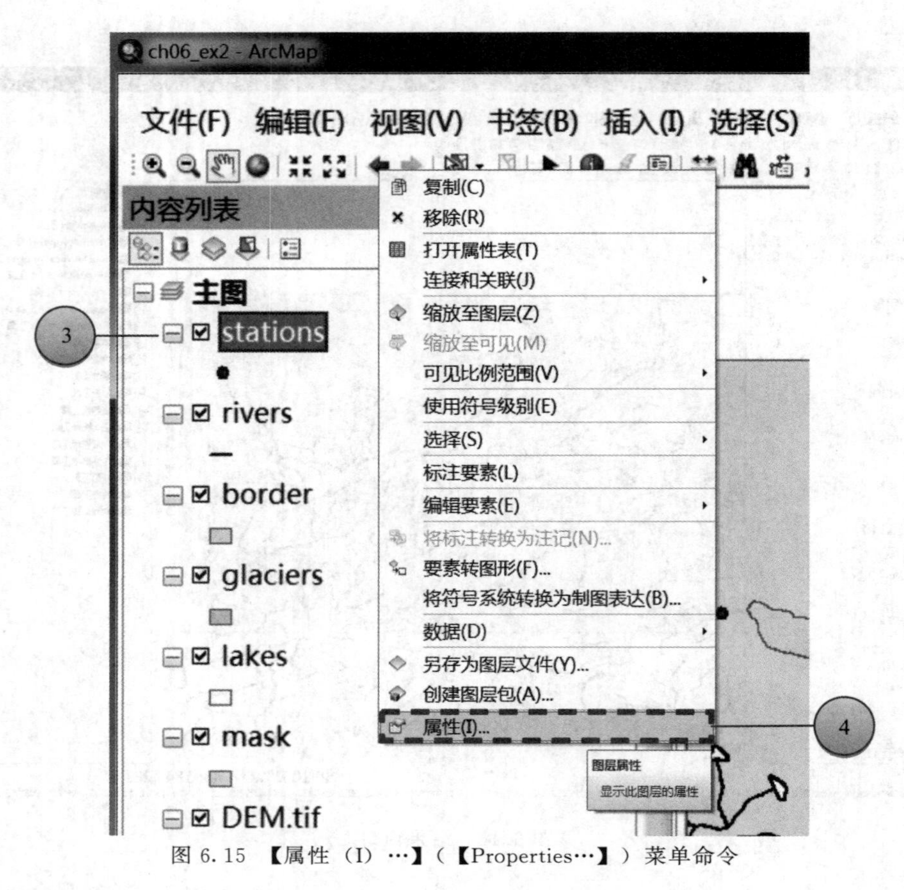

图 6.15 【属性（I）…】（【Properties…】）菜单命令

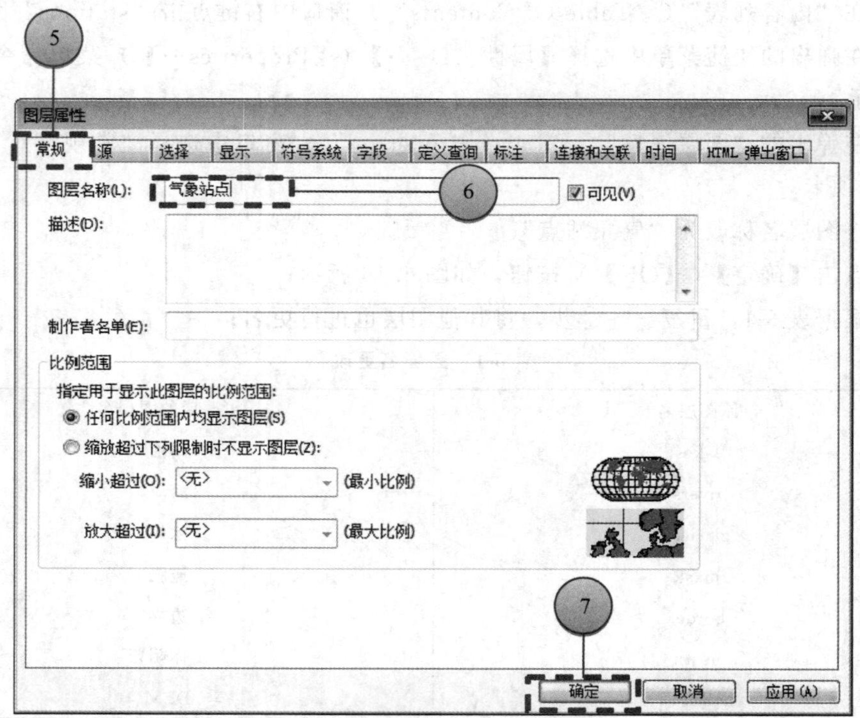

图 6.16 “图层属性”（“Layer Properties”）窗口

⑨ 修改后的各图层名称如图 6.17 所示。

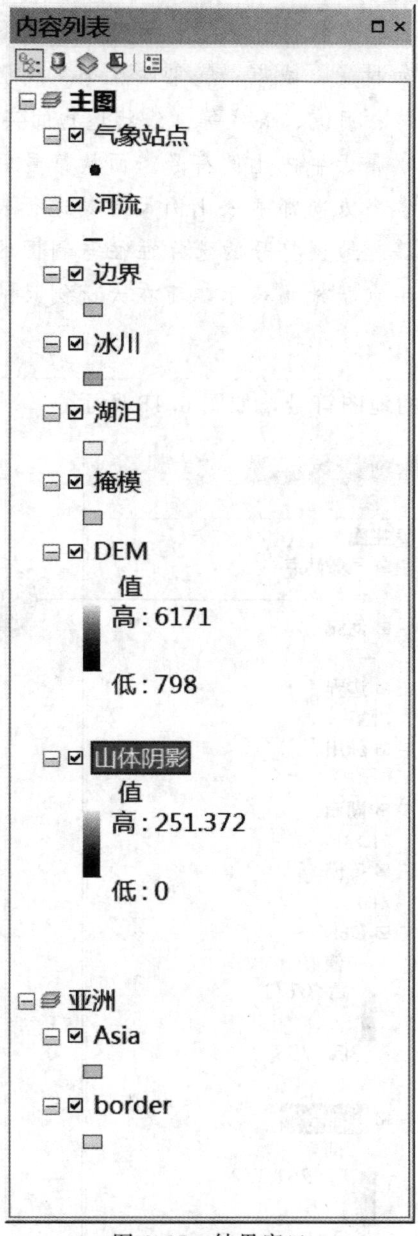

图 6.17　结果窗口

实例 6-3　地图符号设置

名词解释： 地图符号

地图符号是指在图上表示制图对象空间分布、数量、质量等特征的标志和信息载体，包括线划符号、色彩图形和注记。根据其几何特征，地图符号可以分为点状符号、线状符号和面状符号。点状符号用于表示可以在地图上忽略其实际大小或可视为点状的小面积地物，如村庄、城市、气象站点等。线状符号用于表示在地图上呈线性伸展的地物，如道路、河流、管线等。线状地物的实际长度须依比例尺表示，而宽度不用按比例尺表示，属于半依比例符号。面状符号用于表示呈面状分布的地物或地理现象，在地图上各个方向都须依比例尺对其进行表示，常见的面状地物有行政区、湖泊、植被覆盖等。地图符号的选择往往与制图的需要有关，如在一个小比例尺的地图上城市可以用点状地物表示，而在大比例尺的地图上则需要用面状地物表示。

① 双击气象站点图层的地图符号，如图 6.18 所示；

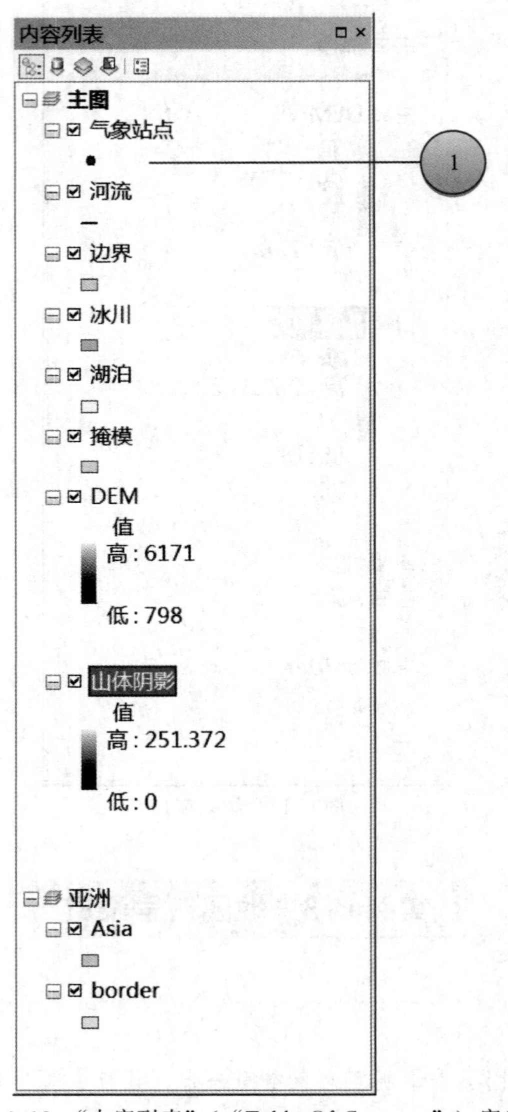

图 6.18 “内容列表”（“Table Of Contents”）窗口

② 在弹出的“符号选择器”（“Symbol Selector”）窗口中，样式列表中选择“圆形 1”（“Circle 1”）地图符号；

③ 颜色设置为“火星红”（“Mars Red”）；

④ 大小设置为“6.00”；

⑤ 点击【确定】（【OK】）按钮，如图 6.19 所示，结果如图 6.20 所示；

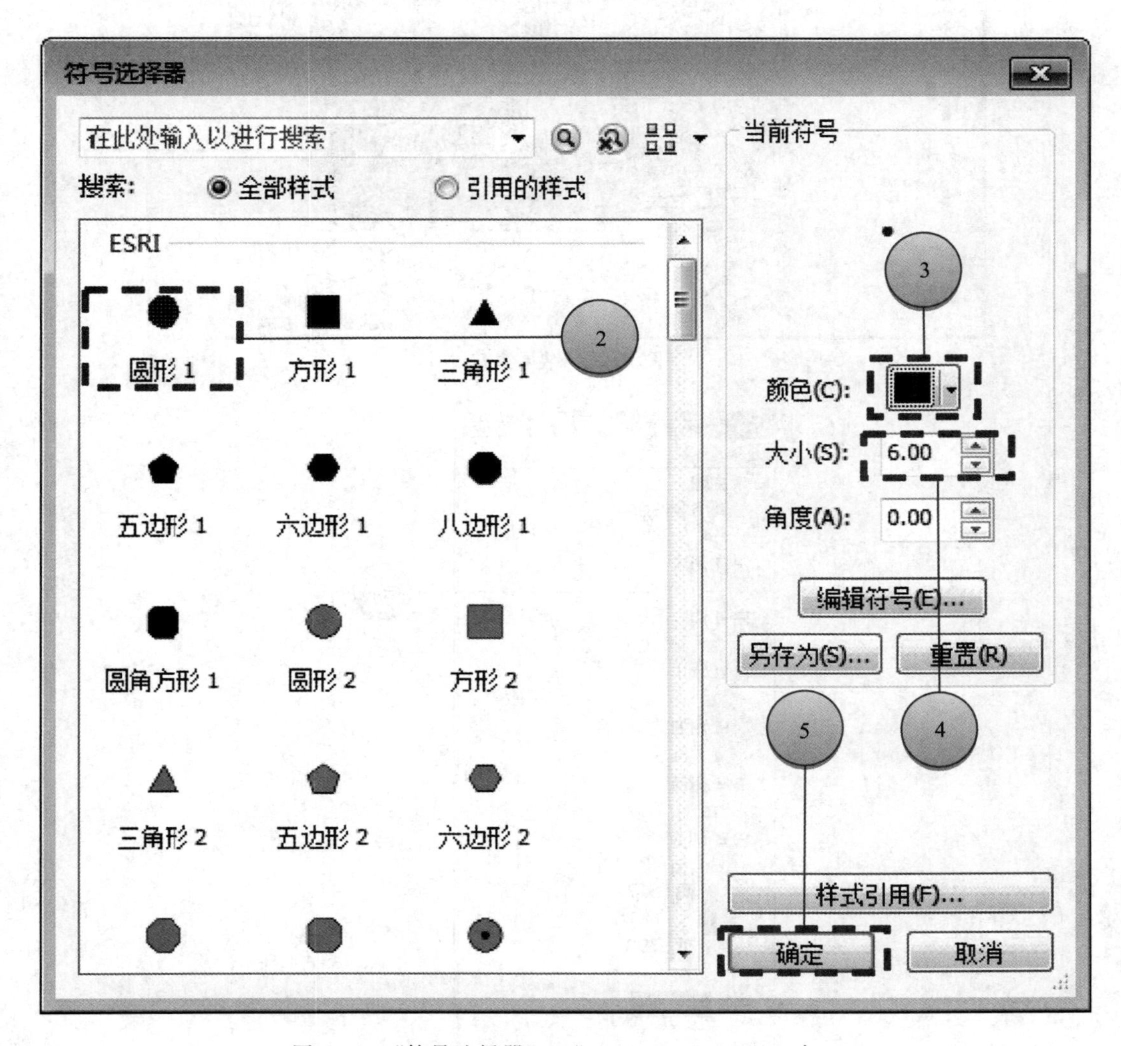

图 6.19 “符号选择器”（“Symbol Selector”）窗口

⑥ 双击河流图层的地图符号，如图 6.21 所示；

⑦ 在弹出的“符号选择器”（“Symbol Selector”）窗口中，将样式设置为“河流”（“River”）；

⑧ 点击【确定】（【OK】）按钮，如图 6.22 所示，结果如图 6.23 所示；

⑨ 重复以上步骤按表 6-2 的参数分别设置对应图层的地图符号；

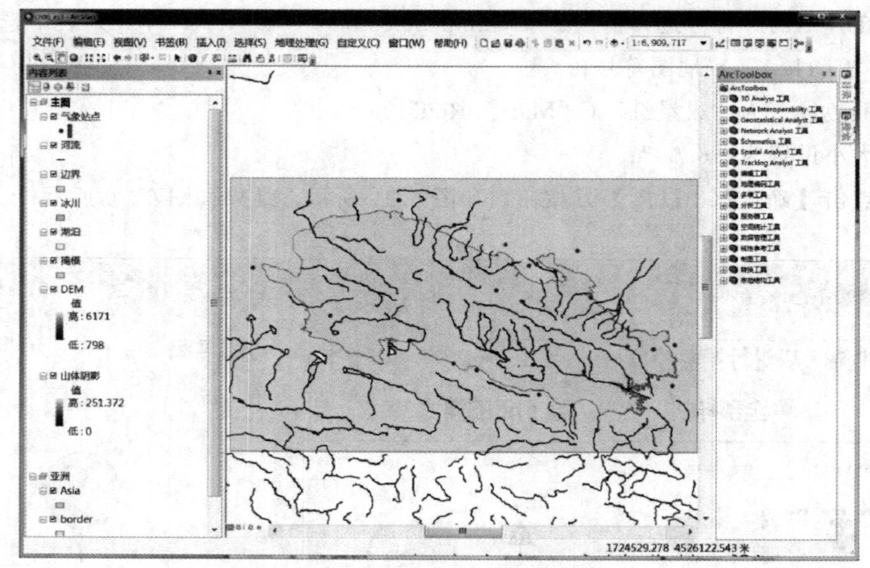

图 6.20　结果窗口

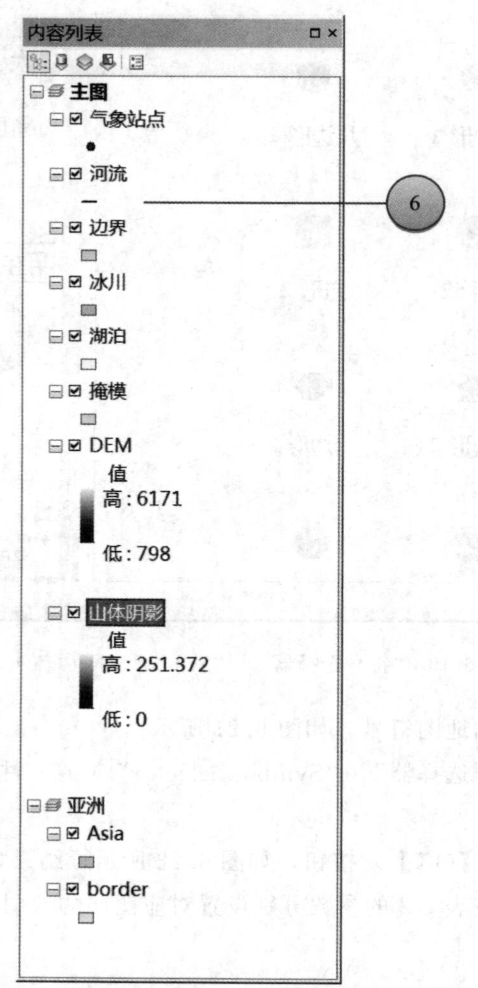

图 6.21　“内容列表”（“Table Of Contents”）窗口

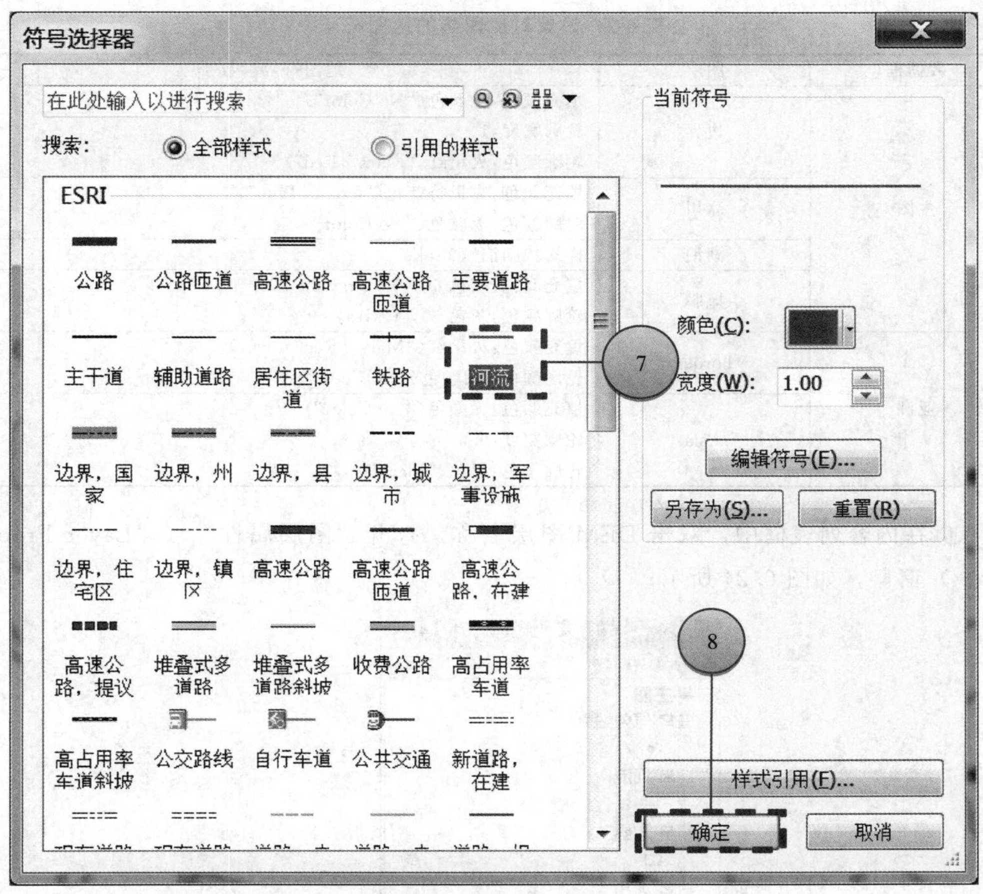

图 6.22 “符号选择器”（“Symbol Selector”）窗口

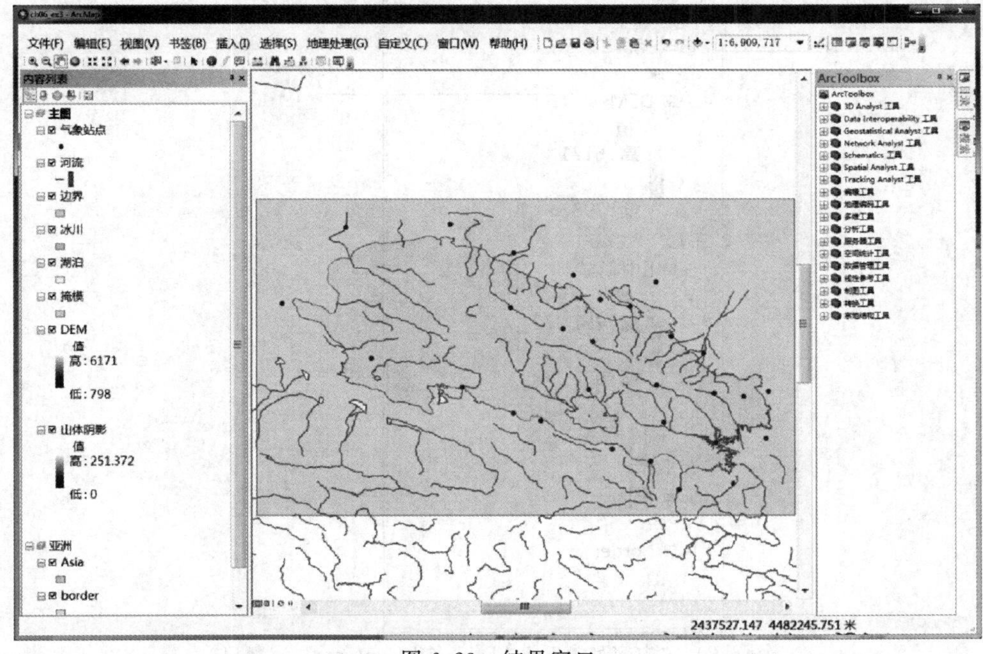

图 6.23 结果窗口

表 6-2　设置对应图层的地图符号

数据框	图层	地图符号参数
主图	边界	填充颜色:无颜色(“No Color”) 轮廓宽度:1 轮廓颜色:火星红(“Mars　Red”)
	冰川	填充颜色:克里特蓝色(“Cretan Blue”) 轮廓颜色:无颜色(“No Color”)
	湖泊	样式:“湖泊”(“Lake”)
	掩膜	填充颜色:灰色 60％(“Gray 60％”) 轮廓颜色:灰色 60％(“Gray 60％”)
亚洲	border	填充颜色:火星红(“Mars　Red”) 轮廓颜色: 无颜色(“No Color”)
	Asia	填充颜色:无颜色(“No Color”) 轮廓宽度:0.6 轮廓颜色:黑色(“Black”)

⑩ 在内容列表框中，双击 DEM 图层名称，打开“图层属性”（“Layer Properties”）窗口，如图 6.24 所示；

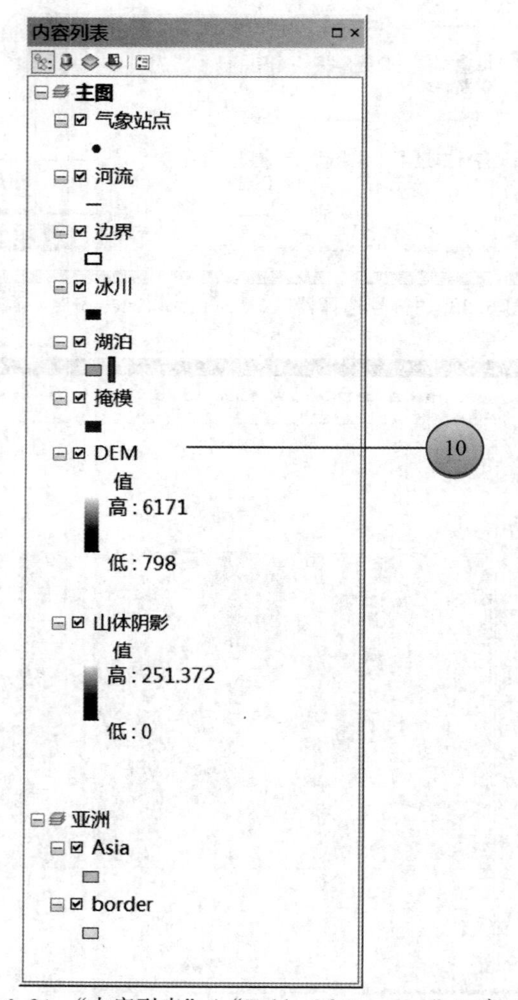

图 6.24　“内容列表”（“Table Of Contents”）窗口

⑪ 单击“符号系统”（“Symbology”）选项卡；

⑫ 右键单击“色带（R）:”（“Color Ramp:”）下拉菜单，如图 6.25 所示；

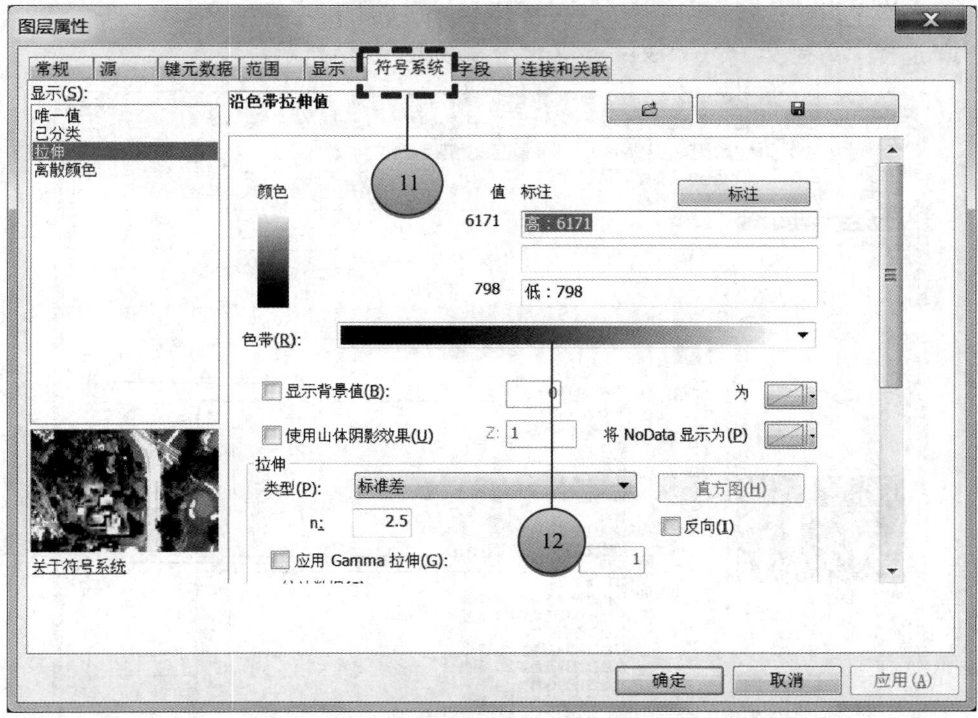

图 6.25 “图层属性”（“Layer Properties”）窗口

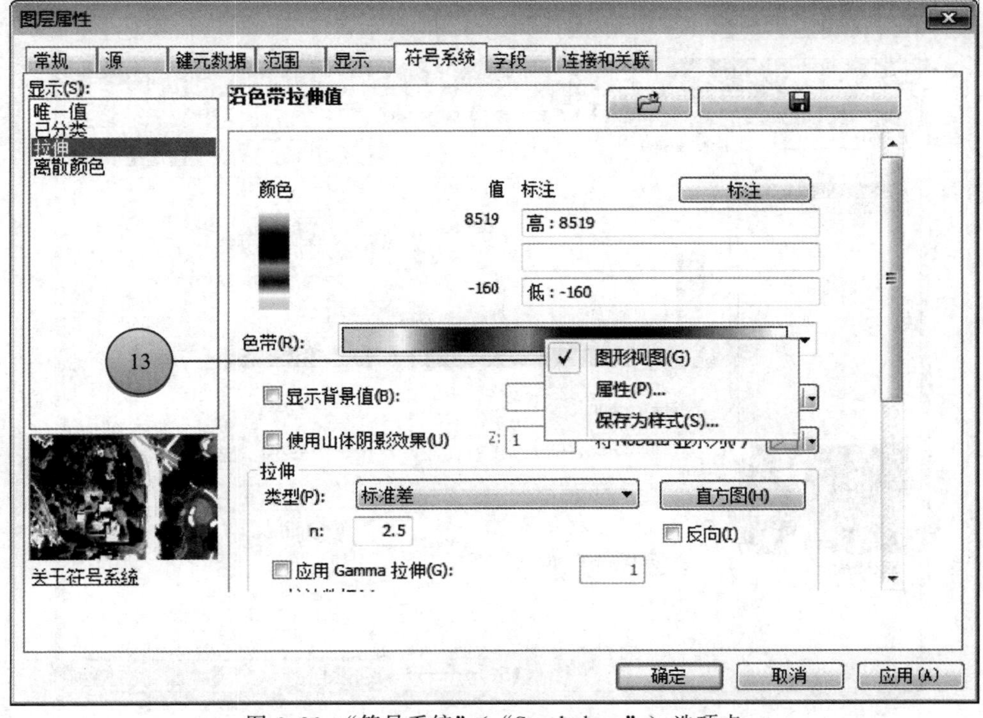

图 6.26 “符号系统”（“Symbology”）选项卡

⑬ 单击"图形视图（G）"（"Graphic View"），取消默认的"图形视图（G）"（"Graphic View"）选项，如图 6.26 所示；

⑭ 再次单击"色带（R）:"（"Color Ramp:"）下拉菜单；

⑮ 选择"高程 #1"（"Elevation 1"），如图 6.27 所示；

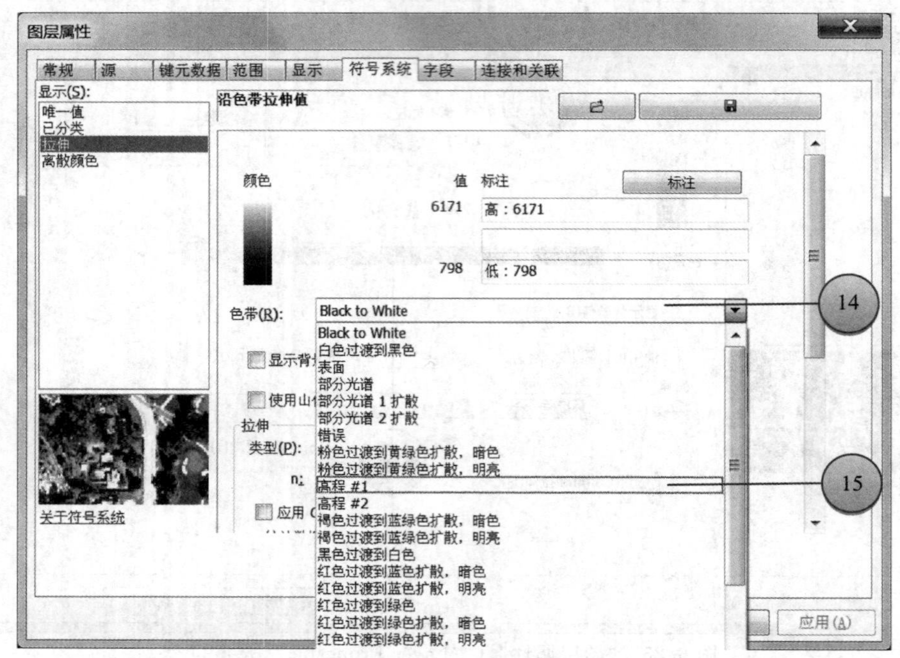

图 6.27 "符号系统"（"Symbology"）选项卡

⑯ 单击【确定】（【OK】）按钮，如图 6.28 所示。

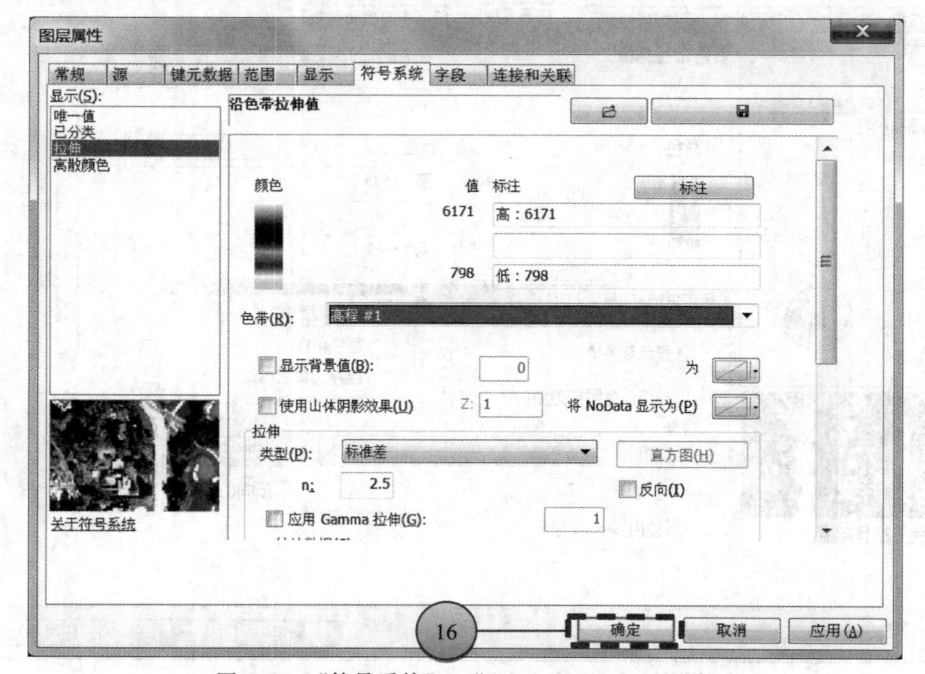

图 6.28 "符号系统"（"Symbology"）选项卡

实例 6-4 透明度设置

① 通过拖拽调整图层顺序，最终的图层顺序如图 6.29 所示；

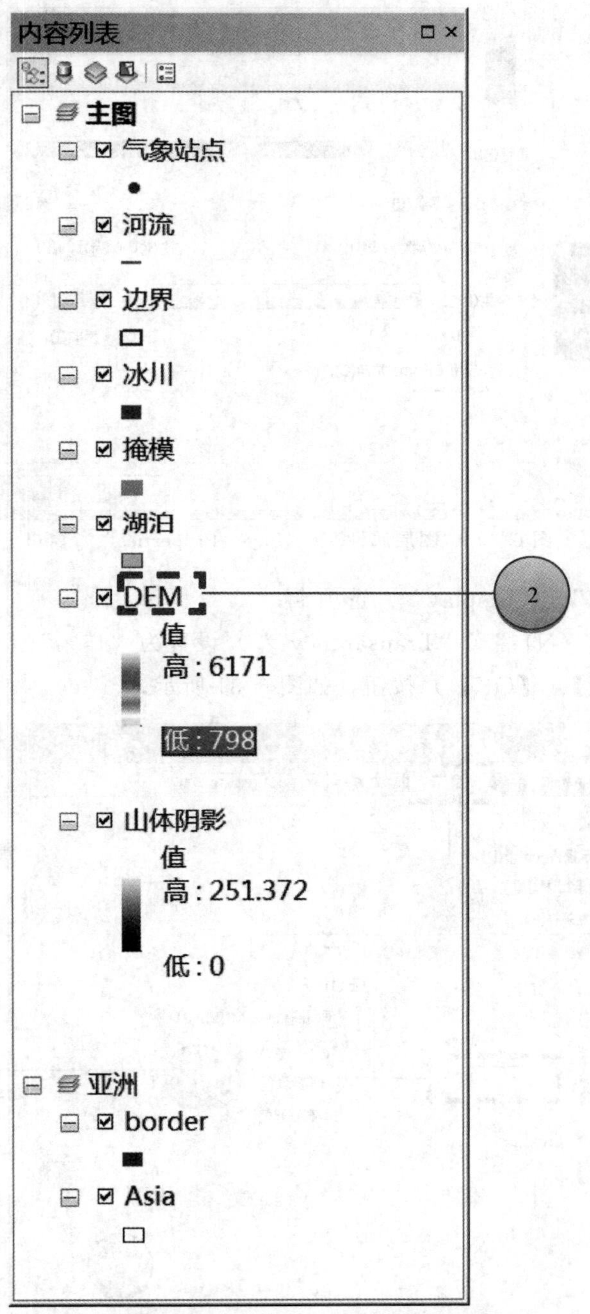

图 6.29 “内容列表”（“Table Of Contents”）窗口

② 在“内容列表”（“Table Of Contents”）窗口中，双击 DEM 图层名称，如图 6.29 所示，打开“图层属性”（“Layer Properties”）窗口，如图 6.30 所示；

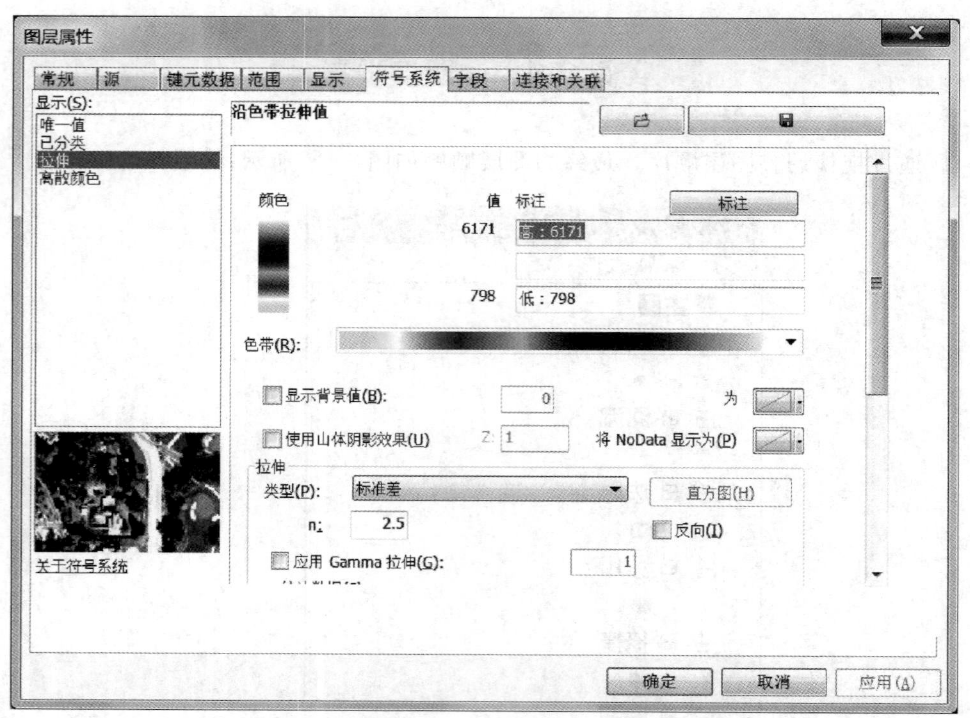

图 6.30 “图层属性”（“Layer Properties”）窗口

③ 单击“显示”（“Display”）选项卡；

④ 将“透明度（N）：”（“Transarency：”）设置为“45%”；

⑤ 单击【确定】（【OK】）按钮，如图 6.31 所示；

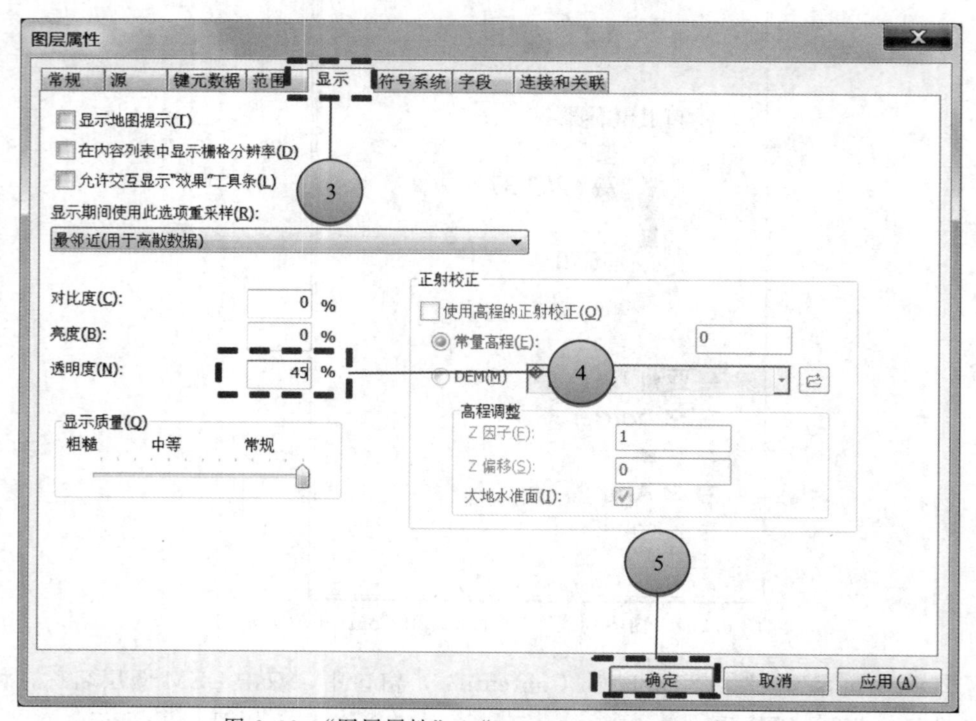

图 6.31 “图层属性”（“Layer Properties”）窗口

⑥ 重复②～⑤步，将“掩膜”图层的“透明度（N）:”（“Transarency:”）设置为“40%”，结果如图 6.32 所示。

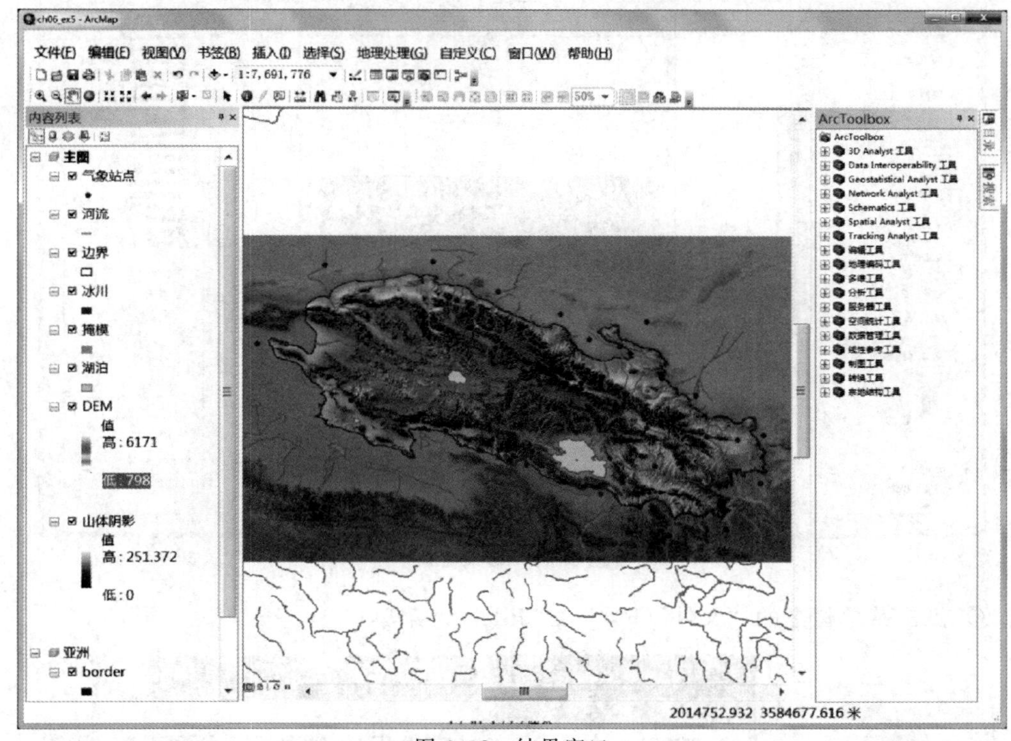

图 6.32　结果窗口

实例 6-5　布局设置

① 点击菜单栏上的“视图（V）”（“View”）菜单；

② 在“视图（V）”（“View”）的下拉菜单中单击【布局视图（L）】（【Layout View】）菜单命令，如图 6.33 所示，此时，将切换至布局视图，结果如图 6.34 所示；

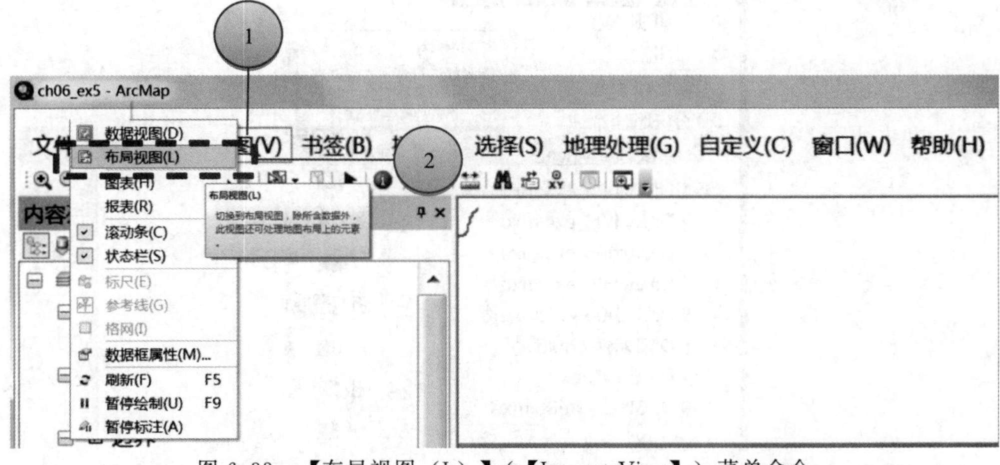

图 6.33　【布局视图（L）】（【Layout View】）菜单命令

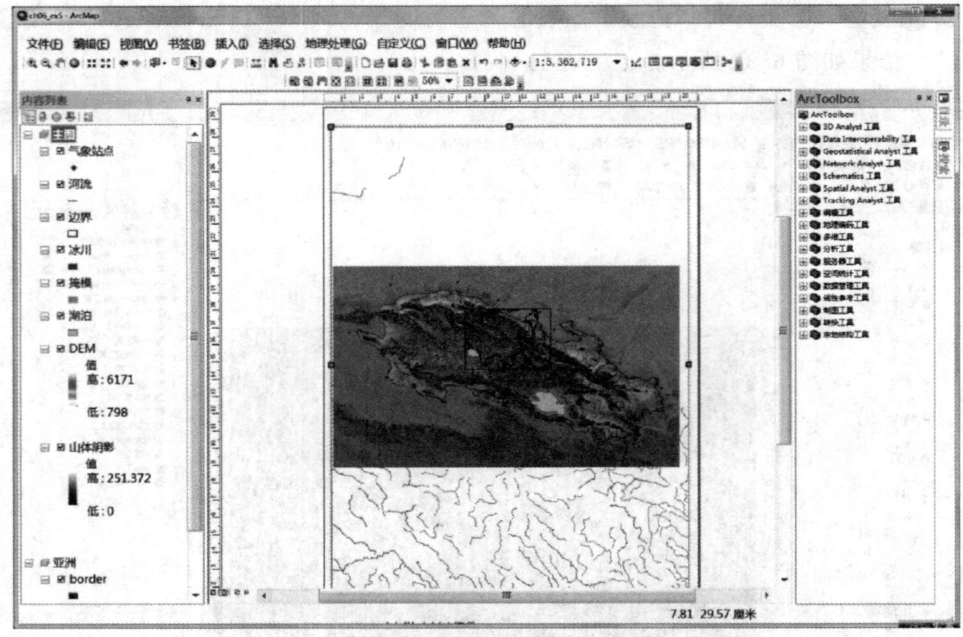

图 6.34　结果窗口

③ 点击菜单栏上的“文件（F）”（“File”）菜单；

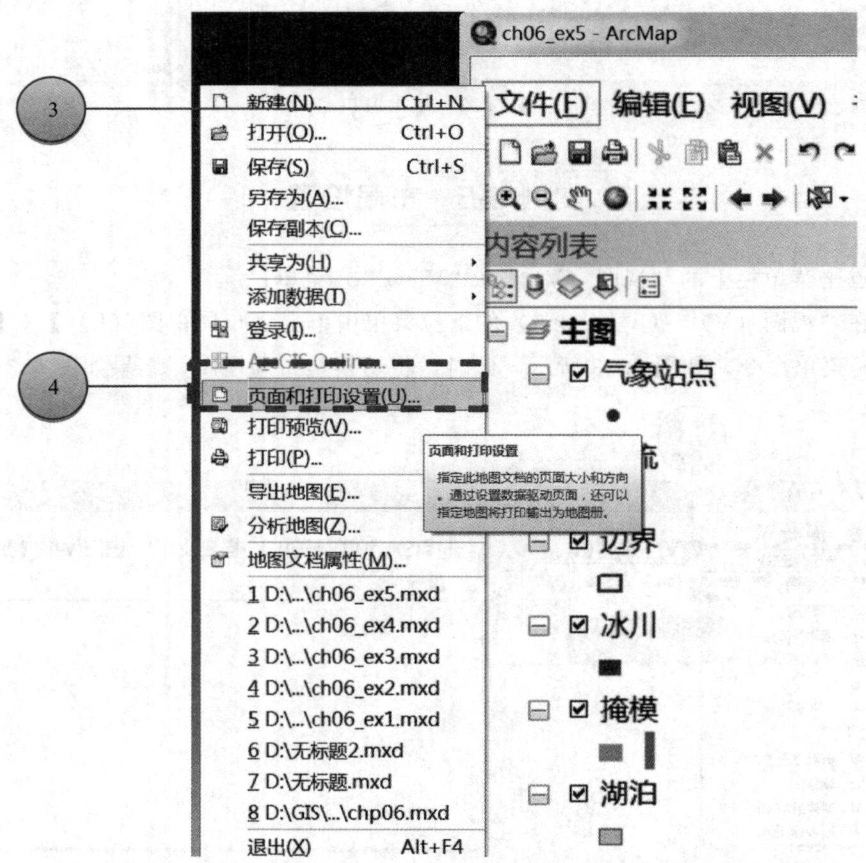

图 6.35　【页面和打印设置（U）…】（【Page and Print Setup】）菜单命令

④ 在“文件（F）”（“File”）下拉菜单中选择【页面和打印设置（U）…】（【Page and Print Setup】）菜单命令，如图 6.35 所示；

⑤ 在打开的“页面和打印设置（U）”（【Page and Print Setup】）窗口中“地图页面大小”（“Map Page Size”）部分点击“使用打印机纸张设置（P）”（“Use Printer Paper Settings”）前的选择按钮，取消该选择；

⑥ 把“宽度（W）:”（“Width:”）和“高度（H）:”（“Height:”）分别设置为 19.1 厘米和 11.6 厘米；

⑦ 单击【确定】（【OK】）按钮，如图 6.36 所示；

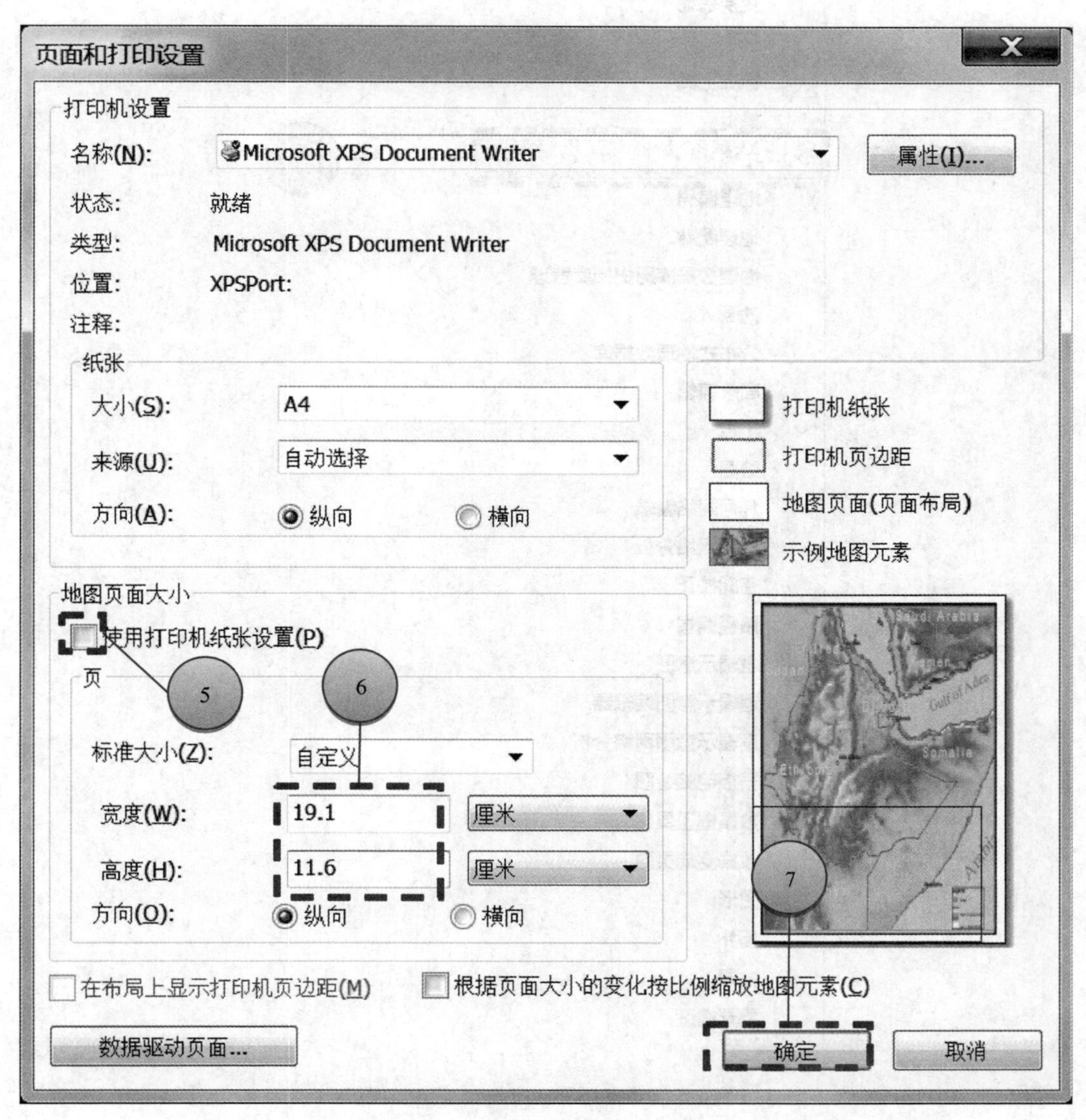

图 6.36 “页面和打印设置（U）”（【Page and Print Setup】）窗口

⑧ 如果“布局”（“Layout”）工具栏已经打开，跳过该步骤，否则右键点击菜单栏的空白处；

⑨ 在弹出的快捷菜单中选中“布局”（“Layout”）菜单命令，如图 6.37 所示；

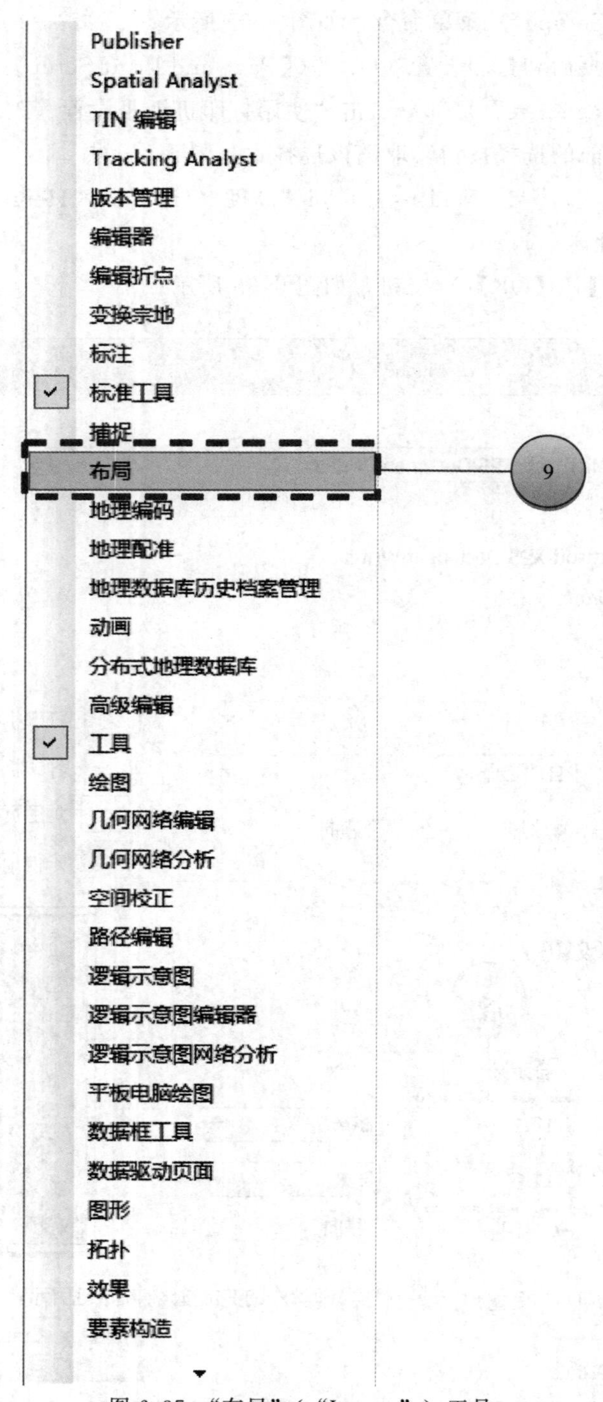

图 6.37 “布局”（“Layout”）工具

⑩ 在“布局”（“Layout”）工具栏中选择缩放比例为“50％”，如图 6.38 所示；

⑪ 在“内容列表”（“Table Of Contents”）窗口中右键点击“主图”数据框，也可以在地图窗口中右键点击“主图”数据框；

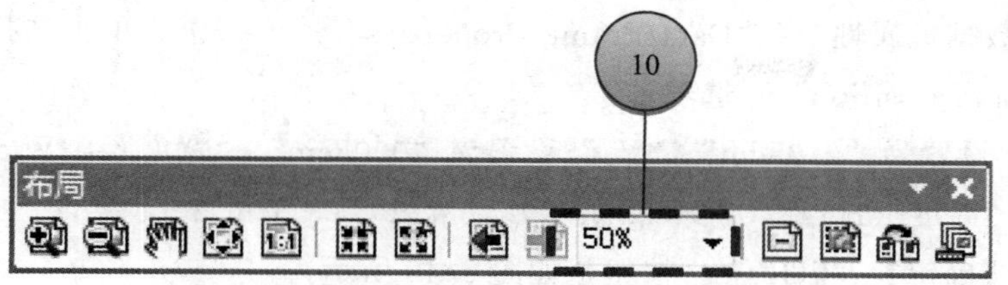

图 6.38 “布局”（“Layout”）工具栏

⑫ 在弹出的快捷菜单中选择【属性（I）…】（【Properties…】）菜单命令，如图 6.39 所示；

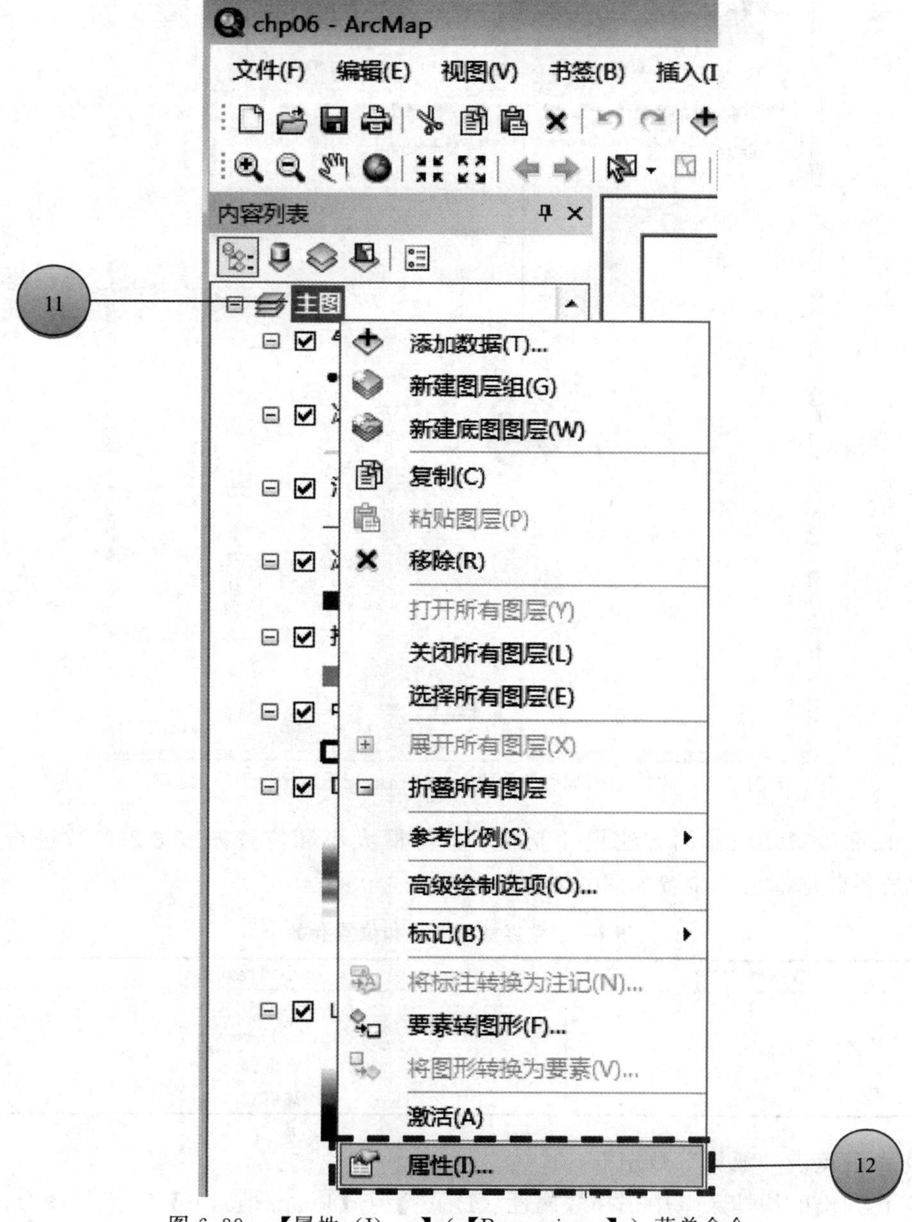

图 6.39 【属性（I）…】（【Properties…】）菜单命令

⑬ 在“数据框属性”（“Data Frame Properties”）窗口中，单击选择“大小和位置”（“Size and Position”）选项卡；

⑭“X：”设置为“0.05cm”，“Y：”设置为“0.05cm”，“宽度”（“Width：”）设置为“19cm”，“高度（H）：”（“Height：”）设置为“11.5cm”；

⑮ 单击【确定】（【OK】）按钮，如图 6.40 所示；

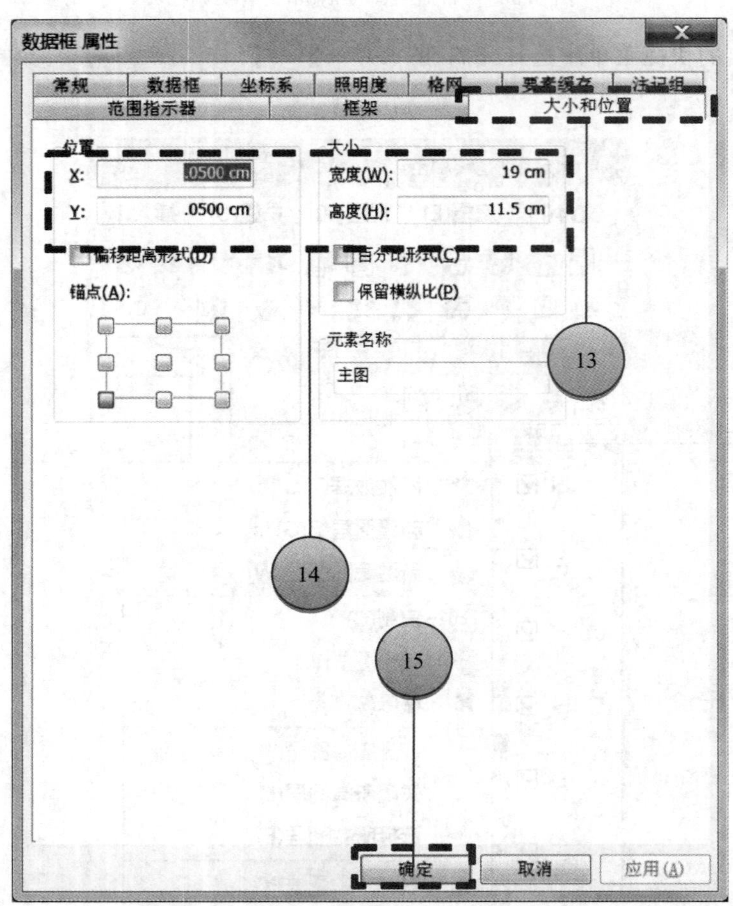

图 6.40 “数据框属性”（“Data Frame Properties”）窗口

⑯ 按照步骤⑪～⑯的方法把“亚洲”数据框大小和位置按表 6-3 参数进行设置，设置后的各数据框大小位置如图 6.41 所示；

表 6-3　数据框的大小和位置参数

数据框	大小和位置参数
亚洲	X：14.2cm Y：8cm 宽度：4.8cm 高度：3.5cm

⑰ 右键点击“亚洲”数据框；

⑱ 在弹出的快捷菜单中选择【属性（I）…】（【Properties…】）菜单命令，如图 6.42 所示；

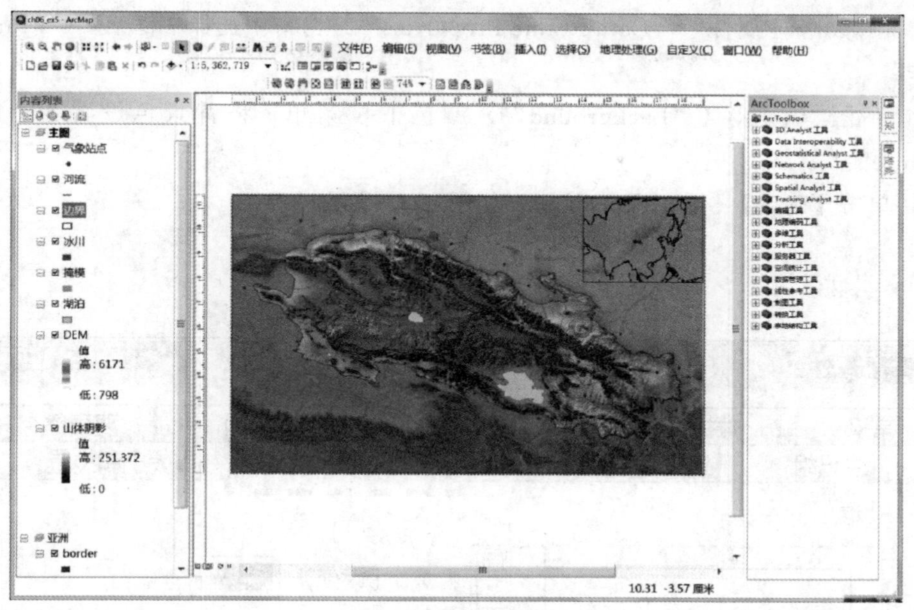

图 6.41 结果窗口

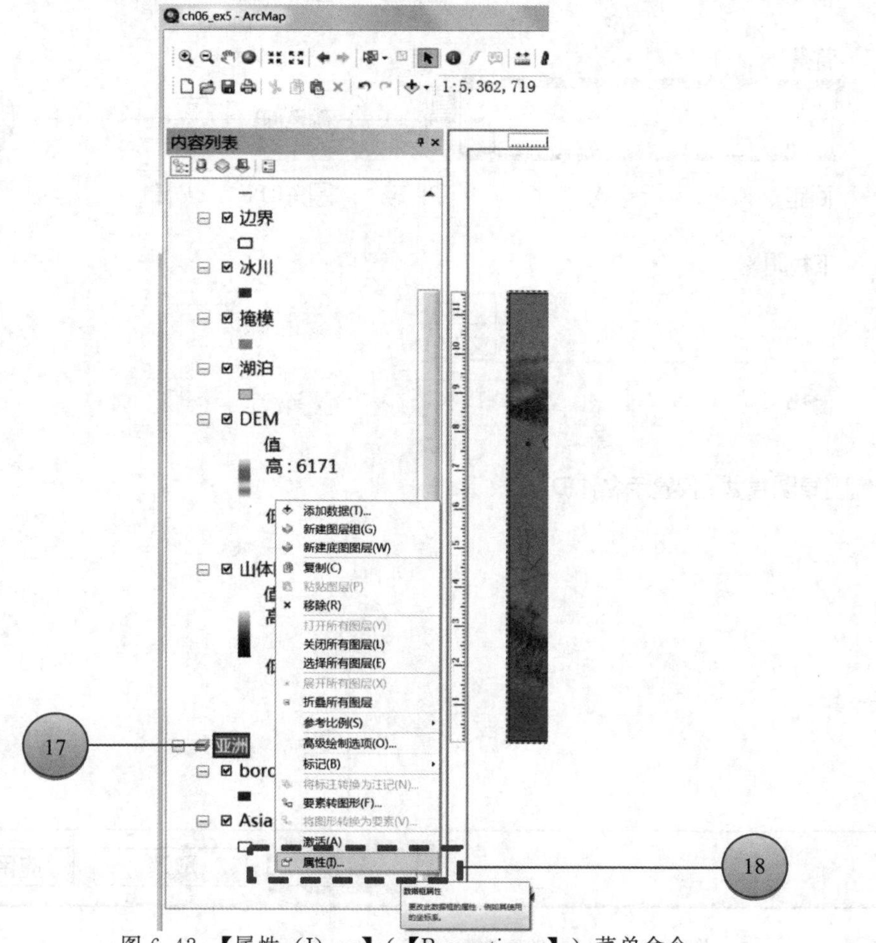

图 6.42 【属性（I）…】（【Properties…】）菜单命令

⑲ 在“数据框 属性”（“Data Frame Properties”）窗口中选择“框架”（“Frame”）选项卡；

⑳ 单击“背景”（“Background”）颜色下拉菜单，将背景色设置为“白色”（“White”）；

㉑ 单击【确定】（【OK】）按钮，如图 6.43 所示。

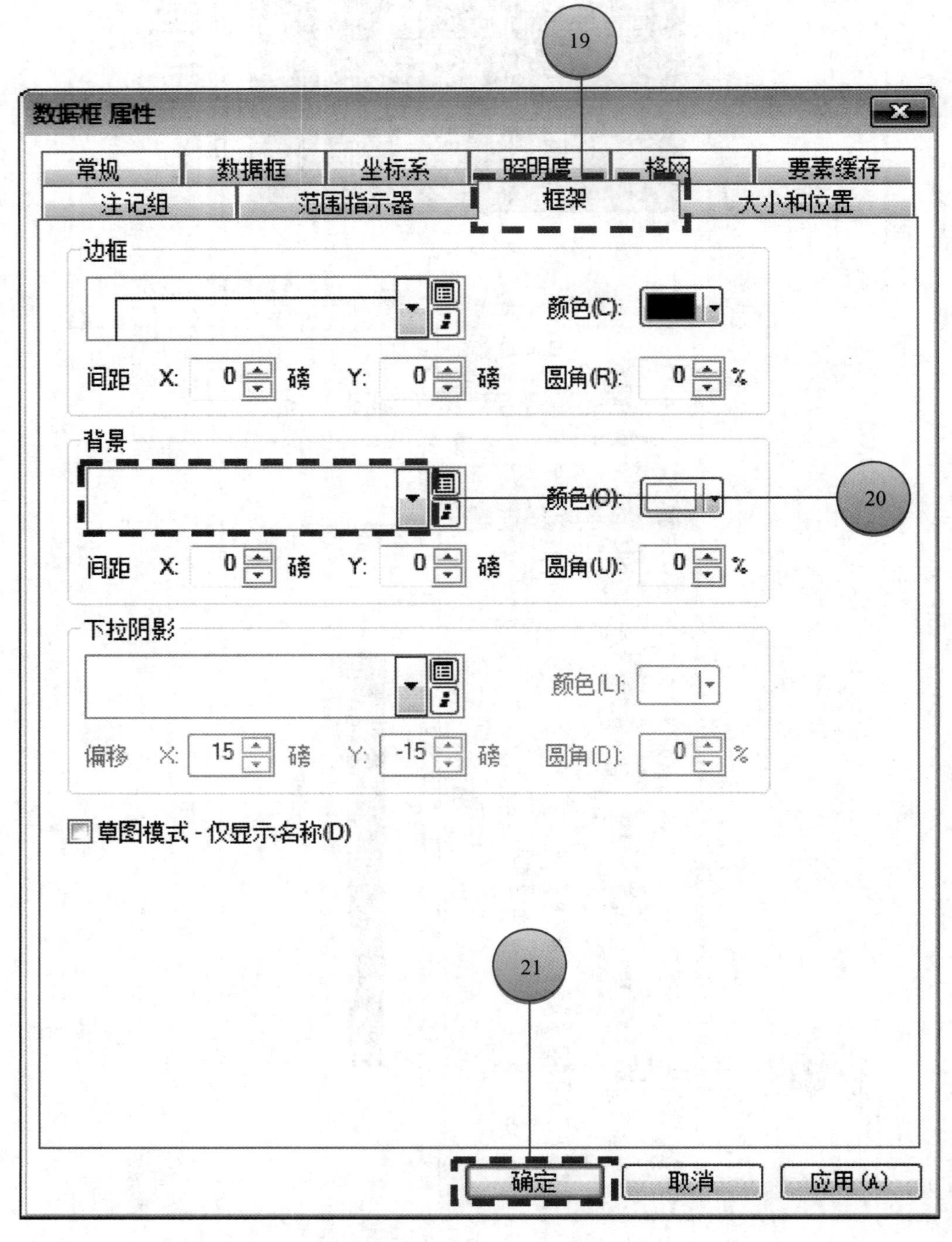

图 6.43 “数据框属性”（“Data Frame Properties”）窗口

6.2 格网设置

实例 6-6 格网设置

如果“主图”数据框不是活动数据框，执行①、②两步，否则跳过这两步。

① 右键点击“主图”数据框；

② 在弹出的快捷菜单中选择【激活（A）】（【Activate】）菜单命令，使“主图”数据框为当前活动数据框，如图 6.44 所示；

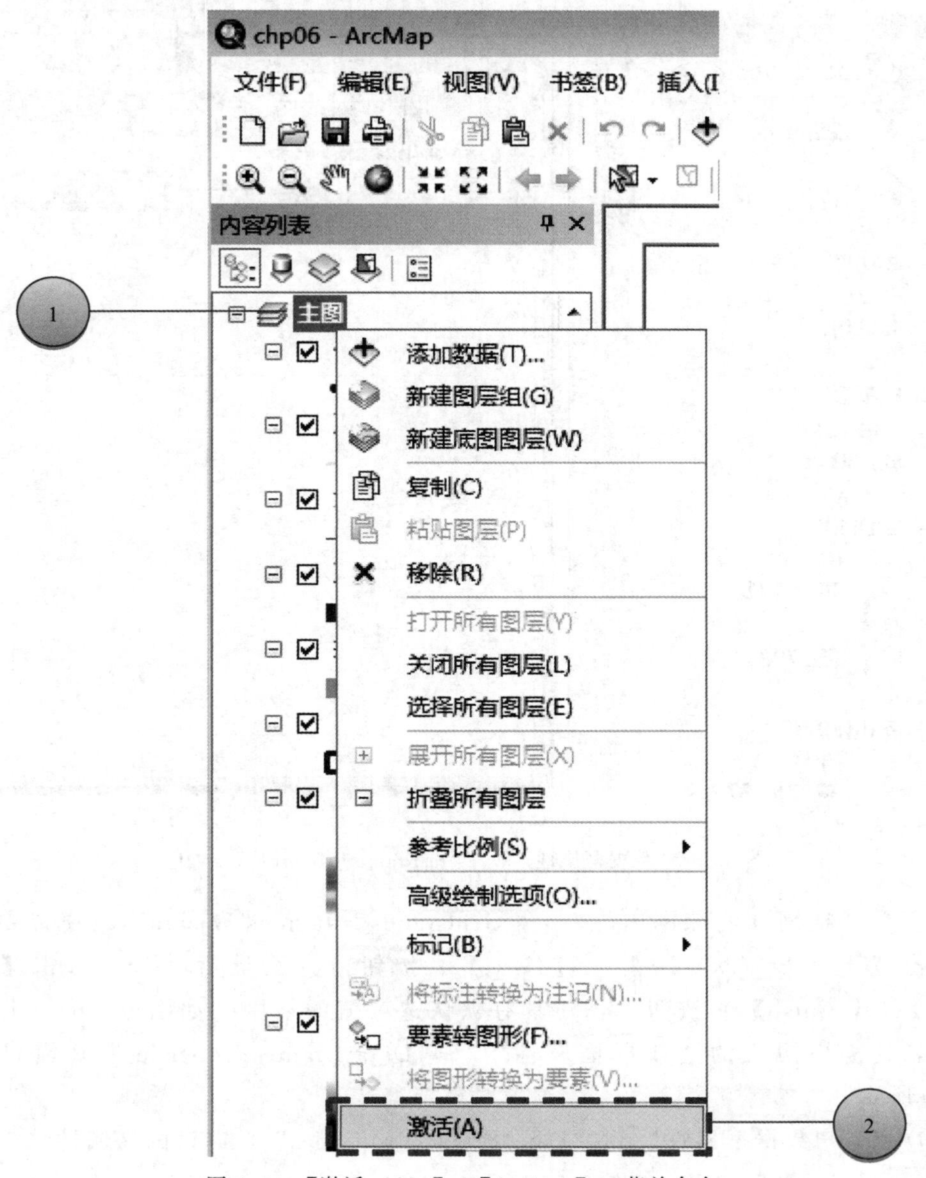

图 6.44 【激活（A）】（【Activate】）菜单命令

③ 双击内容列表框中的“主图”数据框；

④ 在弹出的“数据框属性”（“Data Frame Properties”）窗口中单击选中“格网”（“Grids”）选项卡；

⑤ 点击【新建格网（N）…】（【New Grid…】）按钮，如图 6.45 所示；

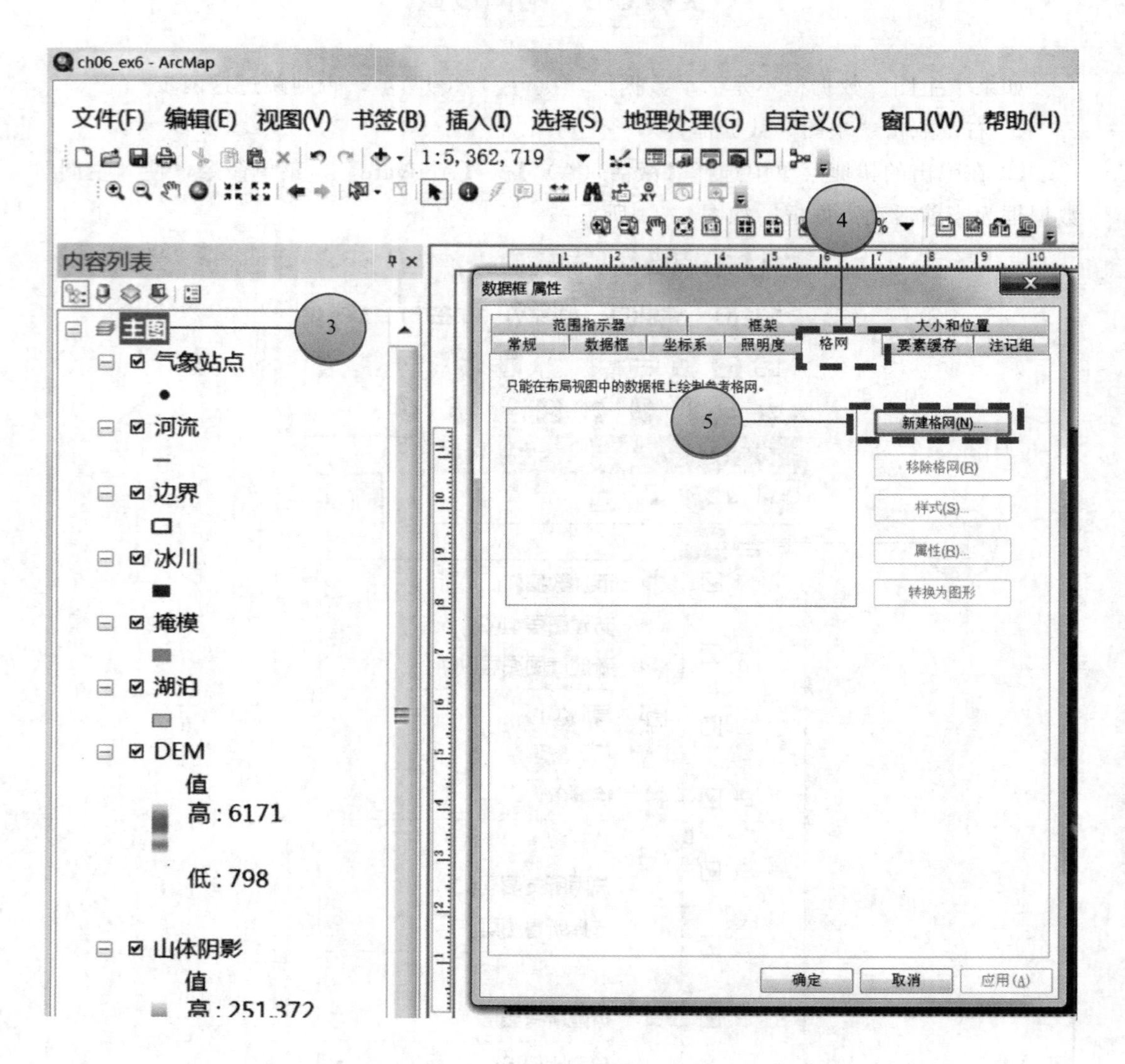

图 6.45 “数据框属性”（“Data Frame Properties”）窗口

⑥ 在“格网和经纬网向导”（“Grids and Graticules Wizard”）窗口中，一直点击【下一步（N）>】（【Next】）按钮，直至最后一步，点击【完成（F）】（【Finish】）按钮，创建具有默认选项值的格网，如图 6.46～图 6.49 所示，建立格网后的“数据框属性”（“Data Frame Properties”）窗口如图 6.50 所示；

⑦ 点击“数据框属性”（“Data Frame Properties”）窗口的【属性（R）…】“【Properties…】”按钮，如图 6.50 所示；

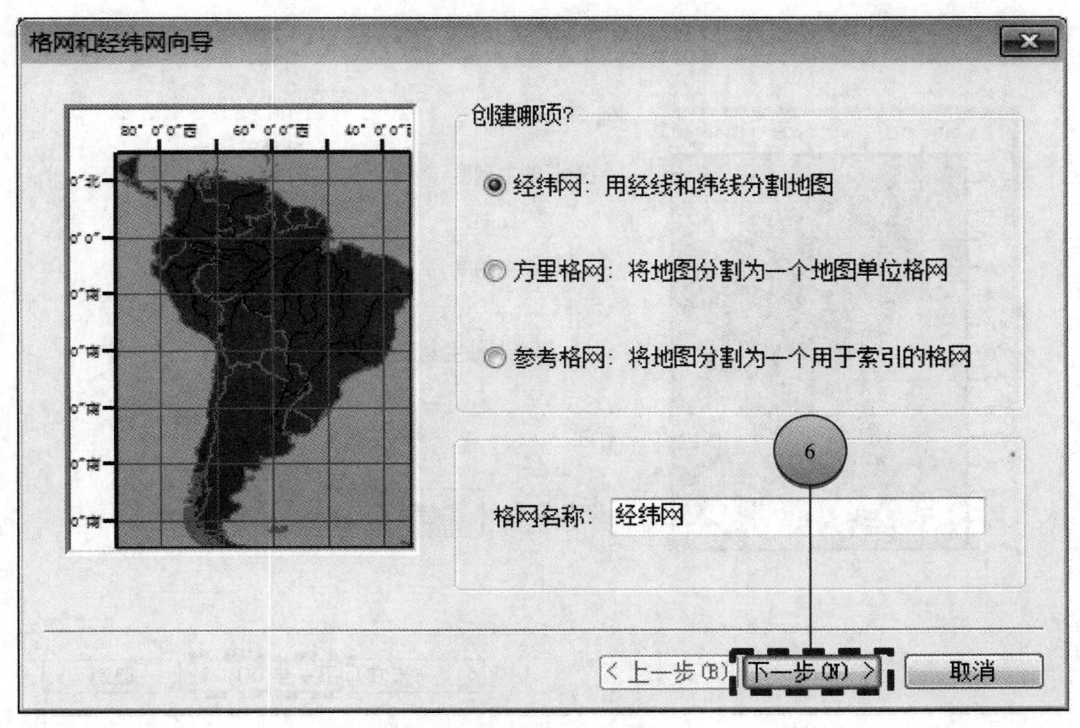

图 6.46 “格网和经纬网向导”(“Grids and Graticules Wizard”) 窗口

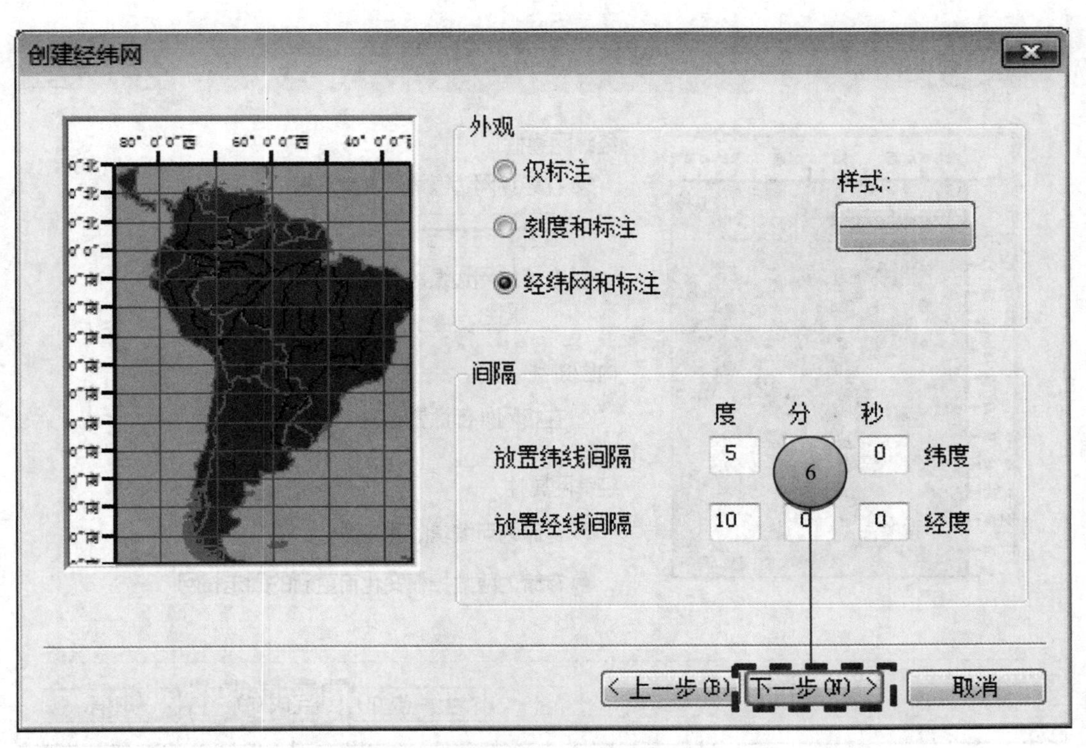

图 6.47 “创建经纬网”(“Create a graticule”) 窗口

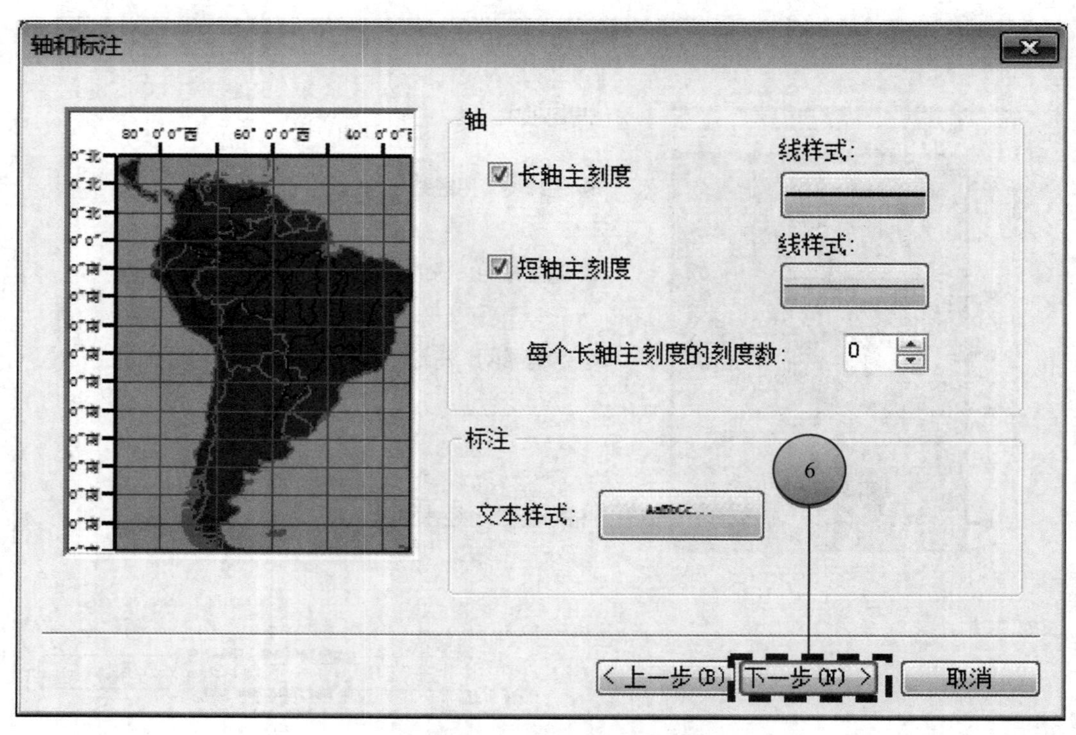

图 6.48 “轴和标注”（“Axes and labels”）窗口

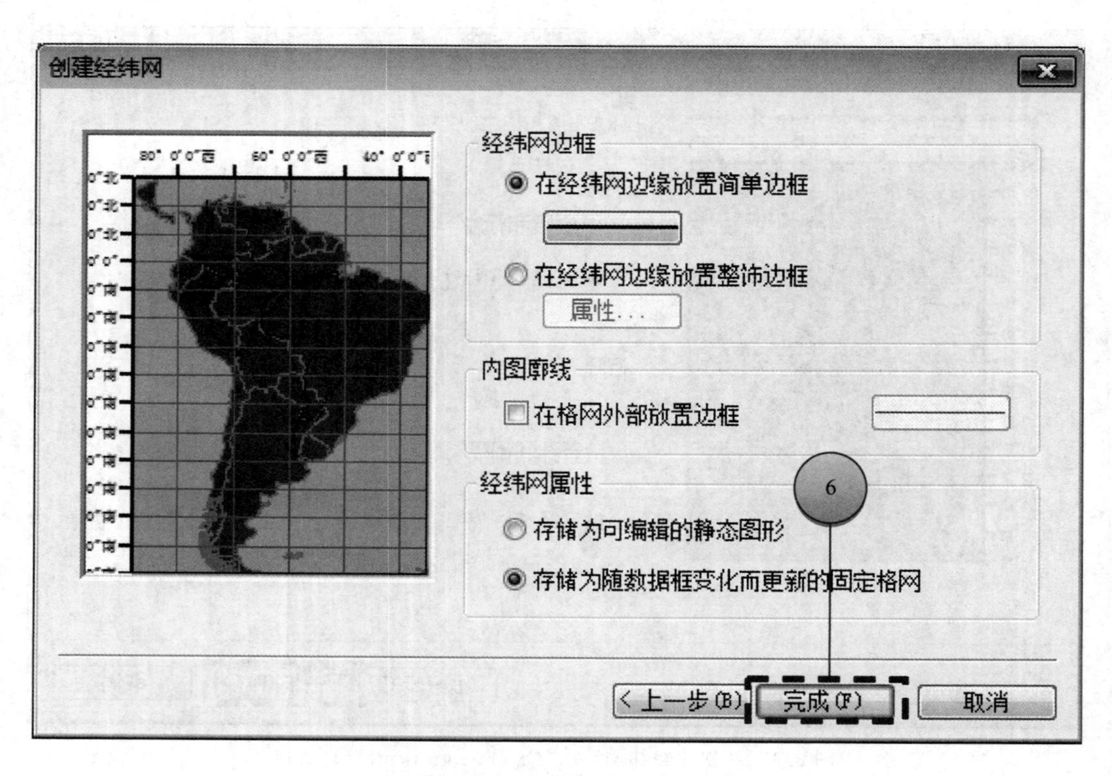

图 6.49 “创建经纬网”（“Create a graticule”）窗口

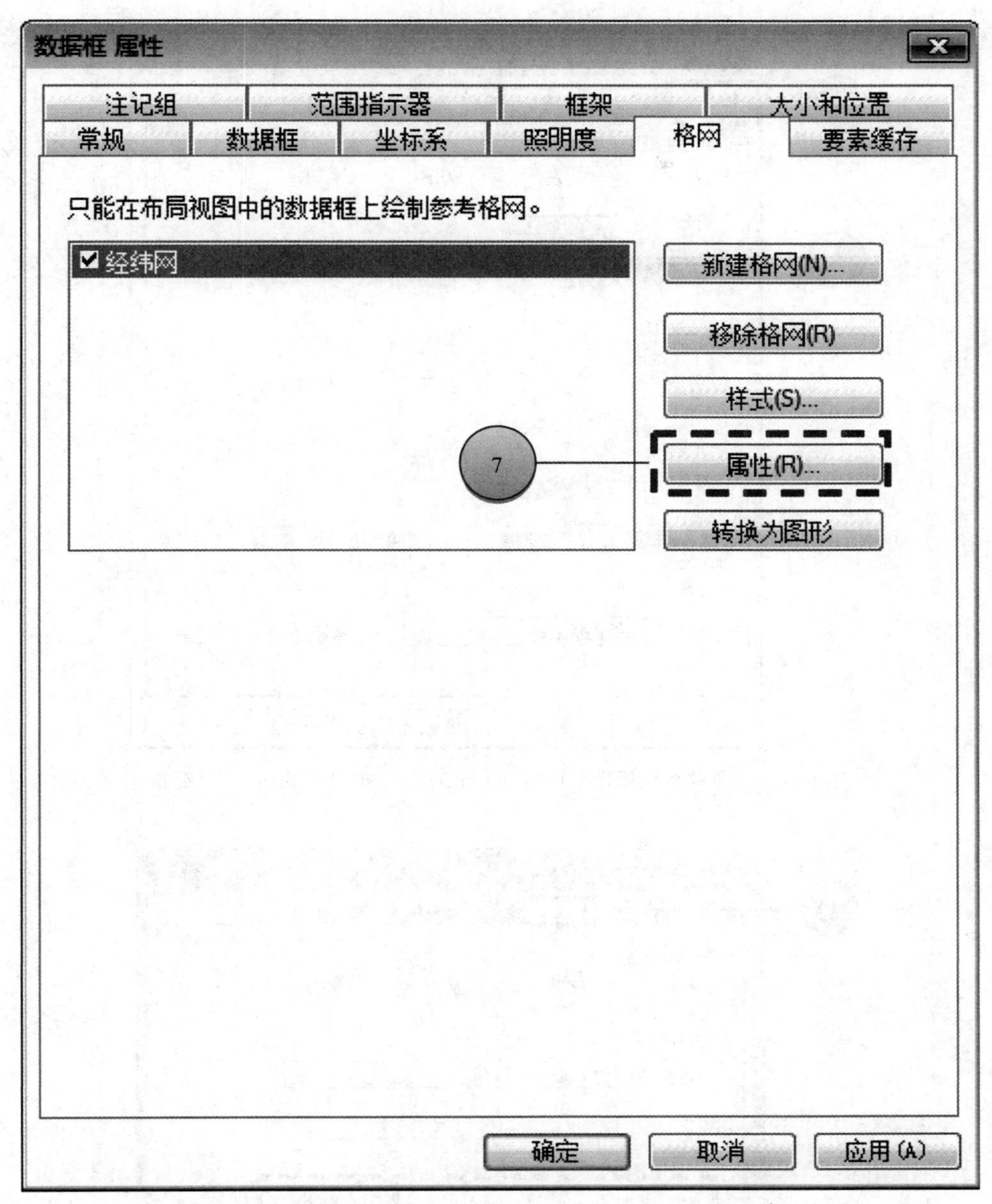

图 6.50 “数据框属性”（“Data Frame Properties”）窗口

⑧ 在“参考系统属性”（“Reference System Properties”）窗口中点击选中“轴”（“Axes”）选项卡；

⑨ 选中“显示数据框内部的刻度”（“Display ticks inside of the datafram”），如图 6.51 所示；

⑩ 在“参考系统属性”（“Reference System Properties”）窗口中点击选中“标注”（“Labels”）选项卡；

⑪ 将“大小：”（“Size：”）设置为“6”，将“标注偏移：”（“Label Offset：”）设置为“－6”磅；

⑫ 点击【其他属性…】（【Additional Properties …】）按钮，如图 6.52 所示；

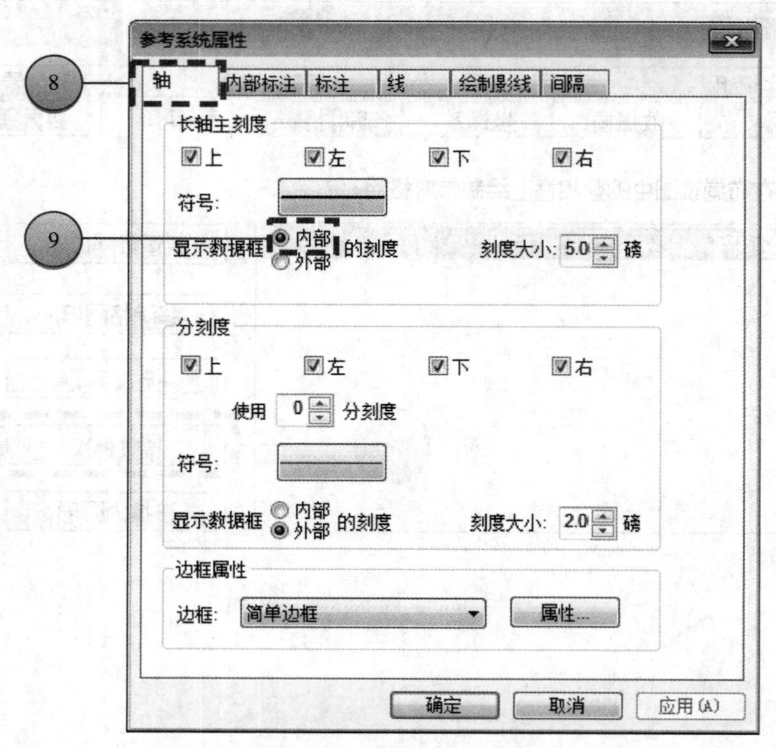

图 6.51 “参考系统属性”（“Reference System Properties”）窗口

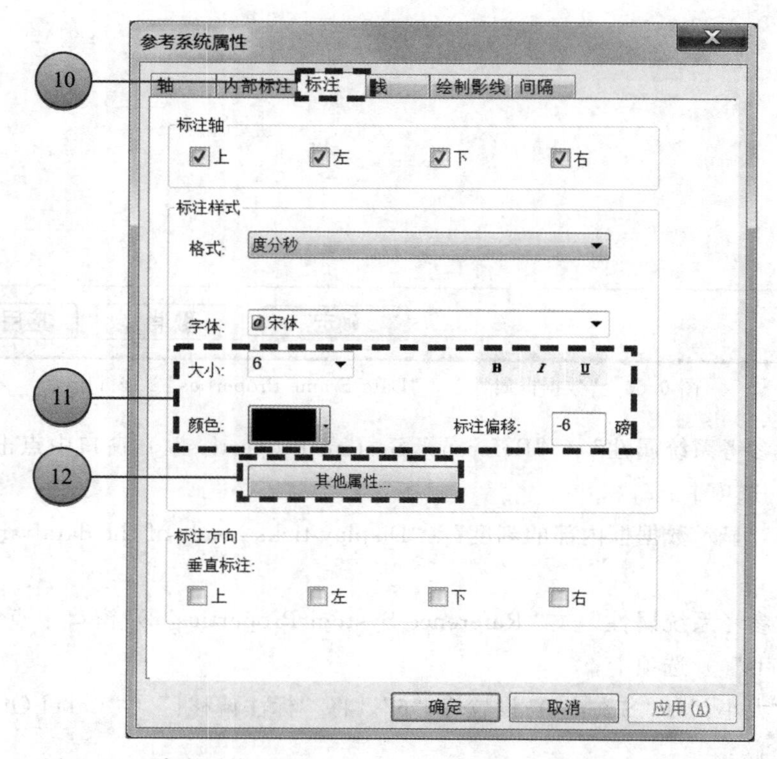

图 6.52 “参考系统属性”（“Reference System Properties”）窗口

⑬ 在“格网标注属性”（“Grid Label Properties”）窗口中，取消“显示零分”（“Show Zero Minutes”）选项；

⑭ 在“格网标注属性”（“Grid Label Properties”）窗口中，取消“显示零秒”（“Show Zero Seconds”）选项；

⑮ 点击“格网标注属性”（“Grid Label Properties”）窗口中的【确定】（【OK】）按钮，如图 6.53 所示；

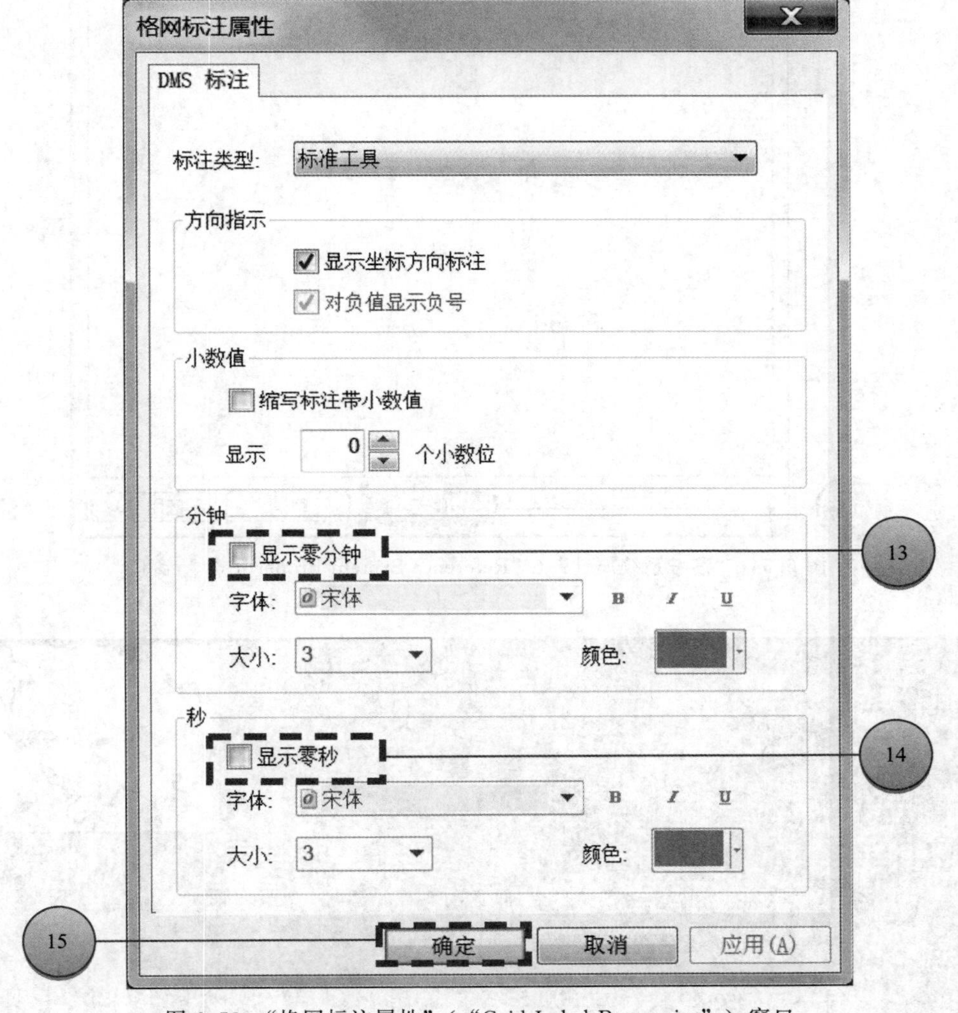

图 6.53 “格网标注属性”（“Grid Label Properties”）窗口

⑯ 在“参考系统属性”（“Reference System Properties”）窗口中点击选中“线”（“Lines”）选项卡；

⑰ 单击选中“不显示线和刻度”（“Do Not Show Lines or Ticks”）选项，如图 6.54 所示；

⑱ 点击【确定】（【OK】）按钮，如图 6.54 所示，设置后的格网效果如图 6.55 所示。

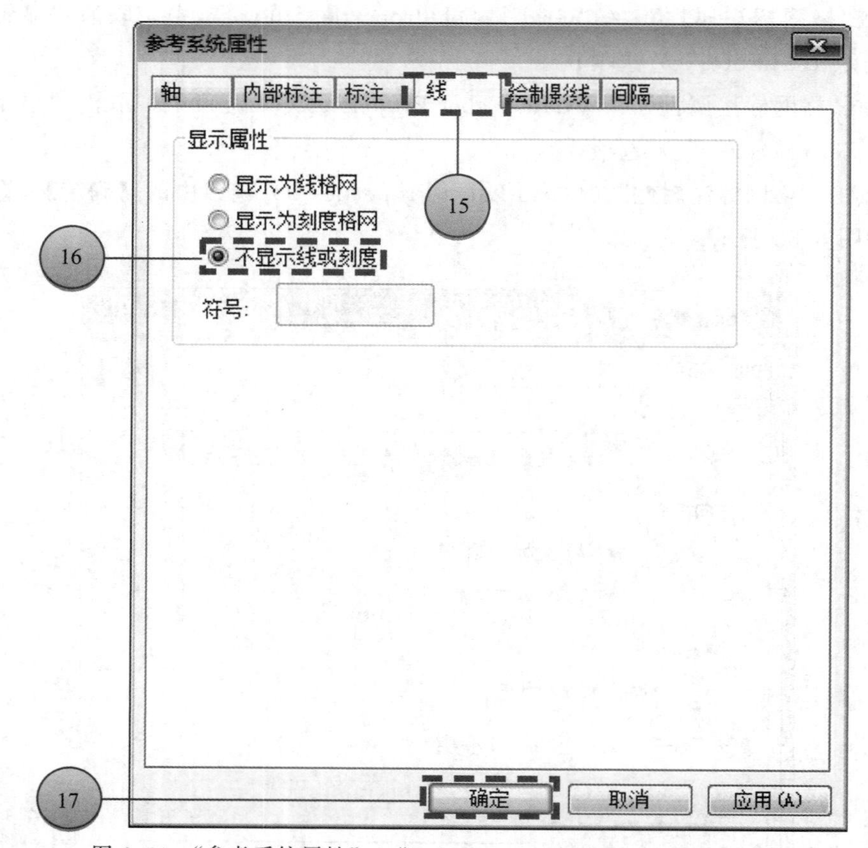

图 6.54 “参考系统属性”（“Reference System Properties”）窗口

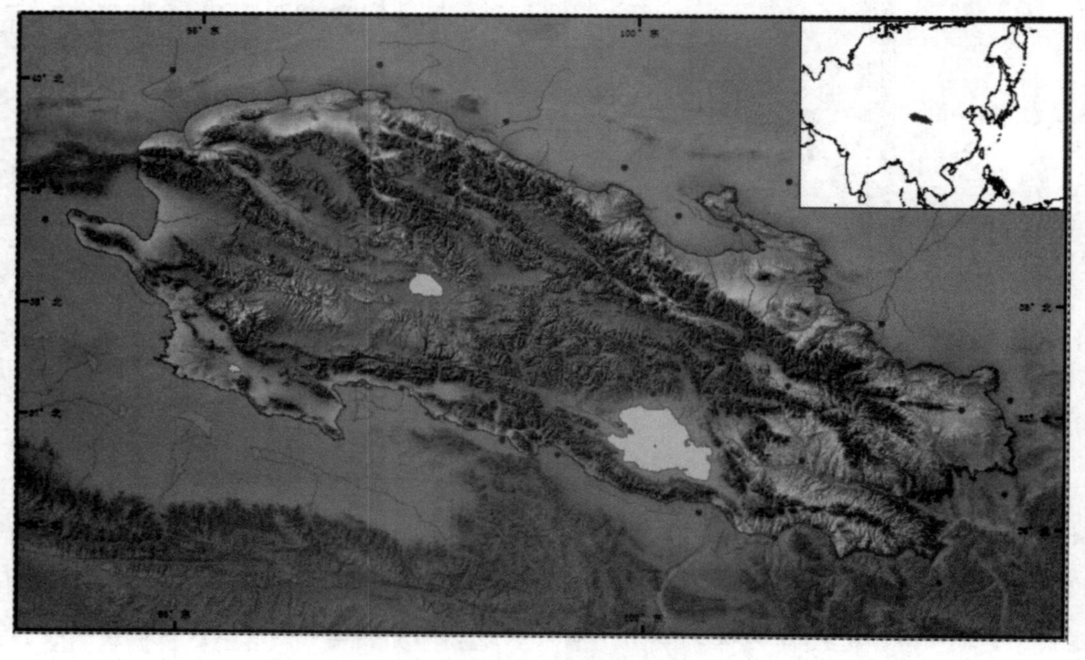

图 6.55 结果窗口

6.3 图例设置

名词解释：图例

图例是地图上各种地理要素的表示方式说明，图例往往是地图的必要构成要素，它有利于地图使用者使用地图。

实例 6-7 插入图例

① 点击菜单栏上的“插入（I）”（“Insert”）菜单；

② 在“插入（I）”（“Insert”）菜单的下拉菜单中单击【图例（L）…】（【Legend…】）菜单命令，如图 6.56 所示；

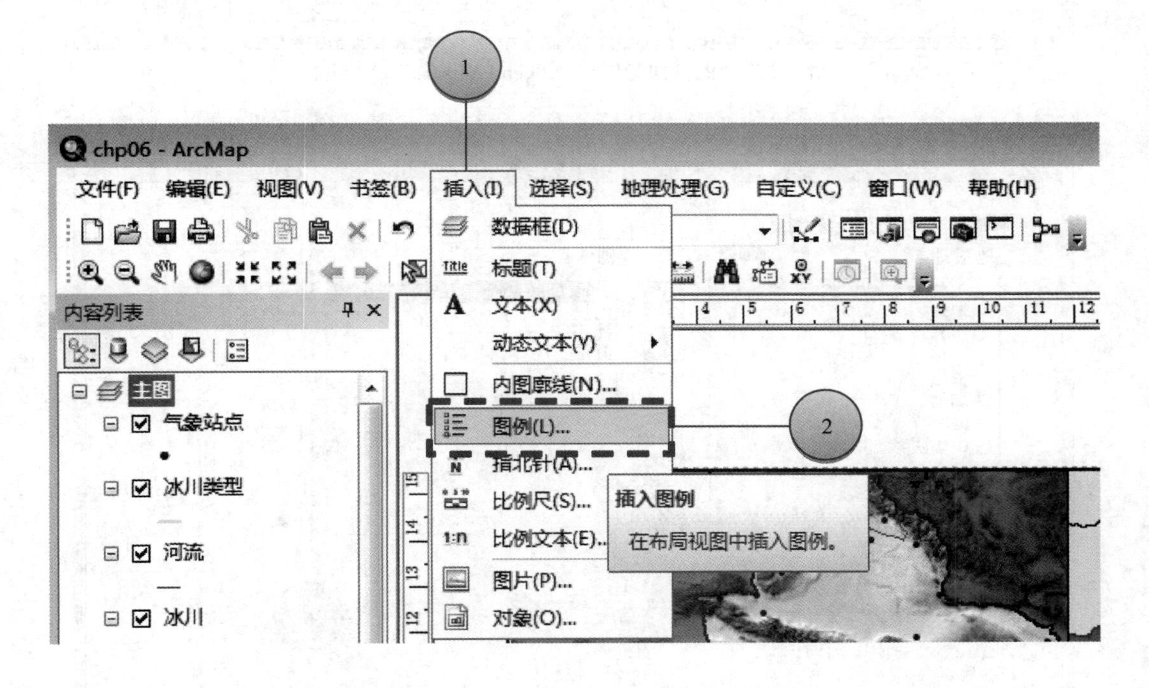

图 6.56 【图例（L）…】（【Legend…】）菜单命令

③ 在“图例向导”（“Legend Wizard”）窗口中“图例项”（“Legend Items”）中选择“边界”；

④ 点击移除按钮，如图 6.57 所示；

⑤ 重复③与④步，将“掩膜”、“DEM”、“山体阴影”等图例项删除；

⑥ 点击【下一步（N）>】（【Next】）按钮，如图 6.58 所示；

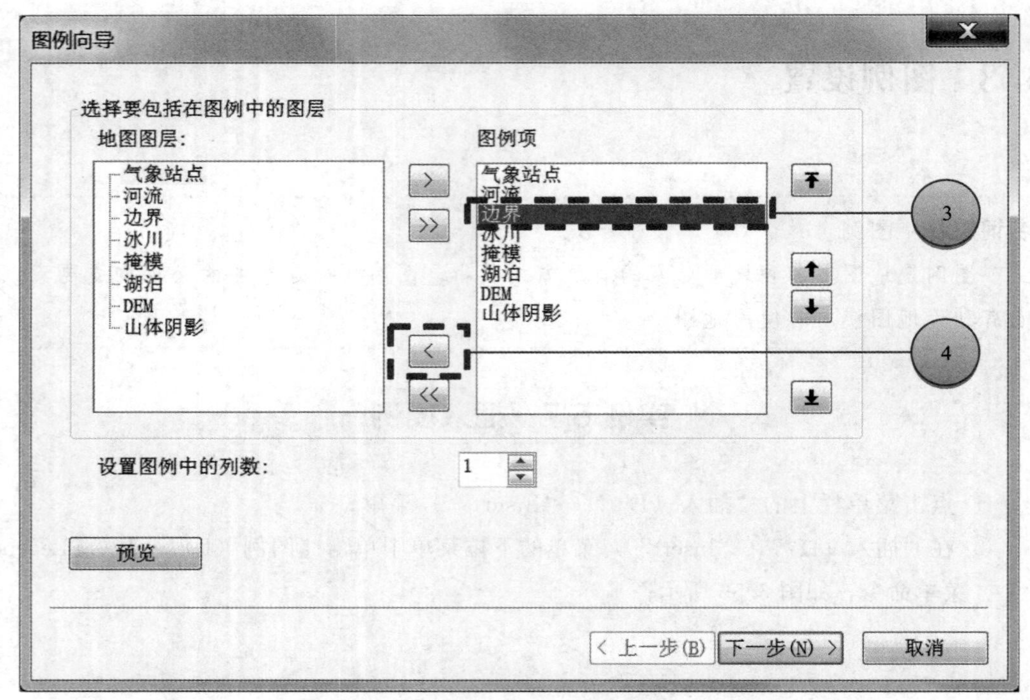

图 6.57 “图例向导”（“Legend Wizard”）窗口

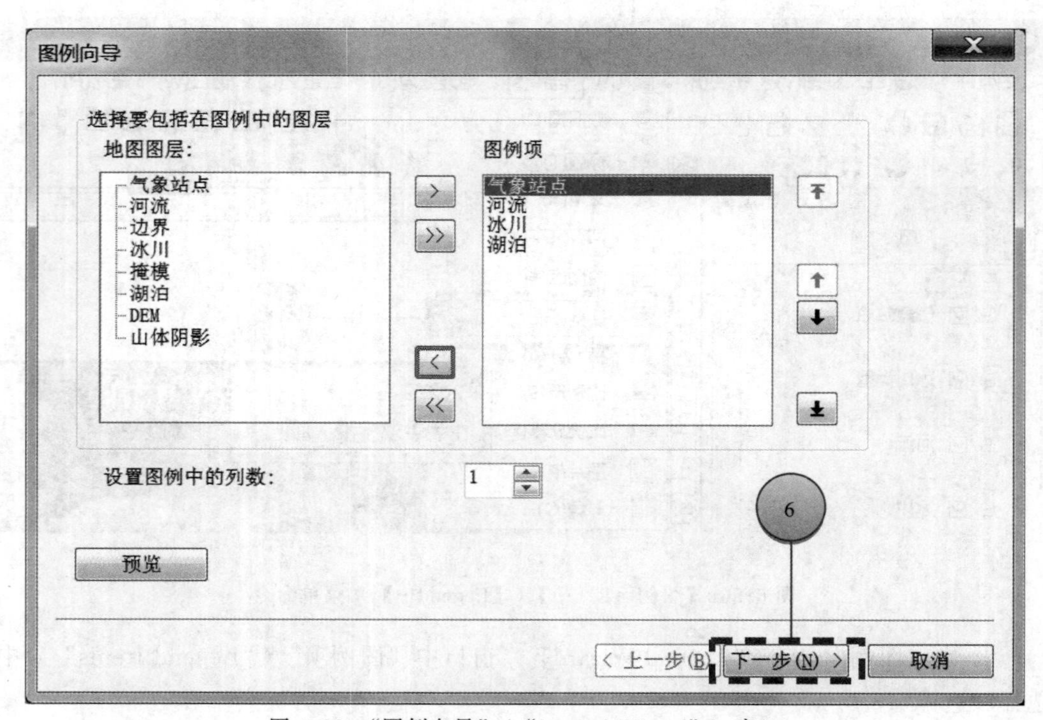

图 6.58 “图例向导”（“Legend Wizard”）窗口

⑦ 点击【下一步（N）〉】（【Next】）按钮，如图 6.59 所示；

⑧ 点击【下一步（N）〉】（【Next】）按钮，如图 6.60 所示；

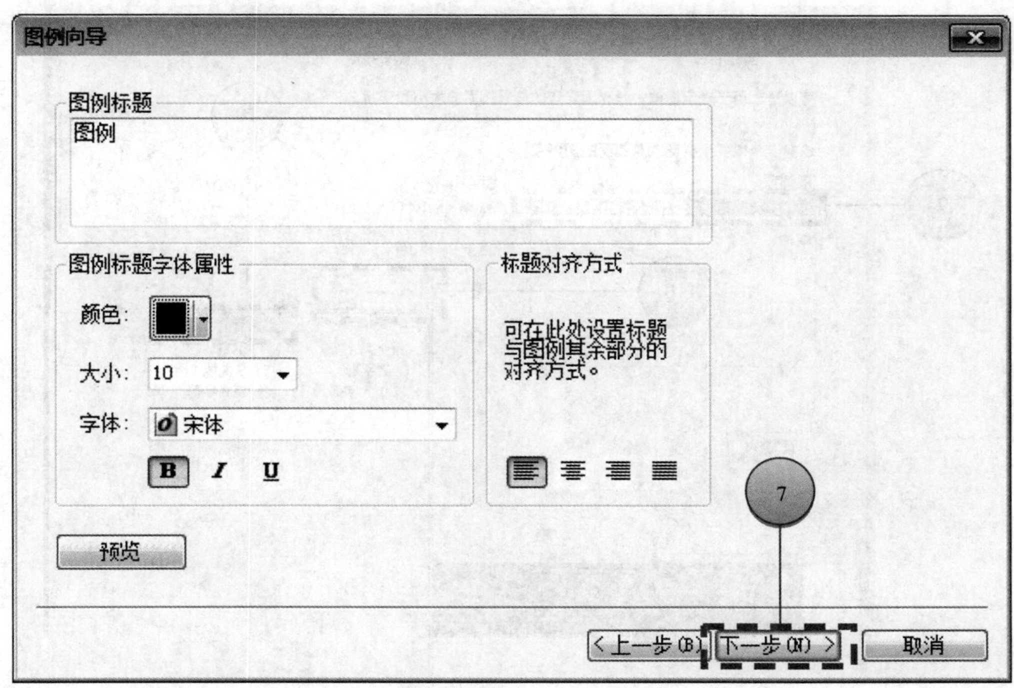

图 6.59 “图例向导”（“Legend Wizard”）窗口

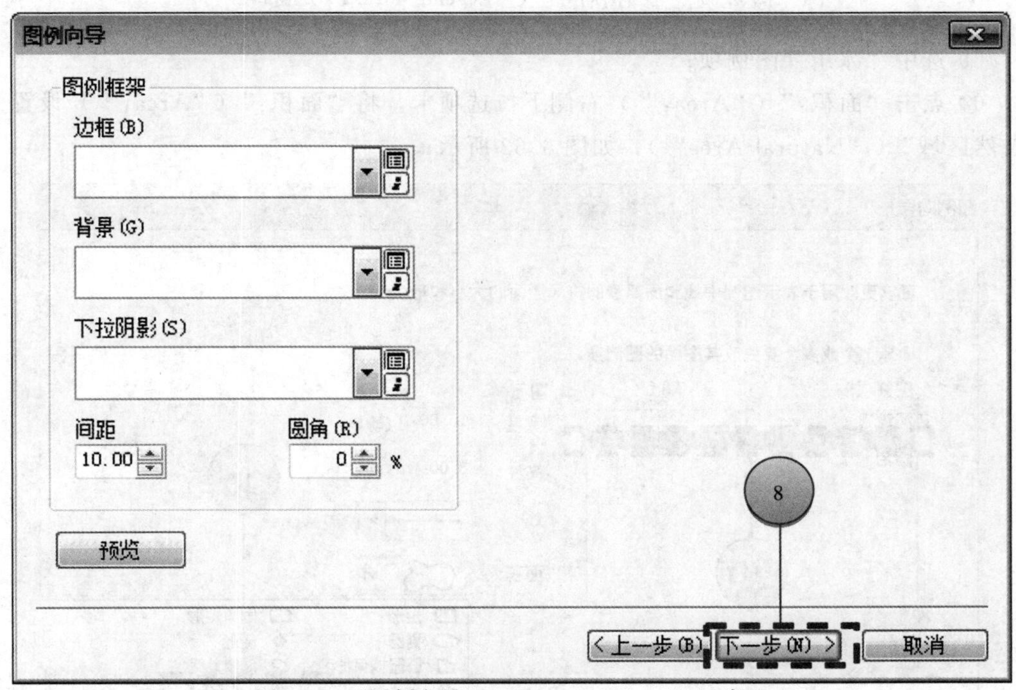

图 6.60 “图例向导”（“Legend Wizard”）窗口

⑨ 选中“河流”图例项；

⑩ 点击“线:”（“Line:”）右侧下拉选项卡，将“线:”（“Line:”）设置为“流水”（“Flowing Water”），如图 6.61 所示；

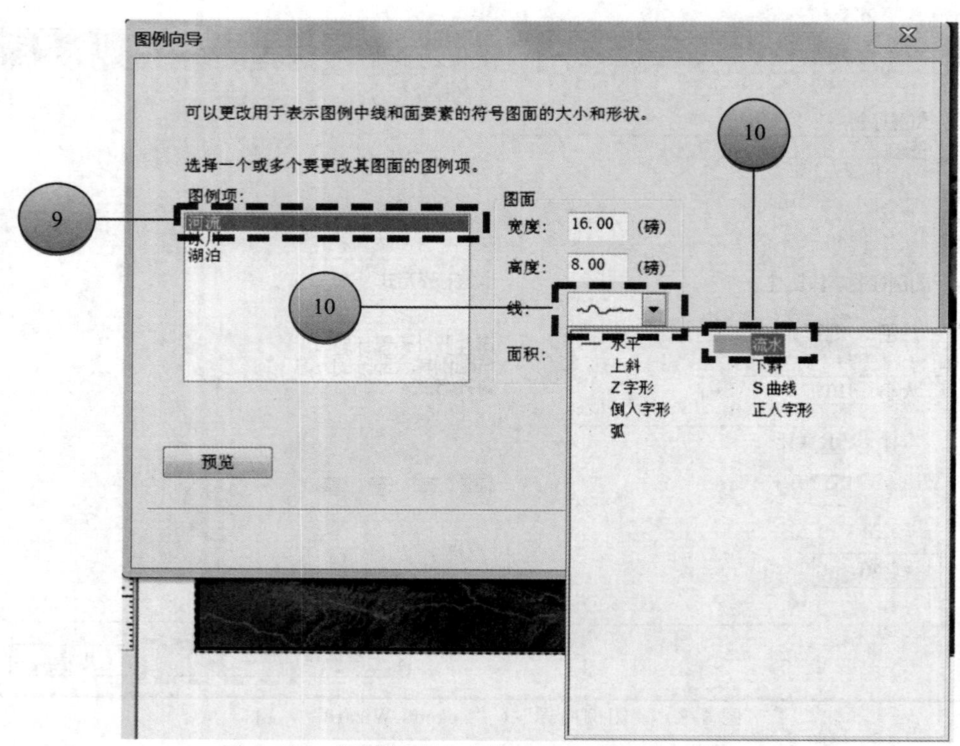

图 6.61 “图例向导”（“Legend Wizard”）窗口

⑪ 选中“冰川”图例项；

⑫ 点击“面积:”（“Area:”）右侧下拉选项卡，将“面积:”（“Area:”）设置为“自然区域”（“Natural Area”），如图 6.62 所示；

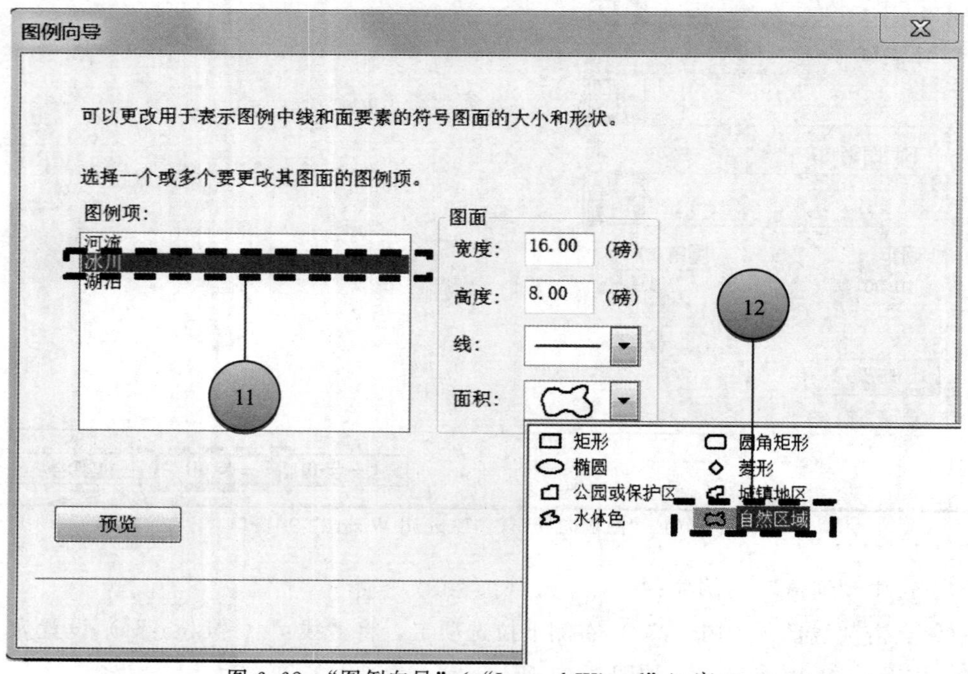

图 6.62 “图例向导”（“Legend Wizard”）窗口

⑬ 点击【下一步（N）〉】（【Next】），如图 6.63 所示；

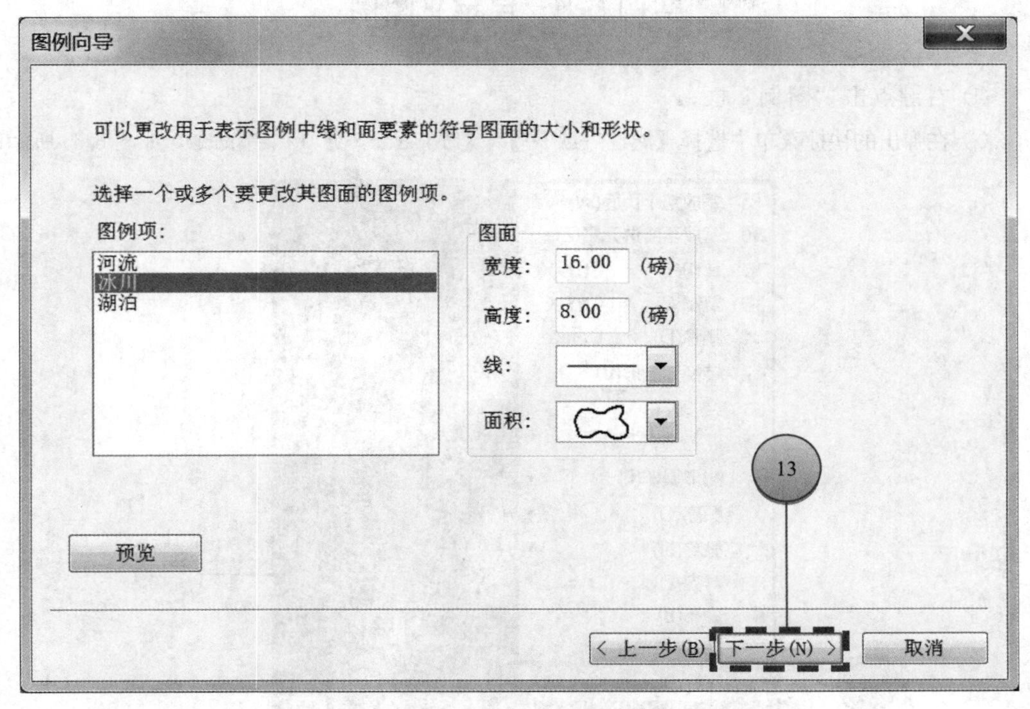

图 6.63 “图例向导”（“Legend Wizard”）窗口

⑭ 点击【完成】（【Finish】）按钮，如图 6.64 所示。

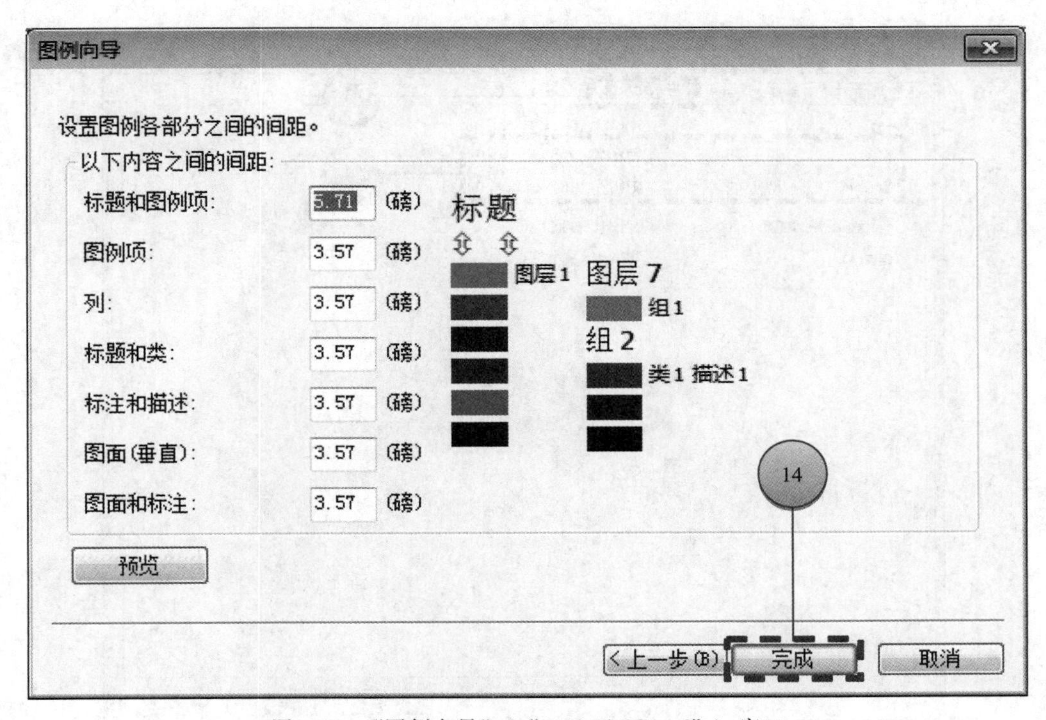

图 6.64 “图例向导”（“Legend Wizard”）窗口

实例 6-8　自定义图例

① 右键点击“图例”框；

② 在弹出的快捷菜单中选择【属性（I）…】（【Properties…】）菜单命令，如图 6.65 所示；

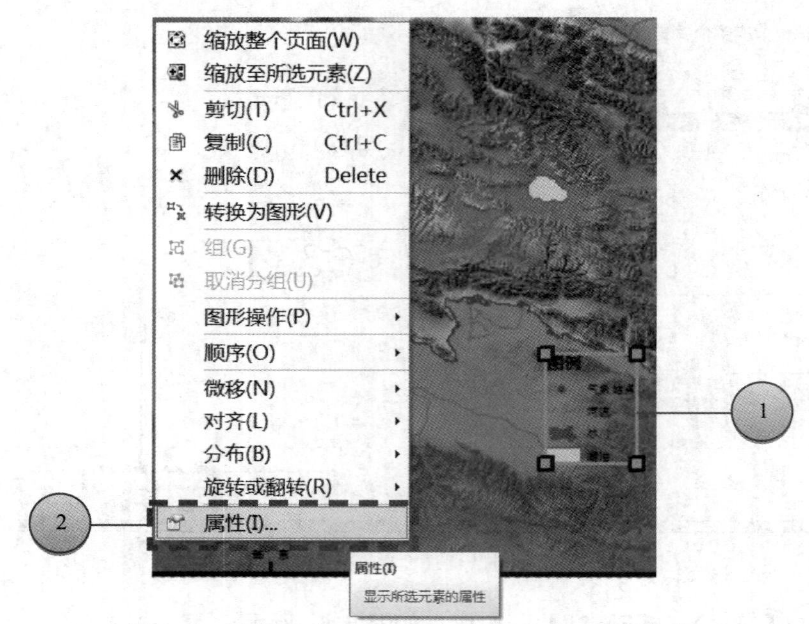

图 6-65　【属性（I）…】（【Properties…】）菜单命令

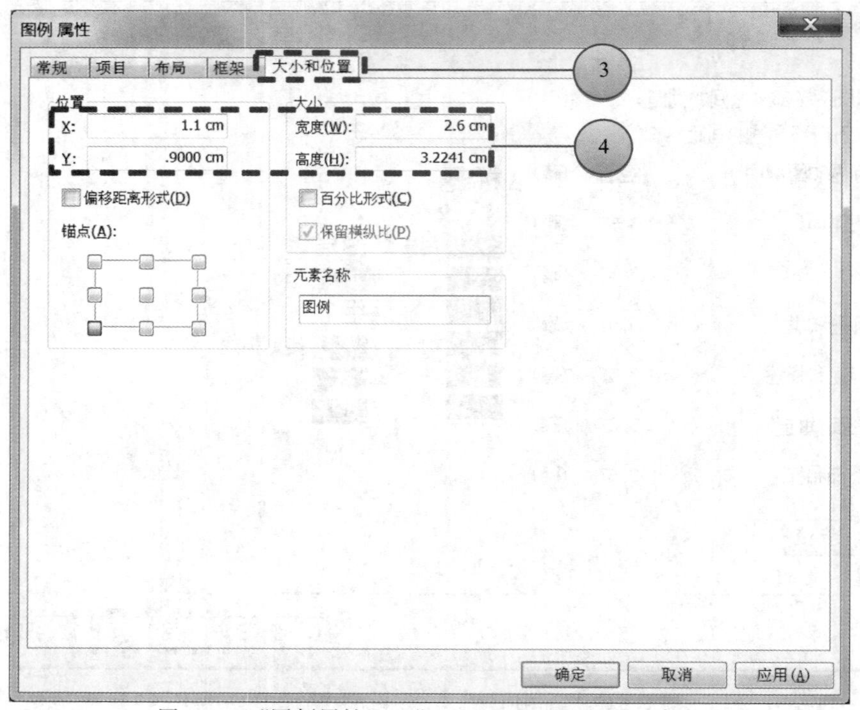

图 6.66　“图例属性”（“Legend Properties”）窗口

③ 点击选中“大小和位置”（“Size and Position”）选项卡；

④“X：”设置为“1.1cm”，“Y：”设置为“0.9cm”，“宽度”（“Width：”）设置为“2.6cm”，“高度（H）：”（“Height：”）设置为“3.2241cm”，如图 6.66 所示；

⑤ 点击选中“框架”（“Frame”）选项卡；

⑥ 在“背景”（“Background”）下拉菜单中选择“黄色”（“Yellow”）；

⑦“间距”（“Gap”）设置为：“X”：5 磅，“Y”：5 磅；

⑧ 单击【确定】（【OK】）按钮，如图 6.67 所示，最终图例效果如图 6.68 所示。

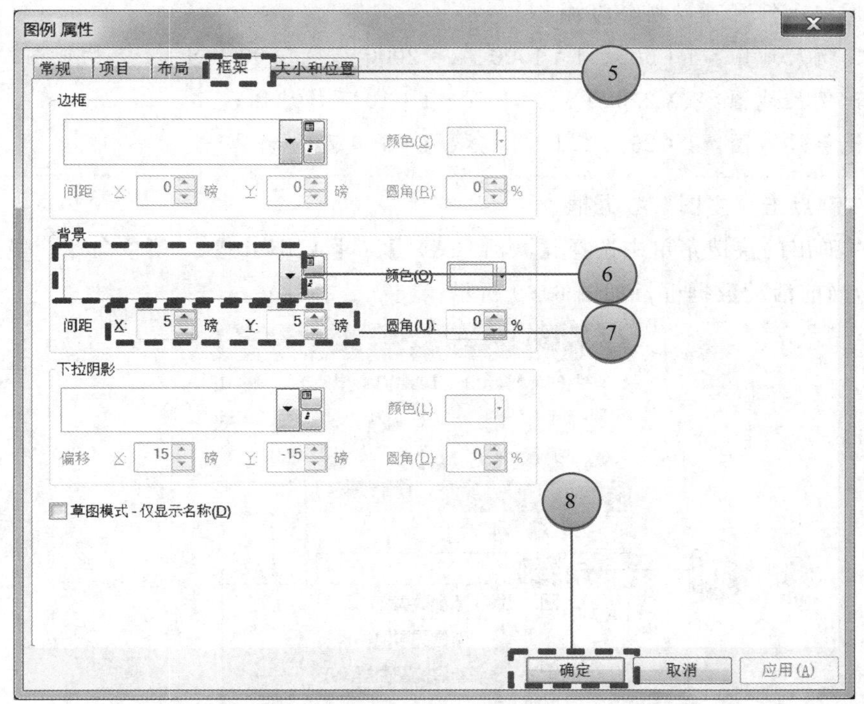

图 6.67 “图例属性”（“Legend Properties”）窗口

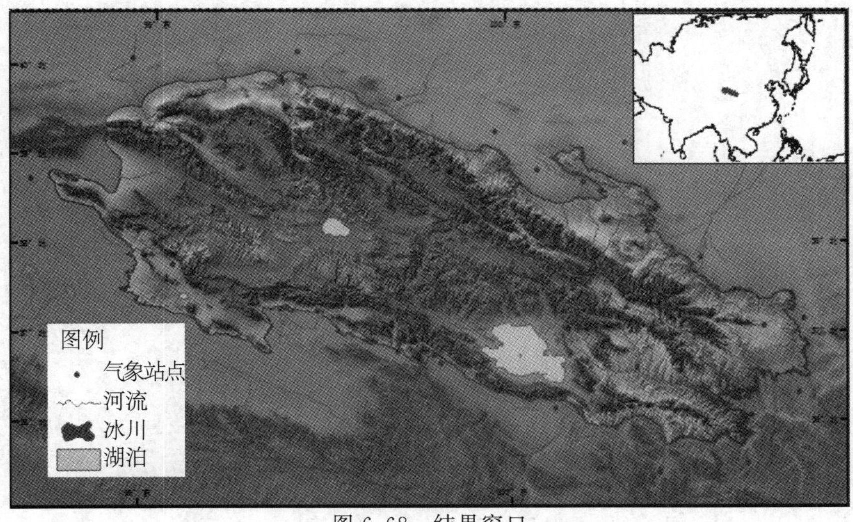

图 6.68 结果窗口

实例 6-9　比例尺设置

名词解释： 比例尺

比例尺可以简单理解为图上一条线段的长度与地面相应线段的实际长度之比。比例尺有三种表示方法：数值比例尺、图示比例尺和文字比例尺。在建筑和工程部门，地图按比例尺可以划分为：

大比例尺地图：1∶500、1∶1000、1∶2000、1∶5000 和 1∶1 万的地图；

中比例尺地图：1∶2.5 万、1∶5 万、1∶10 万的地图；

小比例尺地图：1∶25 万、1∶50 万、1∶100 万的地图。

① 右键点击“主图”数据框；

② 在弹出的快捷菜单中选择【激活（A）】（【Activate】）菜单命令，使“主图”数据框为当前活动数据框，如图 6.69 所示；

图 6.69　【激活（A）】（【Activate】）菜单命令

③ 在“标准工具”（“Standard”）栏的比例尺设置处输入“1∶5，362，719”，回车确定，如图 6.70 所示；

图 6.70 “标准工具”栏

④ 重复①～③步，将“亚洲 ”数据框的比例尺都设置为“1∶300，000，000”；

⑤ 激活不同的数据框，通过平移工具将各个图层拖放至如图 6.71 所示的位置；

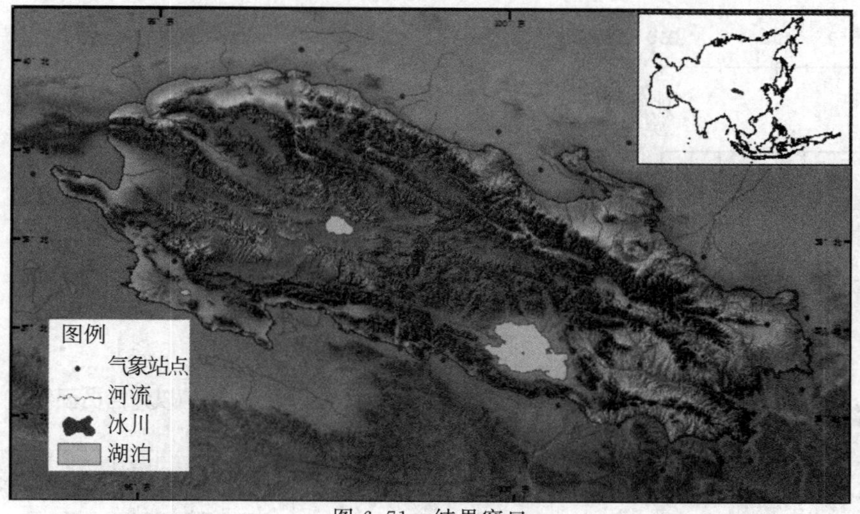

图 6.71 结果窗口

⑥ 如步骤①与②激活“主图”数据框；

⑦ 点击菜单栏上的“插入（I）”（“Insert”）菜单；

⑧ 在“插入（I）”（“Insert”）菜单的下拉菜单中单击【比例尺（S）…】（【Scale Bar…】）菜单命令，如图 6.72 所示；

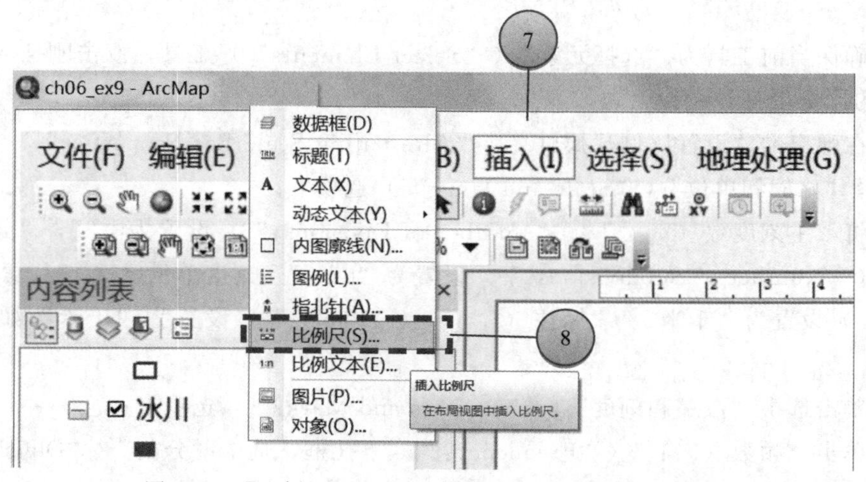

图 6.72 【比例尺（S）…】（【Scale Bar…】）菜单命令

⑨ 在“比例尺选择器”（“Scale Bar Selector”）窗口中选择“黑白相间比例尺 2”（“Alternating Scale Bar 2”）；

⑩ 单击【确定】（【OK】）按钮，如图 6.73 所示；

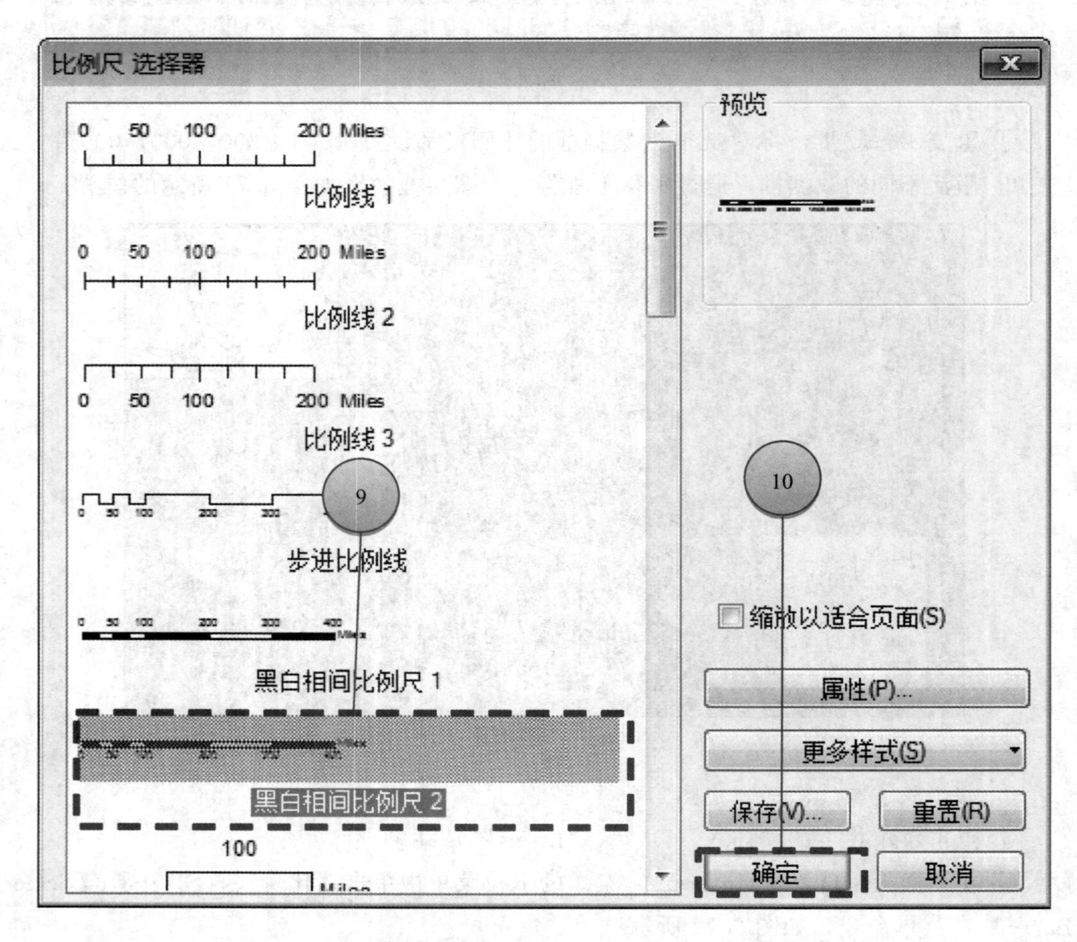

图 6.73 “比例尺选择器”（“Scale Bar Selector”）窗口

⑪ 确保当前工具为“选择元素”（“Select Elements”）工具，双击刚插入到布局窗口中的比例尺符号；

⑫ 在弹出的“设置比例尺属性”（“Alternating Scale Bar Properties”）窗口中，单击选择“比例和单位”（“Scale and Units”）选项卡；

⑬ 将“主刻度数（V）：”（“Number of Divisions:”）设置为“2”，“分刻度数（S）：”（“Number of Subdivisions:”）设置为“0”，“主刻度单位（D）：”（“Division Units:”）设置为“千米”，“标注（L）：”（“Label:”）设置为“千米”如图 6.74 所示；

⑭ 单击选中“数字和刻度”（“Numbers and Marks”）选项卡；

⑮ 单击“频数（F）：”（“Frequency:”）下拉框，选中“分割”（“Divisions”），如图 6.75 所示；

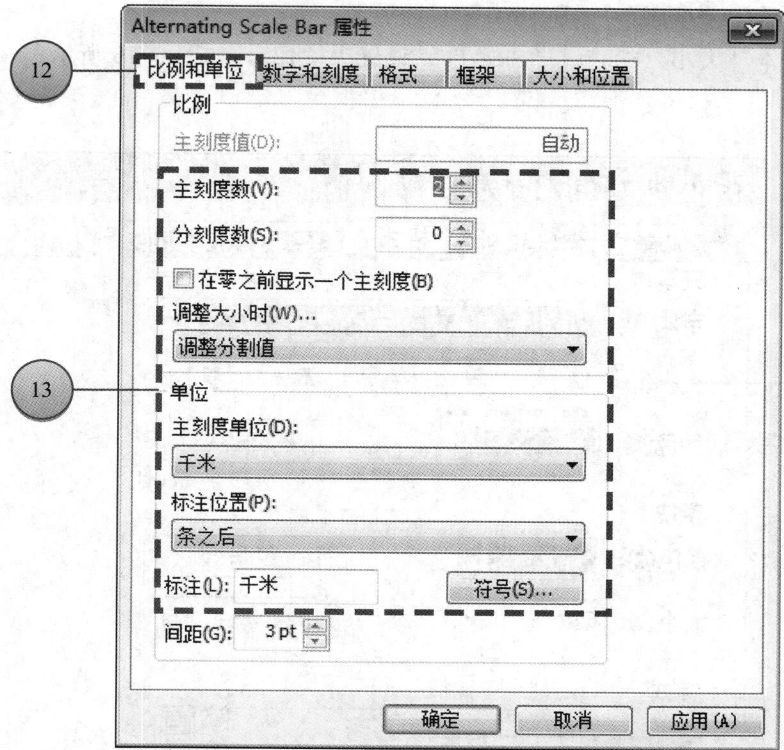

图 6.74 “比例和单位”（“Scale and Units”）选项卡

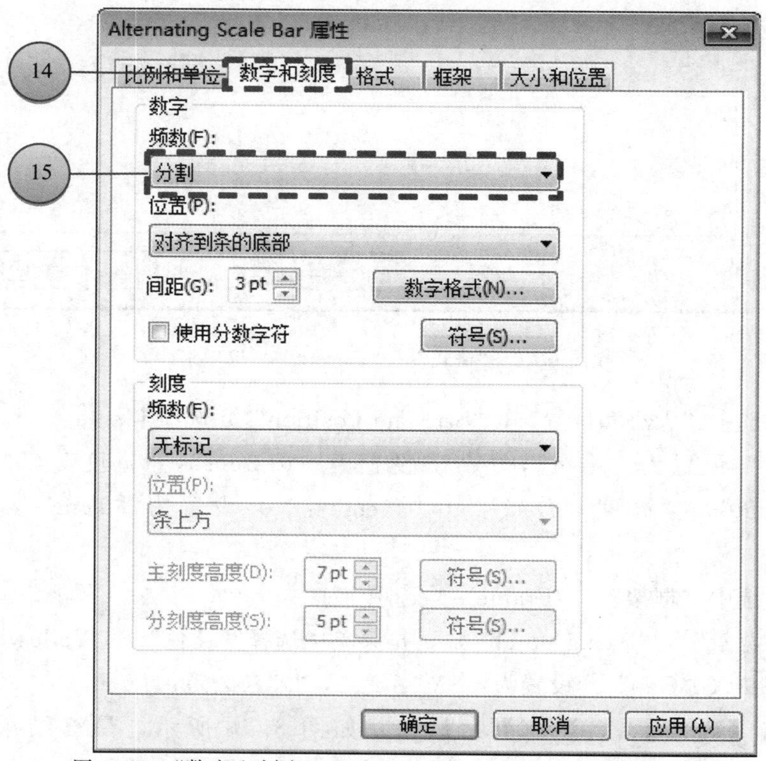

图 6.75 “数字和刻度”（“Numbers and Marks”）选项卡

⑯ 单击选中“格式”（“Format”）选项卡；

⑰ 将文本“大小（S）：”（“Size：”）设置为“12”，如图 6.76 所示；

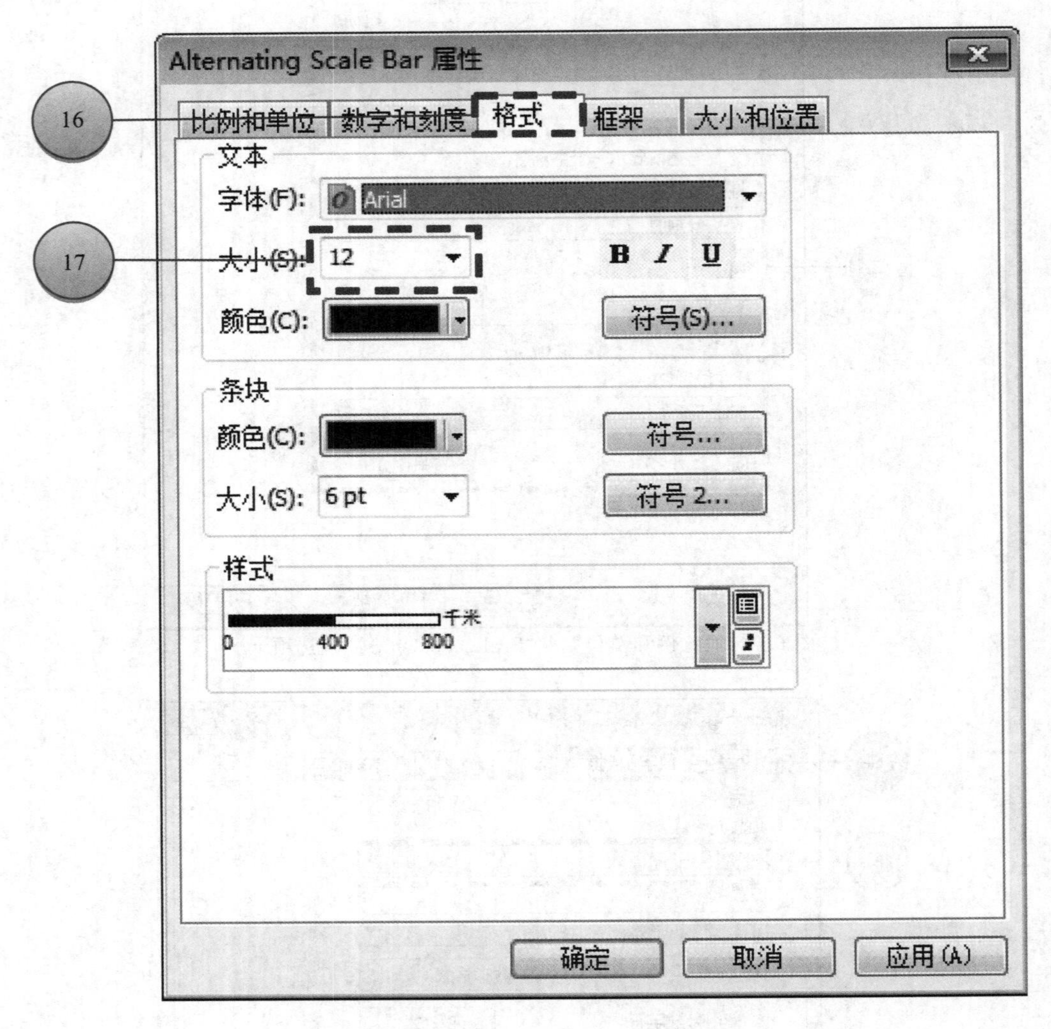

图 6.76 “格式”（“Format”）选项卡

⑱ 单击选中“大小和位置”（“Szie and Position”）选项卡；

⑲“*X*：”设置为“6cm”，“*Y*：”设置为“0.8cm”，“宽度”（“Width：”）设置为“5cm”，“高度（*H*）”（“Height：”）设置为“1cm”，如图 6.77 所示；

⑳ 点击选中“框架”（“Frame”）选项卡；

㉑ 在“背景”（“Background”）下拉菜单中选择“黄色”（“Yellow”）；

㉒“间距”（“Gap”）设置为：“*X*”：2 磅，“*Y*”：2 磅；

㉓ 单击【确定】（【OK】）按钮，如图 6.78 所示，最终结果如图 6.79 所示；

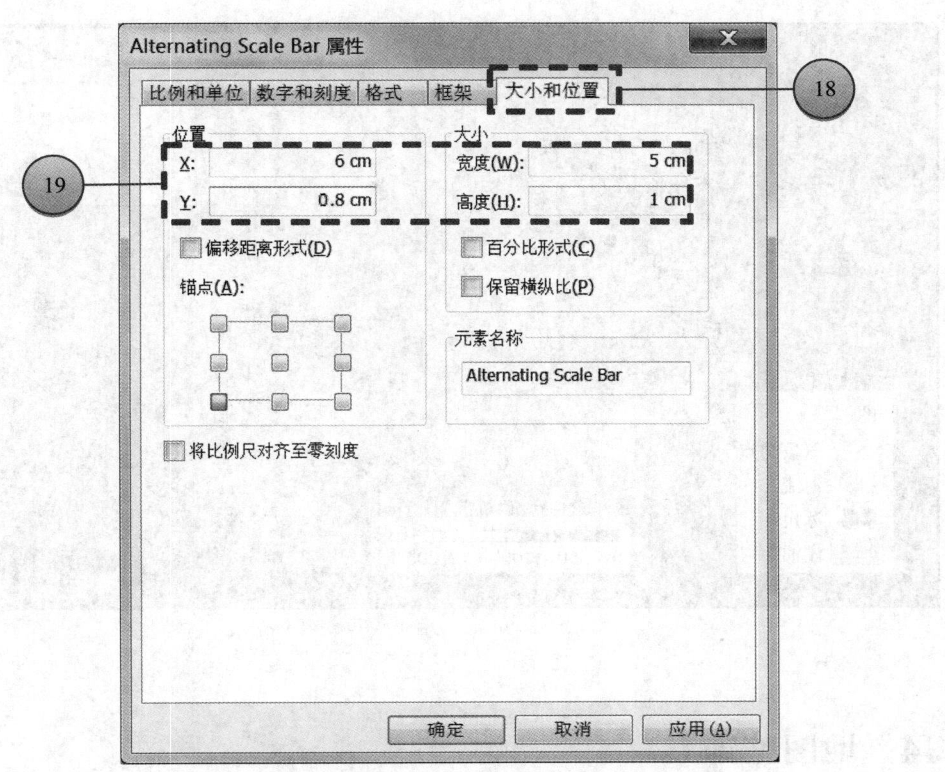

图 6.77 “大小和位置”（“Size and Position”）选项卡

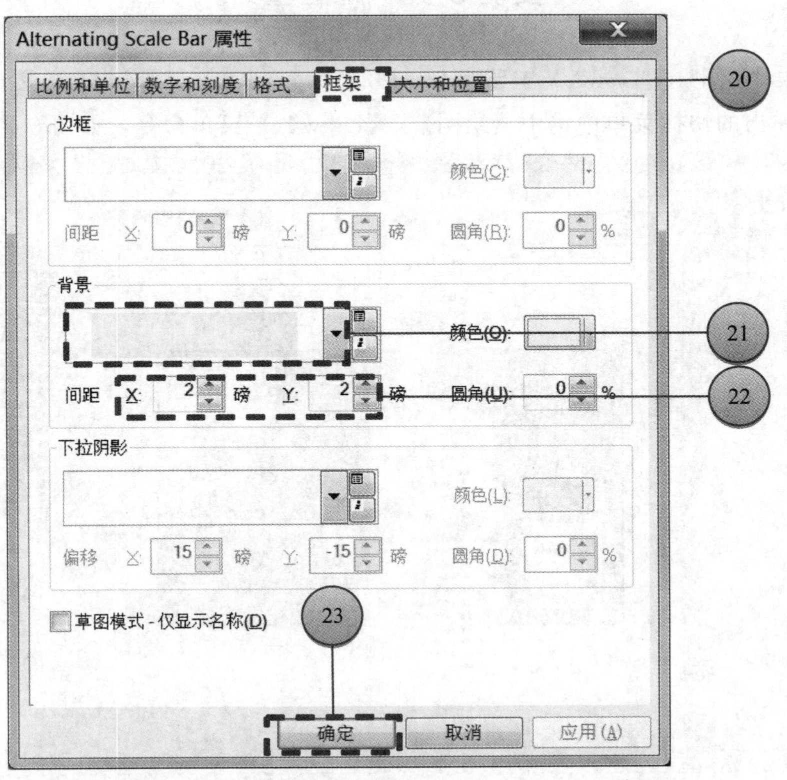

图 6.78 “图例属性”（“Legend Properties”）窗口

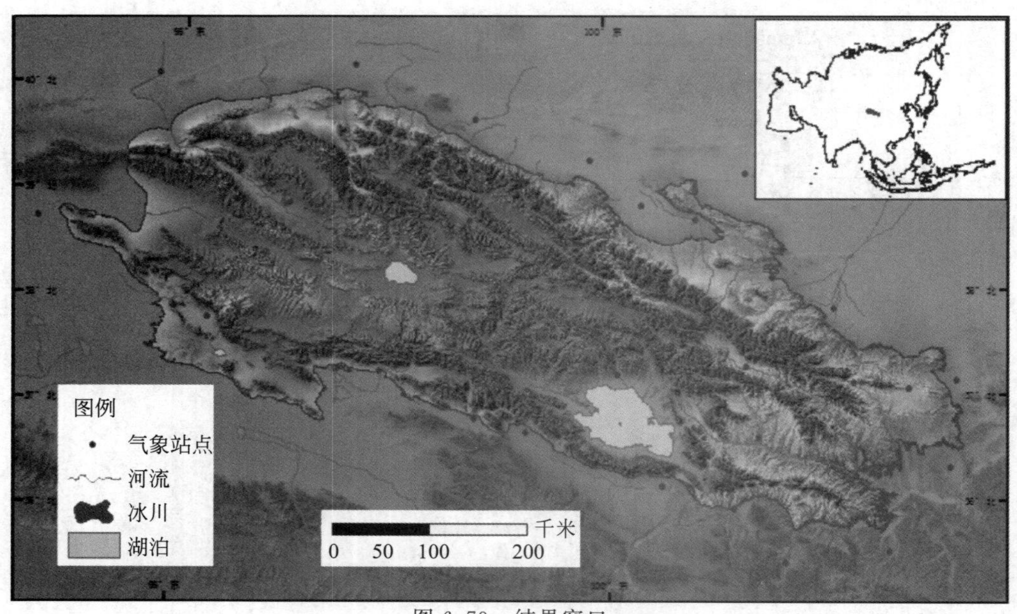

图 6.79　结果窗口

6.4　地图整饰

实例 6-10　地图整饰

① 如果“绘图”（“Draw”）工具栏已经打开，跳过该步骤，否则右键点击菜单栏的空白处；

② 在弹出的快捷菜单中选中【绘图】（【Draw】）菜单命令，如图 6.80 所示；

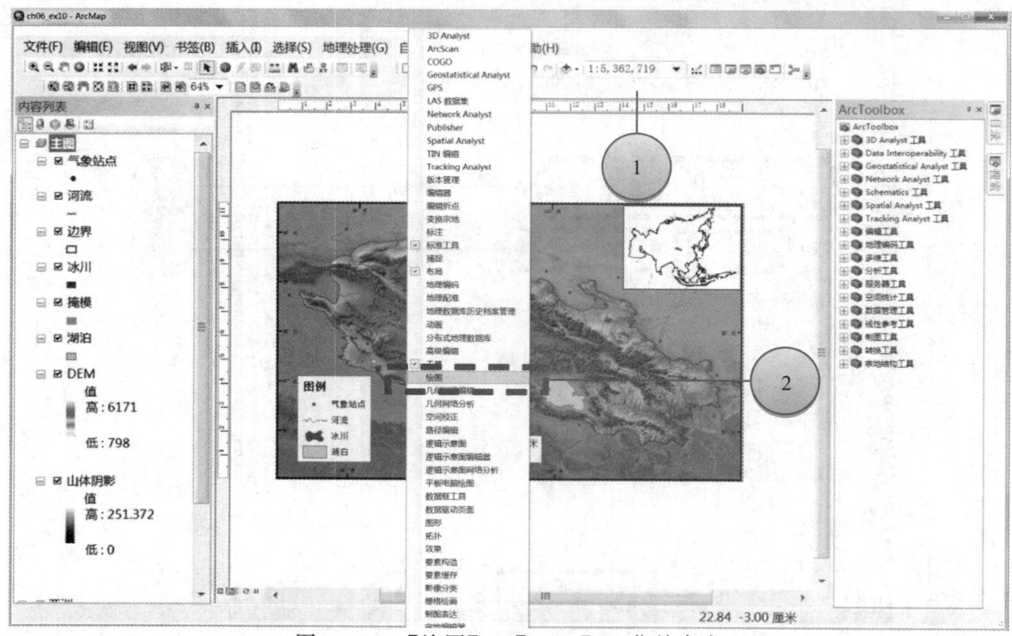

图 6.80　【绘图】（【Draw】）菜单命令

③ 在“绘图”（“Draw”）工具栏上点击选中“文本”（“Text”）图标，如图 6.81 所示；

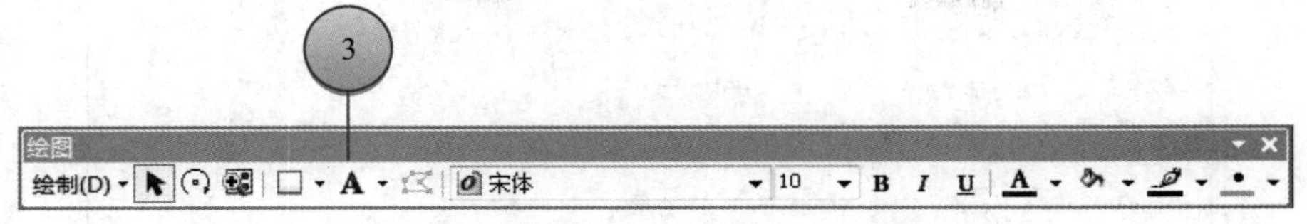

图 6.81 “文本”（“Text”）图标

④ 在地图右上角亚洲地图上单击鼠标，在地图其他位置再次单击后，再在地图上刚出现的“文本”两个字上双击；

⑤ 在文本“属性”（“Properties”）窗口中的文本区输入“亚洲”；

⑥ 单击文本“属性”（“Properties”）窗口中的【更改符号（C）…】（【Change Symbol…】）按钮，如图 6.82 所示；

图 6.82 文本“属性”（“Properties”）窗口

⑦ 在弹出的“符号选择器”（“Symbol Selector”）窗口中将字体“大小（S）：”（“Size：”）设置为“10”；

⑧ 单击“符号选择器”（“Symbol Selector”）窗口中的【确定】（【OK】）按钮，如图 6.83 所示；

⑨ 在“属性”（“Properties”）窗口中将“字符间距”（“Character Spacing”）设置为 100；

⑩ 单击文本“属性”（“Properties”）窗口中的【确定】（【OK】）按钮，如图 6.84 所示；

⑪ 通过拖拽将文本放置在如图 6.85 所示位置；

⑫ 点击“绘图”（“Draw”）工具栏上“文本”（“Text”）图标右侧的下

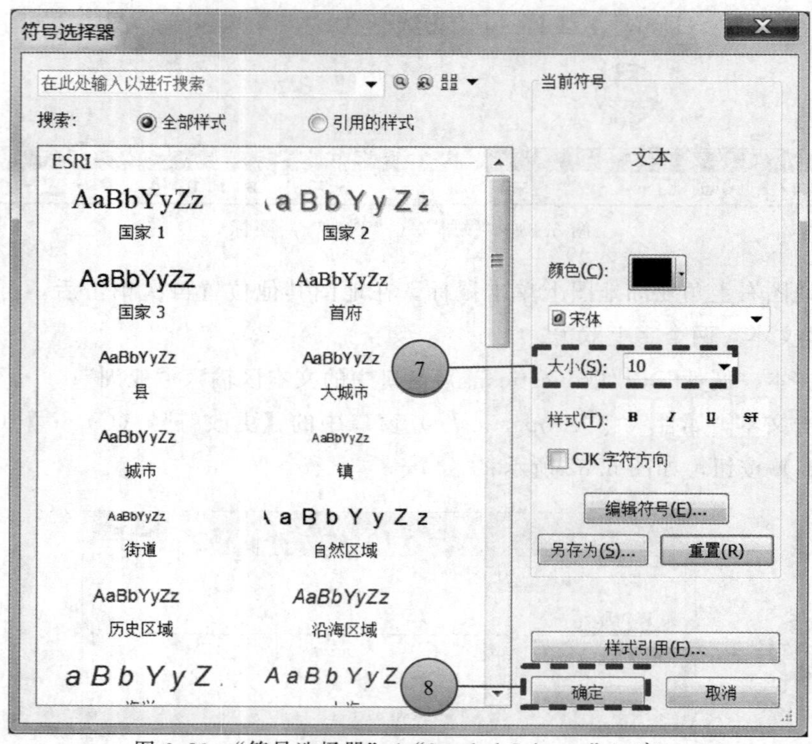

图 6.83 “符号选择器”（“Symbol Selector”）窗口

拉箭头；

⑬ 在下拉框里选择【注释】(【Callout】）菜单命令，如图 6.86 所示；

⑭ 点击右上角亚洲地图的红色区域（祁连山区），删除已有文字，输入“研究区”；

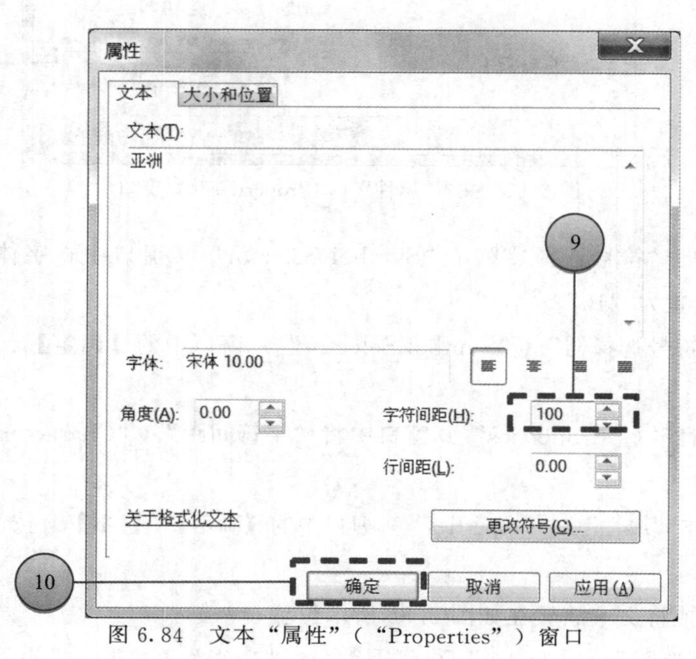

图 6.84 文本“属性”（“Properties”）窗口

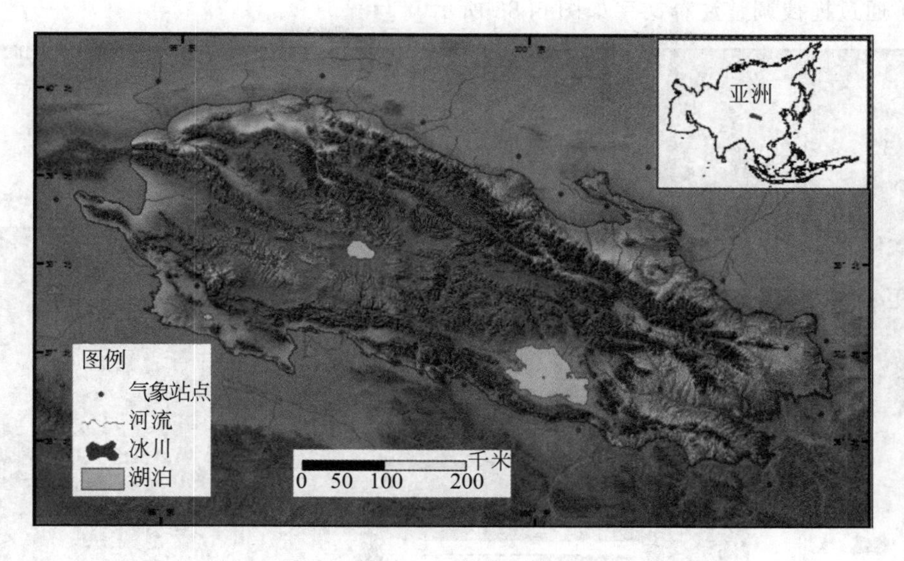

图 6.85 文本位置

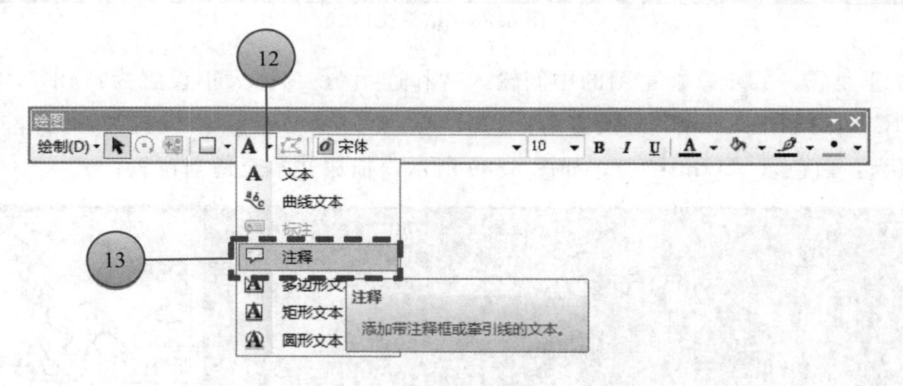

图 6.86 “绘图”（“Draw”）工具栏

⑮ 点击“绘图”（“Draw”）工具栏上“填充颜色”（“Fill Color”）图标右侧的下拉箭头；

⑯ 在下拉框里选择“无颜色”（“No Color”），如图 6.87 所示；

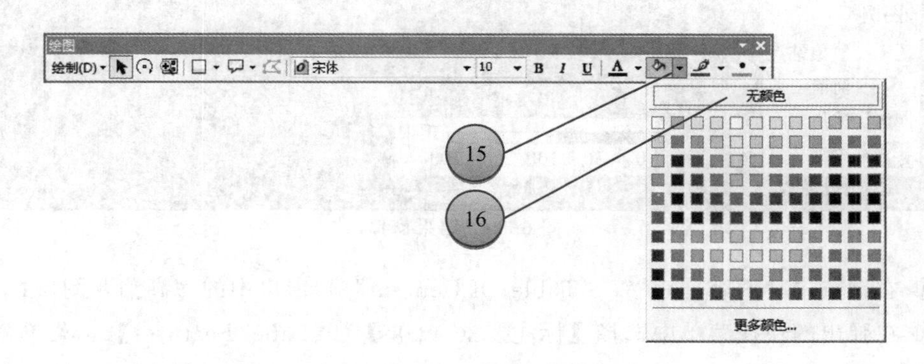

图 6.87 “绘图”（“Draw”）工具栏

⑰ 通过拖拽调整注释文字如图 6.88 所示。

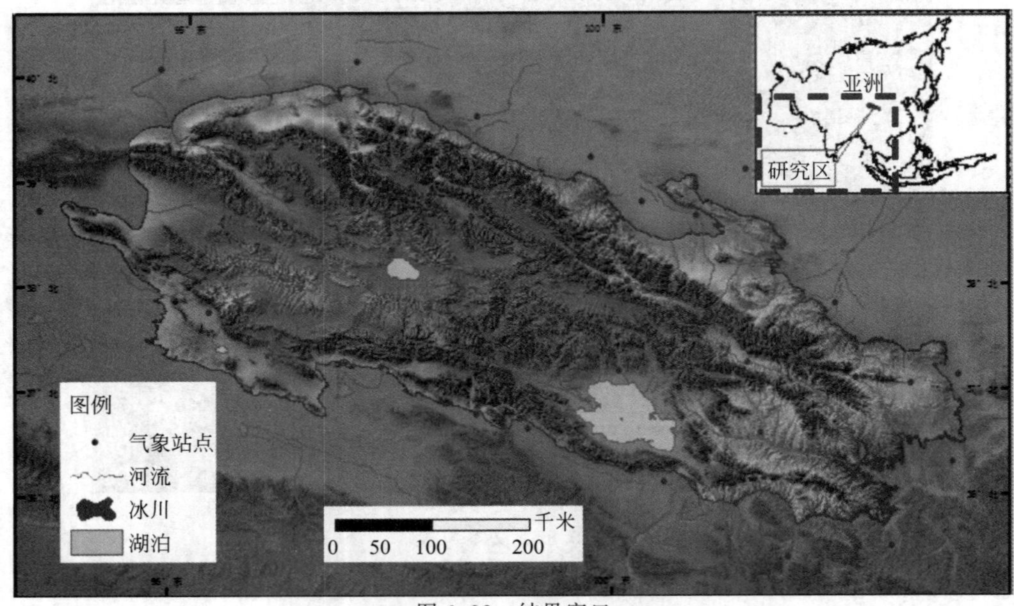

图 6.88 结果窗口

⑱ 重复③～⑪步，在主图的中间输入“祁连山”，字体大小设置为：48，“字符间距”（“Character Spacing”）设置为：200，“角度”（“Angle”）设置为：340，字体颜色设置为：白色（“White”），如图 6.89 所示，拖放文本至适当位置；

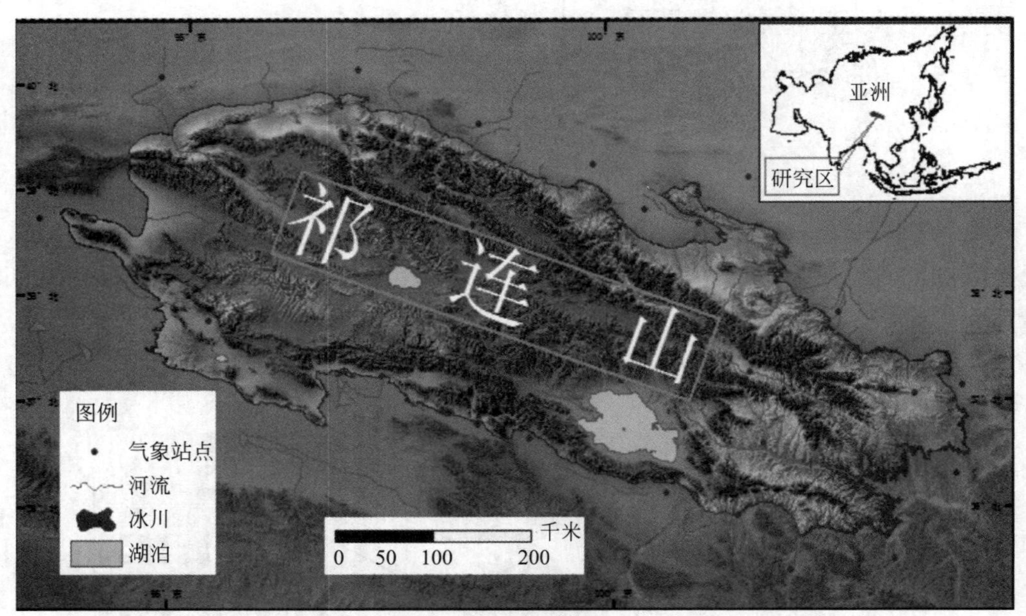

图 6.89 结果窗口

⑲ 右键点击“内容列表”（“Table Of Content”）窗口中的“湖泊”图层；

⑳ 在弹出的快捷菜单中选择【标注要素（L）】（【Label Features】）菜单命令以标注湖泊名称，如图 6.90 所示，结果如图 6.91 所示。

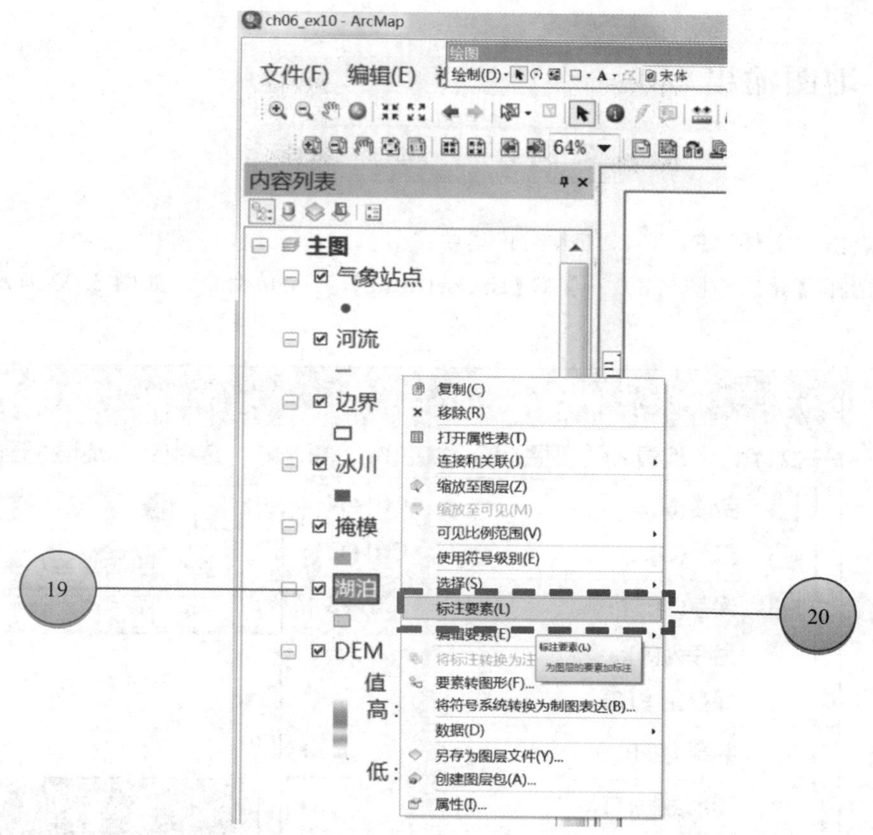

图 6.90 【标注要素（L）】（【Label Features】）菜单命令

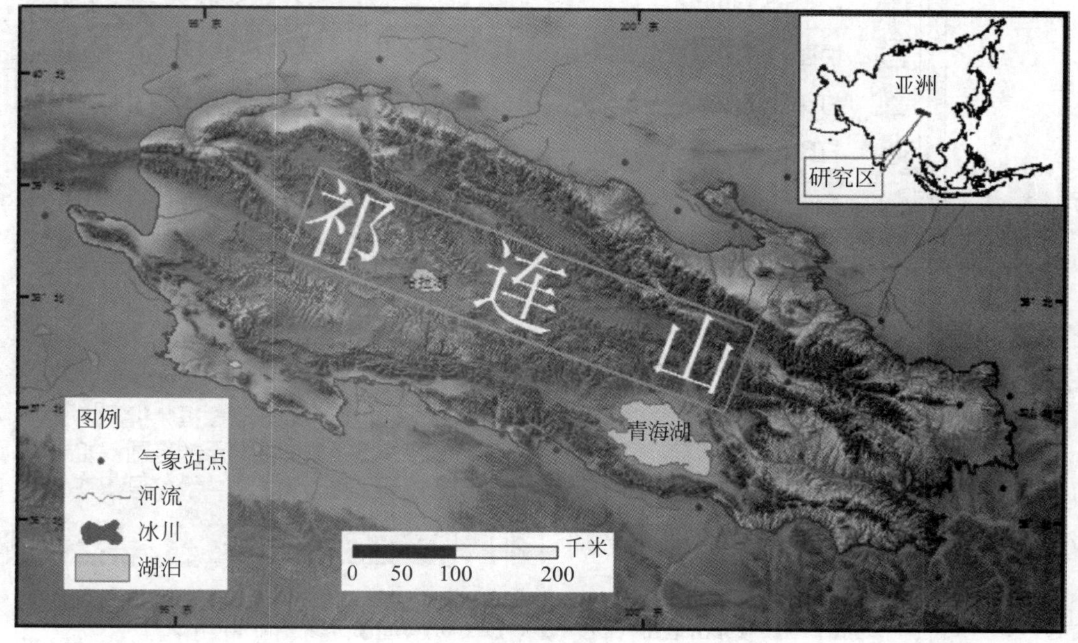

图 6.91 结果窗口

6.5 地图输出

实例 6-11 地图导出

① 点击“文件（F）”（“File”）菜单；

② 选择【导出地图（E）…】（【Export Map】）菜单命令，如图 6.92 所示；

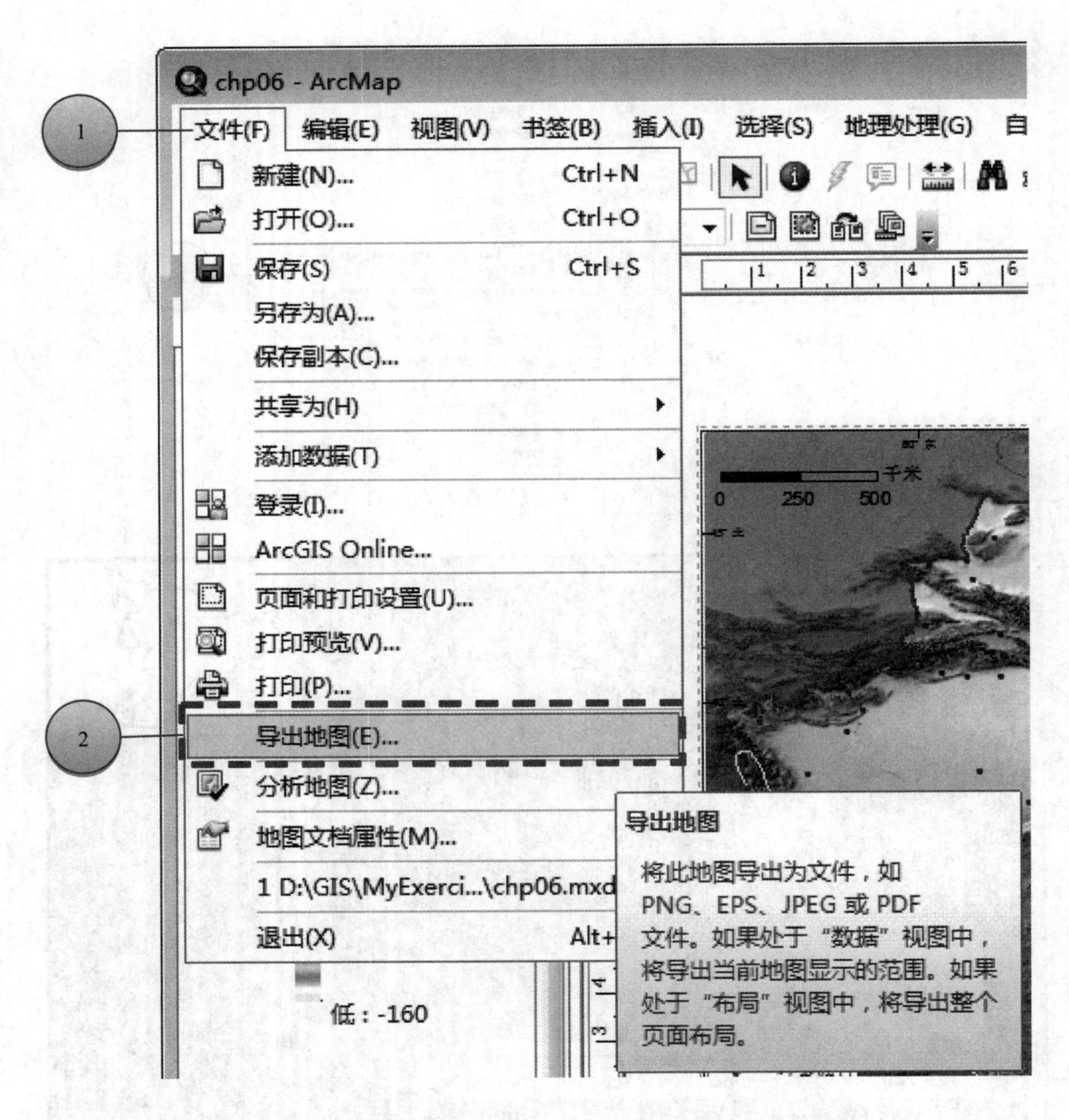

图 6.92 【导出地图（E）…】（【Export Map】）菜单命令

③ 在“导出地图”（“Export Map”）窗口中可以选择导出地图的位置，设置文件的名称、类型、分辨率等，在此，将“保存类型（T）：”（“Save as Type：”）设置为“TIFF”，“分辨率（R）：”（“Resolution：”）设置为“300dpi”；

④ 单击【保存（S）】（【Save】）按钮，如图 6.93 所示；

⑤ 输出结果如图 6.94 所示。

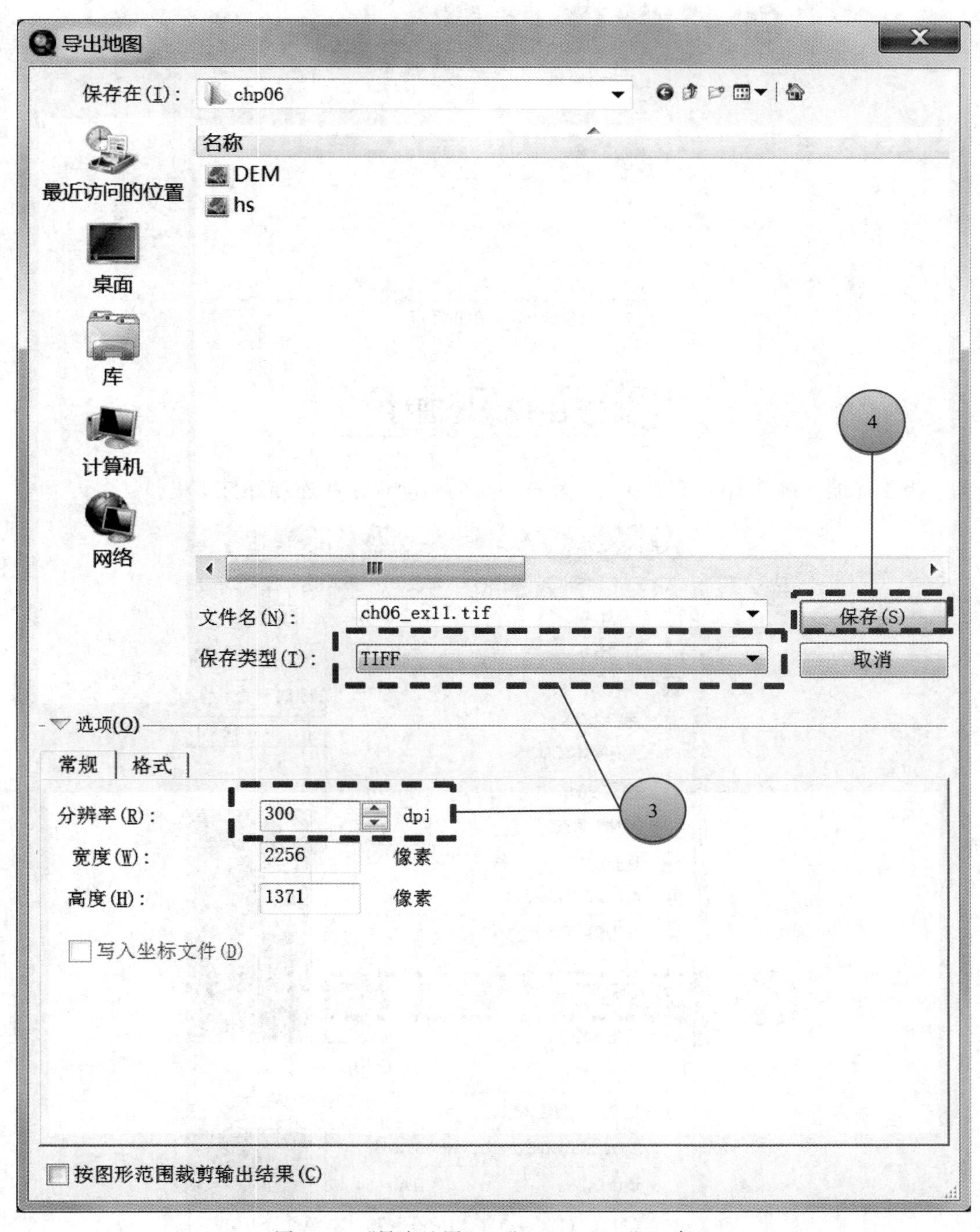

图 6.93 “导出地图”（“Export Map”）窗口

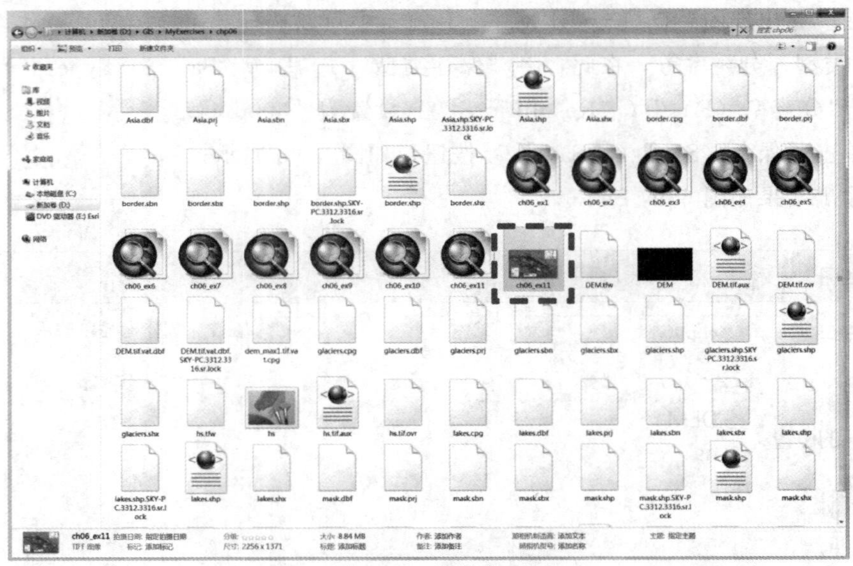

图 6.94　结果窗口

实例 6-12　地图打印

为保证能正确的打印需要事先装好打印机的驱动程序并连接好打印机。

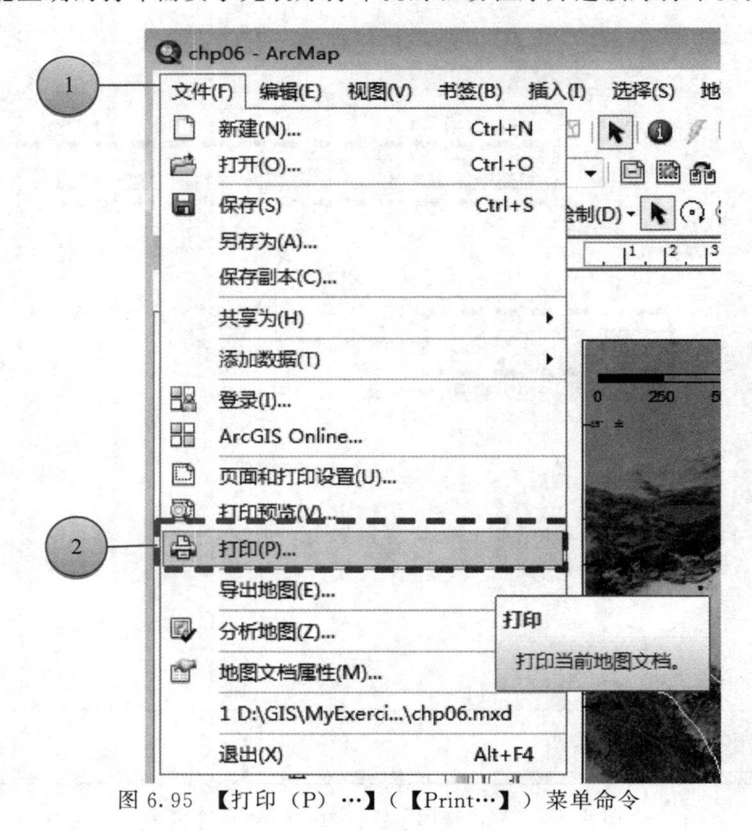

图 6.95　【打印（P）…】（【Print…】）菜单命令

① 点击“文件（F）”（“File”）菜单；

② 选择【打印（P）…】（【Print…】）菜单命令，如图 6.95 所示；

③ 在弹出的“打印”（“Print”）窗口中可以设置打印机、打印份数等参数，单击【确定】（【OK】）按钮进行打印，如图 6.96 所示。

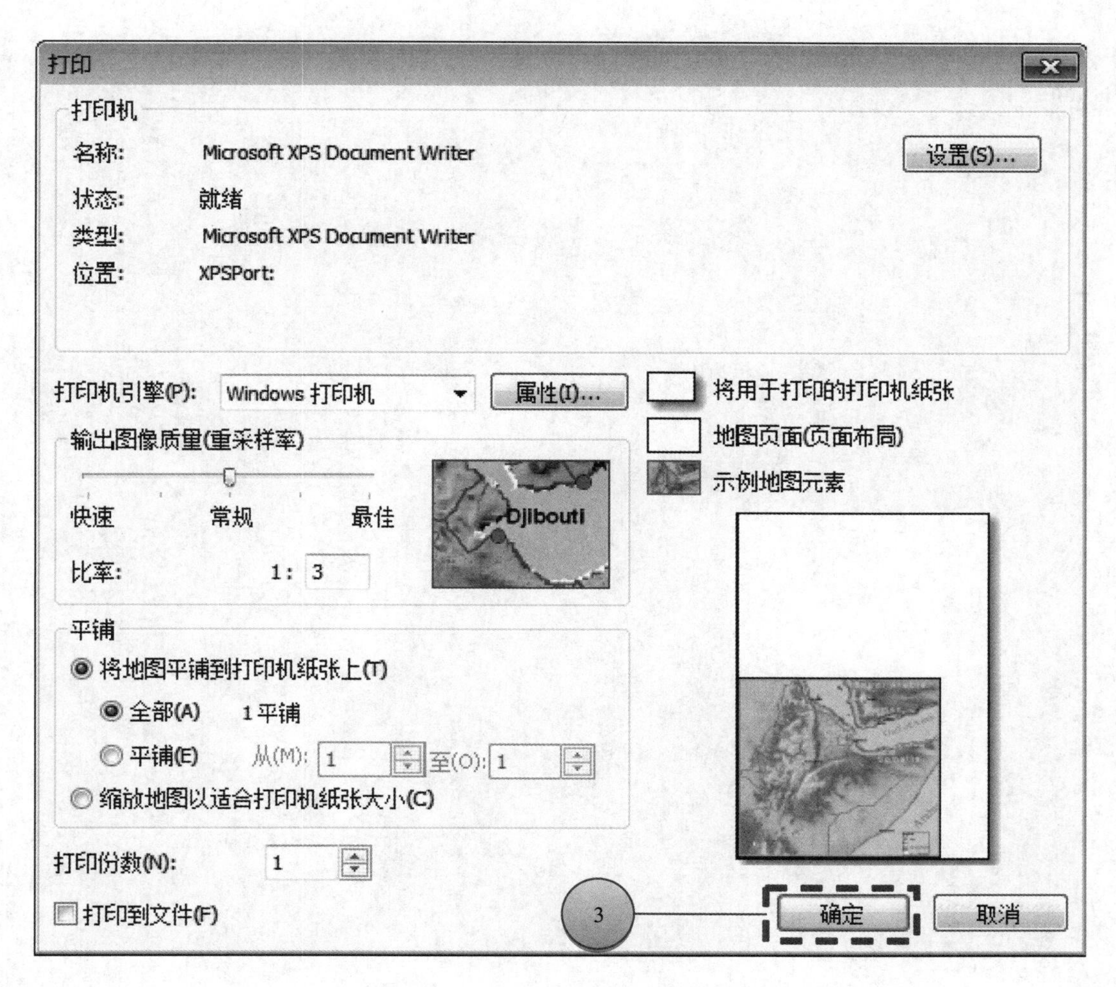

图 6.96 “打印”（“Print”）窗口

小 结

本章主要介绍了地图布局设置的内容与方法、网格设置的方法、地图图例的设置方法、地图整饰的方法和地图输出的方法。其中地图布局设置的内容与方法和地图图例的设置方法是本章学习的重点。

练 习

1. 新建一个地图文件，查找并加载边界（border）、气象站点（stations）、河流（rivers）和湖泊（lakes）四个图层（可参考 6.1 节）；

2. 将边界（border）、气象站点（stations）、河流（rivers）和湖泊（lakes）四个图层的名称分别改为“边界”、“气象站点”、“河流”和“湖泊”（可参考 6.1 节）；

3. 增加新的数据框将亚洲部分单独显示（可参考 6.1 节）；

4. 为地图增加网格、图例、比例尺、指北针（可参考 6.2 和 6.3 节）；

5. 把地图以 JPEG 格式导出（可参考 6.5 节）。

第二篇
无图形界面

7 初识 ArcGIS

本章学习目标

- 了解 ArcGIS 基本功能；
- 了解 ArcGIS 的产品构成；
- 熟悉 ArcMap 的界面；
- 掌握 ArcGIS 帮助的使用。

为了方便以后的练习，请先在自己的硬盘上创建一个文件夹，如“D：\ GIS”。然后将练习数据（文件夹“Exercises”）拷贝到该文件夹下。同时在“GIS”目录下创建一个新的文件夹“My Exercises”用于存放自己的练习数据。将文件夹“Exercises”下的“Chp01”文件夹拷贝到“My Exercises”文件夹下备用。

7.1 ArcGIS 简介

ArcGIS 是美国 ESRI 公司出品的一套完整的地理信息系统（Geographic Information Systems，GIS）平台产品，它包括如下组成部分。

- ArcGIS for Desktop：一套集成的、桌面端的专业 GIS 应用程序。
- ArcGIS for Server：将 GIS 信息和地图以 Web 服务形式发布，提供一系列 Web GIS 应用程序，并且支持企业级数据管理。
- ArcGIS for Mobile：为野外计算提供移动 GIS 工具和应用程序。
- ArcGIS Online：提供可通过 Web 进行访问的在线 GIS 功能，外加 ESRI 与合作伙伴发布的可供用户在自己的 Web GIS 应用程序中使用的地图和数据。
- ArcGIS Engine：为使用 C++、.NET 或 Java 的 ArcGIS 开发人员提供软件组件库。

本书主要介绍 ArcGIS for Desktop 软件的应用。

名词解释：GIS

GIS 是地理信息系统（Geographic Information Systems）的英文缩写，它是在计算机软、硬件系统支持下，对地理数据进行采集、存储、管理、处理、分析、显示和输出的技术系统。

7.2 ArcGIS for Desktop 的版本分级

ArcGIS for Desktop 可以分成三个不同的版本，功能由弱至强依次是基础版（Basic）、标准版（Standard）和高级版（Advanced）。高级别的产品包含低级别产品的所有功能，并提供更多的功能。

ArcGIS for Desktop 基础版（Basic）：提供了综合性的数据使用、制图、分析以及简单的数据编辑和空间处理工具。

ArcGIS for Desktop 标准版（Standard）：在 ArcGIS for Desktop 基础版的功能基础上，增加了对 Shapefile 和 Geodatabase 的高级编辑和管理功能。

ArcGIS for Desktop 高级版（Advanced）：是 ESRI 公司提供的功能最强的 GIS 桌面产品，它在 ArcGIS for Desktop 标准版的基础上，拓宽了复杂的 GIS 分析功能和丰富的空间处理工具。

ArcGIS for Desktop 不同级别产品的功能分级见图 1.1。

★ **多学一点：**如何查看 ArcGIS for Desktop 的级别？

如果想了解自己的 ArcGIS for Desktop 的级别，可以通过点击 Help 菜单中的 About ArcMap 来查看。

（1）启动 ArcMap

① 点击 Windows“开始”按钮；

② 点击“所有程序”（点击后“所有程序”变为“返回”）；

③ 点击“ArcGIS”，展开该文件夹；

④ 点击“ArcMap 10.1”。

（2）打开“关于 ArcMap”（“About ArcMap”）窗口

① 点击“帮助（H）”（“Help”）菜单；

② 点击【关于 ArcMap（A）…】（【About ArcMap…】）菜单命令。

（3）在弹出的“About ArcMap”窗口中可以看到所用的 ArcGIS for Desktop 的级别。

（4）关闭“关于 ArcMap”（“About ArcMap”）窗口

点击【确定】（【OK】）按钮关闭“关于 ArcMap”（“About ArcMap”）窗口。

7.3 ArcGIS for Desktop 的构成

ArcGIS for Desktop 包含了一系列应用程序：ArcMap、ArcCatalog、ArcGlobe 和 ArcScene。

(1) ArcMap

ArcMap是ArcGIS for Desktop中最核心的应用程序，具有数据输入、编辑、查询、分析、制图和图形输出等功能，将是本书介绍的重点。

(2) ArcCatalog

ArcCatalog是用来帮助用户组织和管理GIS数据等信息的程序，它能够管理地图、球体、数据文件、Geodatabase、空间处理工具箱、元数据、服务等信息。

(3) ArcGlobe

ArcGlobe是ArcGIS桌面系统中实现3D可视化和3D空间分析的应用程序，需要配备3D分析扩展模块才能使用。ArcGlobe提供了全球地理信息连续、多分辨率的交互式浏览功能，支持海量数据的快速浏览。

(4) ArcScene

ArcScene是ArcGIS桌面系统中实现3D可视化和3D空间分析的应用程序，需要配备3D分析扩展模块才能使用。它是一个适用于展示三维透视场景的平台，可以在三维场景中漫游并与三维矢量与栅格数据进行交互，适用于对数据量比较小的场景进行3D分析显示。

7.4 ArcMap界面

ArcMap的窗口包含如下组成部分：标题栏、菜单栏、工具栏、内容列表框、地图窗口、状态条、ArcToolBox窗口等。

标题栏：用于显示地图文档的名称；

菜单栏：提供了ArcGIS for Desktop主要功能的命令集，如地图文件的操作、窗口的组织、帮助等；

工具栏：提供了访问ArcGIS for Desktop各种功能的快捷图标；

内容列表框：提供了图层管理与组织的各种功能；

地图窗口：用于显示地图数据；

ArcToolbox窗口：提供了访问ArcToolbox中各个工具的入口；

状态条：用于显示当前的操作状态，如数据处理的状态、鼠标的位置等。

实例7-1　初识ArcMap

双击MyExercises\Chp01文件夹下的Chp0101.mxd文件，结合7.4节的介绍，可以对ArcMap的界面有初步的了解。因为ArcMap的界面是可以改变的，所以打开的界面可能会略有差别。

★ **多学一点：如何定制 ArcMap 的界面？**

（1）改变部件的位置

通过对各个部件（如工具栏、内容列表框等）的拖放可以改变它们停放的位置，对于包含窗体的部件（如内容列表框等）可以通过点击自动隐藏按钮来设置其是否自动隐藏，处在 状态时为不隐藏，处在 状态时为隐藏。

（2）显示关闭部件

右键点击工具栏，在弹出的菜单中，若某工具栏左面出现对钩则该工具栏显示，否则不显示。

对于包含窗体的对象可以像关闭普通 Windows 窗体一样通过点击【关闭】按钮 × 来关闭，若想打开对应的部件，在“窗口（W）”（“Windows”）菜单中单击对应的菜单项即可。

7.5 ArcGIS 的帮助

7.5.1 帮助文档

① 点击“帮助（H）”（“Help”）菜单；

② 点击【ArcGIS Desktop 帮助（H）】（【ArcGIS Desktop Help】）菜单命令，将打开 ArcGIS 帮助文档。

在帮助文档里可以通过目录查找自己所需要的帮助，也可以通过搜索关键字来查找自己所需要的帮助。

7.5.2 悬停窗口帮助

对于不熟悉的菜单命令或工具栏上的按钮，可以把鼠标悬停在其上面，ArcGIS 会自动弹出悬停窗口帮助，给出其简短的帮助信息。

小 结

本章主要介绍了 ArcGIS 的产品构成（ArcGIS for Desktop、ArcGIS for Server、ArcGIS for Mobile、ArcGIS Online 和 ArcGIS Engine）、ArcGIS for Desktop 的版本级别（基础版、标准版和高级版）、ArcMap 的界面和 ArcGIS 的帮助。ArcMap 将是本书介绍的重点。

8 数据显示与管理

本章学习目标

- 掌握文件夹的连接方法；
- 掌握不同类型数据的加载方法；
- 掌握图层显示控制的设置方法。

为了方便以后的练习，请先在自己的硬盘上创建一个文件夹，如“D:\GIS”。然后将练习数据（文件夹“Exercises”）拷贝到该文件夹下。同时在“GIS”目录下创建一个新的文件夹“MyExercises”用于存放你自己的练习数据。若在前一章中已完成上述操作可以跳过这些步骤。在“MyExercises”文件夹下创建“Chp02”文件夹，在“Chp02”文件夹下创建“data”文件夹备用。

8.1 文件夹连接

连接文件夹可以更方便快捷的使用文件夹里的数据。

实例 8-1 文件夹连接

(1) 启动 ArcMap

(2) 打开目录（Catalog）**窗口**

点击工具栏上的按钮，启动“目录”（“Catalog”）窗口。

(3) 连接文件夹

① 点击“连接到文件夹”（“Connect To Folder”）图标，将打开“连接到文件夹”（“Connect To Folder”）窗口；

② 找到D盘的“GIS”文件夹，选中该文件夹，点击确定，现在“D:\GIS”文件夹已经成功连接。

8.2 数据的加载

名词解释：地理空间数据

地理空间数据是指包含有地理空间位置的数据，是描述地物或地理现象的数量、质量、运动状态、分布特征、联系和规律的数字、文字、图像、图形等。地理空间数据有两种常见的组织存储方式：矢量数据、栅格数据。矢量数据采用一系列的 x，y 坐标来存储信息，根据数据的几何特征，矢量数据又分为点数据、线数据和面（多边形）数据，它们分别由点状地物、线状地物和面状地物组成，Shapefile 格式的数据即为一种常见的矢量数据格式。ArcGIS 中的要素（Feature）即表示矢量数据类型。栅格数据，将空间数据表示为一系列像元或像素，每个像元具有一定的属性值，最终把整个栅格存储为一个数字阵列。常用的栅格有遥感影像、空间数据插值的结果等。ArcGIS 中的栅格（Raster）即表示栅格数据类型。

实例 8-2 数据加载

（1）准备数据

① 如果在本章开始没有创建备用的文件夹，则在 Windows 中创建目录结构“D\GIS\My Exercises\chpoz\data”；

② 将原始数据“capital. txt”、“Province. shp”、“Railway. shp”拷贝至新建的目录“data”下。在“目录”（“Catalog”）窗口中展开“D:\GIS\Exercises\Chp02\data”文件夹，右键点击“capital. txt”，选择复制，同样展开“D:\GIS\MyExercises\Chp02\data”目录，右键点击“data”选择粘贴，重复同样操作把“Province. shp”和“Railway. shp”也拷贝到“D:\GIS\MyExercises\Chp02\data”目录。

（2）加载 shp 文件

在“目录”（“Catalog”）窗口中展开“D:\GIS\MyExercises\Chp02\data”文件夹，将文件“Province. shp”、“Railway. shp”拖拽至地图窗口，松开鼠标。

（3）加载底图

注意：底图数据来自互联网，故本步操作需要 Internet 连接，若无上网环境可以跳过本步继续后面的操作。

① 点击“标准工具”（“Standard”）栏上“添加数据”（“Add Data”）图标右侧的下拉按钮，选择【添加底图(B)…】(【Add Basemap…】) 菜单命令，得到“添加底图”（“Add Basemap”）窗口；

② 选择影像图（因数据集的不断变化，用户的界面与本书的界面可能会略有差异)；

③ 点击【添加】(【Add】)。

(4) 设置地图投影

名词解释：地图

地图是根据一定的数学法则，使用地图语言，通过制图综合，将地球（或其他星体）上的自然或人文现象表现在平面上，反映这些现象的空间分布、组合、联系、数量和质量特征及其在时间中的发展变化。

ArcGIS 中把各种地物表示成点、线和面状图层，通过图层的叠加来表示一幅地图。

名词解释：地图投影

地图投影是从地球曲面到平面的转化，转换过程往往要依据一定的数学规则，以建立球面到平面的一一映射关系。地图投影方法很多，但是在投影过程中都会发生不同程度的变形，根据其变形性质的不同，可以将地图投影分为三类：第一类，等角投影，此类投影中，投影面与地球椭球表面上相应的夹角相等，使地物形状在投影后得以较好保持，但是地物长度、面积因地而异的变形较大；第二类，等积投影，投影前后地物的面积相等，但是图形的轮廓形状发生了较大的变化；第三类，任意投影，投影后角度、面积和长度均发生变形。其中有一种所谓的“等距投影”能够保持一个方向上的长度不变性质。投影类型及参数的选择往往要根据研究的需要以及地物的空间位置、大小、形状进行选择。常用的地图投影有西安 80 投影、北京 54 投影、克拉索夫斯基投影等。

名词解释：坐标系

在定位地球表面某点的位置时，栅格数据与矢量数据都依赖 x、y 值。存储数据集的数值和单位的选择称为坐标系（Coordinate System）。根据坐标系的参考系不同可以分为地理坐标系（Geographic Coordinate System，GCS）和平面坐标系统（Projected Coordinate System）。ArcGIS 支持不同坐标系的相互转换。

① 右键点击“图层”数据框；

② 在弹出的快捷菜单中选择【属性（I）…】（【Properties…】）；

③ 在弹出的“数据框属性”（“Data Frame Properties”）窗口中，点击“坐标系”（“Coordinate System”）选项卡，默认被选中的是当前地图的投影；

④ 下拉到“图层”，选择“GCS _ Krasovsky _ 1940”投影，点击【确定】按钮；

⑤ 在“警告”（“Warning”）对话框中点击【是】按钮，这时地图的投影就已经被设置成“GCS_Krasovsky_1940”了。

(5) 加载带坐标的文本数据

① 点击“标准工具”（“Standard”）栏上“添加数据”（“Add Data”）图标，弹

出“添加数据”（“Add Data”）窗口；

② 找到“D:\GIS\MyExercises\Chp02\data”下的“capital. txt”文件，选中后点击【添加】（【Add】）按钮；

③ 右键单击“capital. txt”；

④ 在弹出的快捷菜单中选择【显示 XY 数据（X）…】（【Display XY Data】）菜单命令，弹出“显示 XY 数据”（“Display XY Data”）窗口；

⑤ 程序自动选择了正确的 X 字段与 Y 字段（如果字段的命名方式不同，程序可能无法自动识别 X 字段与 Y 字段，这时就需要用户指定对应的字段），单击【确定】（【OK】）按钮，这时弹出“表没有 Object-ID 字段”（“Table Does Not Have Object-ID Field”）消息框；

⑥ 单击【确定】（【OK】）按钮；

⑦ 右键点击“Province”图层；

⑧ 在弹出的快捷菜单中选择【缩放至图层（Z）】（【Zoom To Layer】）菜单命令，从中可以看出各个省的省会已经显示在地图上了。

（6）个人数据库的创建

名词解释：个人地理数据库（Personal Geodatabase）

个人地理数据库（Personal Geodatabase）是一个基于微软 Access 的数据库格式的数据库，它可以用来存储、查询和管理空间数据和非空间数据。因为它们以 Access 的数据库格式进行存储，所以个人地理数据库的文件最大不能超过 2GB。另外，个人地理数据库不允许多个用户同时对其进行编辑。

① 在“目录”（“Catalog”）窗口中右键点击“D:\GIS\MyExercises\Chp02\data”；

② 在弹出的快捷菜单中用鼠标指向【新建】（【New】）菜单；

③ 在新弹出的菜单中选择【个人地理数据库（P）】（【Personal Geodatabase】）；

④ 把新创建的个人数据库命名为“MyDB. mdb”。

（7）数据的导出

① 右键点击内容列表窗口中的“capital. txt 个事件”（“capital. txt Events”）图层；

② 在弹出的快捷菜单中用鼠标指向【数据（D）】（【Data】）菜单；

③ 在新弹出的菜单中选择【导出数据（E）…】（【Export Data…】）菜单命令；

④ 在“导出数据”（“Export Data”）窗口中点击“浏览”（“Browse”）图标；

⑤ 在“保存数据”（“Saving Data”）窗口中找到上面创建的个人数据库 MyDB. mdb，双击打开；

⑥ 在下面的名称文本框中输入“capital”作为数据的名称；

⑦ 点击【保存】（【Save】）按钮；

⑧ 再点击“导出数据”（“Export Data”）窗口中的【确定】（【OK】）按钮；

⑨ 数据导出完成后，ArcMap 提示是否将导出的数据添加到地图图层中，选择【是】；

⑩ 内容列表窗口中显示出新添加的“capital”图层。

(8) 地图数据（地图文档）的保存

① 点击“标准工具”（“Standard”）栏上的“保存”（“Save”）图标；

② 在弹出的“另存为”（“Save AS”）窗口中，找到文件夹“D:\GIS\MyExercises\Chp02”，并打开；

③ 在文件名文本框中输入地图的名字“Chp02. mxd”；

④ 点击【保存】（【Save】）按钮。

★ **多学一点：**地图文档

地图文档是ArcGIS用来存储地图数据的文件，一个地图中往往包含至少一个数据框，而每一个数据框一般至少包含一个图层。地图文档并不存储各个图层的原始数据，它只是连接到这些数据。但是地图文档中存储有关地图的设置信息，如图例、比例尺、地图网格、地图布局等。因为地图文档并不存储各个图层的原始数据，所以在拷贝地图文档时应当同时拷贝地图文档引用到的原始数据，否则就会出现图层无法显示的情况。另外，为保证地图拷贝过程中图层的正确显示，最好保证地图文档与图层的相对位置不变，同时在存储地图文档时将地图文档的属性设置为相对路径。具体方法如下：

① 点击“文件”（“File”）菜单；

② 在弹出的菜单中选择【地图文档属性（M）…】（【Map Document Properties…】）菜单命令；

③ 在弹出的“地图文档属性”（“Map Document Properties”）窗口中，选中“存储数据源的相对路径名（U）”（“Store relative pathnames to data sources”）；

④ 点击【确定】（【OK】）按钮。

8.3 图层的显示

名词解释：图层

图层是ArcGIS中的数据组织方法，把各种地物表示成点图层、线图层和面状图层，通过图层的叠加来表示一幅地图。

实例 8-3 图层显示的设置

(1) 移除图层

① 在“内容列表”（“Table Of Contents”）窗口中，右键点击“capital. txt 个

事件”；

② 在弹出的快捷菜单中单击【移除（R）】（【Remove】）菜单命令。

（2）设置Province图层的显示样式

① 点击“内容列表”（“Table Of Contents”）窗口中的“按绘制顺序列出”（“List By Drawing Order”）图标；

② 双击“Province”图层的图例；

③ 在“符号选择器”（“Symbol Selector”）窗口，把填充色设置为“无色”（“No Color”）；

④ 把轮廓线的颜色设置为“克里特蓝色”（“Creten Blue”）(右上角起第三列第三行)；

⑤ 点击【确定】（【OK】）；

⑥ 右键点击“Province”图层，在弹出的快捷菜单中选择【缩放至图层（Z）】（【Zoom To Layer】）菜单命令。

（3）设置“Railway”图层的显示样式

① 右键点击“Railway”图层的图例，在弹出的快捷菜单中选择“灰色80%”（“Gray 80%”）；

② 下面我们来设置省会城市的显示方式，并把北京以红色五角星来显示。为了把北京以不同方式显示，我们首先要把北京标示出来，这里我们把北京这条记录的字段National_C赋值为1。

名词解释：记录

记录是某一事物（数据库术语为实体）一组属性值的集合，如城市的属性包括名称、面积、人口，那么“北京市”，“16410.54”平方千米，“2170”万人这组属性值就构成了一条记录。

名词解释：字段

字段表示某一事物的一个属性，如城市的名称即为城市的一个属性，用数据库的术语来表述即为城市这个表的一个字段为“名称”。

（4）字段计算

① 右键点击“capital”图层；

② 在弹出的快捷菜单中选择【打开属性表（T）】（【Open Attribute Table】）菜单命令；

③ 在“表”（“Table”）窗口中单击第一行最左侧的按钮，选中第一行即北京所对应的记录；

④ 右键点击字段名“National_C”；

⑤ 在弹出的快捷菜单中选择【字段计算器（F）…】（【Field Calculator…】）菜单

命令；

⑥ 在“字段计算器”警告窗口中点击【是】；

⑦ 在“字段计算器”（“Field Calculator”）窗口的“National _ C=”文本框中输入“1”（不加引号）；

⑧ 点击【确定】（【OK】）按钮。

（5）设置“capital”图层的显示样式

① 右键单击“内容列表”（“Table Of Contents”）窗口中“capital”图层；

② 在弹出的快捷菜单中选择【属性（I）…】（【Properties…】）菜单命令；

③ 在“图层属性”（“Layer Properties”）窗口中点击“符号系统”（“Symbology”）选项卡；

④ 再单击展开“类别”（“Categories”）树；

⑤ 选择“唯一值”（“Unique Values”）项；

⑥ 在“值字段（V）”（“Value Field”）下拉框中选择“National _ C”；

⑦ 点击【添加所有值（L）】（【Add All Values】）按钮；

⑧ 双击最下面的图例（1值所对应的图例，即北京所对应的图例）；

⑨ 在“符号选择器”（“Symbol Selector”）窗口中点击“星形1”（“Star 1”）；

⑩ 把颜色设置为“火星红”（“Mars Red”）；

⑪ 把大小设置为“16”；

⑫ 点击【确定】（【OK】）按钮；

采用类似方法把0值所对应的图例，设置成“圆形1”（“Circle 1”），“暗苹果色”（“Medium Apple”），大小为“6”。

如果北京被高亮显示可以点击工具栏上的“清除所选要素”（“Clear Selected Features”）图标。

（6）设置“capital”图层标注

① 右键单击“内容列表”（“Table Of Contents”）窗口中“capital”图层；

② 在弹出的快捷菜单中选择【属性（I）…】（【Properties…】）菜单命令；

③ 在“图层属性”（“Layer Properties”）窗口中点击“标注”（“Labels”）选项卡；

④“标注字段（F）:”（“Label Field”）选为“NAME”；

⑤ 字体颜色设置为“太阳黄”（“Solar Yellow”）（黄色列里上面数第三个）；

⑥ 字体大小设置为“10”；

⑦ 点击【确定】（【OK】）按钮；

⑧ 右键单击“内容列表”（“Table Of Contents”）窗口中“capital”图层；

⑨ 在弹出的快捷菜单中选择【标注要素（L）】（【Label Features】）菜单命令；

⑩ 点击“标准工具”（“Standard”）栏上的“保存”（“Save”）图标保存地图；

⑪ 点击“文件”（“File”）菜单；

⑫ 点击【退出（X）】（【Exit】）菜单命令；

⑬ 如果地图已经保存将会直接退出 ArcMap，如果地图文件没有保存将会弹出对话框，点击【是（Y）】（【Yes】）按钮即可。

小结

本章主要介绍了文件夹的连接方法、不同类型数据的加载方法和图层显示控制的设置方法。不同类型数据的加载方法和图层显示控制的设置方法是本章学习的重点。

9 数据查询

本章学习目标

- 掌握空间数据的查询方法；
- 掌握属性数据的查询方法。

为了方便以后的练习，请先在自己的硬盘上创建一个文件夹，如“D:\GIS”。然后将练习数据（文件夹“Exercises”）拷贝到该文件夹下。同时在GIS目录下创建一个新的文件夹“MyExercises”用于存放你自己的练习数据。若在前一章中已完成上述操作可以跳过这些步骤。将“D:\GIS\Exercises\Chp03”文件夹拷贝到“D:\GIS\MyExercises\”文件夹下。

9.1 空间数据查询

实例 9-1 查看海南有哪些城市

(1) 打开地图文件“Chp03.mxd”

找到文件夹“D:\GIS\MyExercises\Chp03”，双击Chp03.mxd可以打开该文件。

(2) 查询海南的信息

① 点击“工具”（“Tools”）栏上的“全图”（“Full Extent”）图标，把所有地物要素置于当前可视范围内；

② 点击“工具”（“Tools”）栏上的“放大”（“Zoom In”）图标，拉一个矩形框，把海南省框住，释放鼠标后将会把海南省放大；

③ 点击“工具”（“Tools”）栏上的“识别”（“Identify”）图标按钮，在地图窗口内点击海南省，弹出“识别”（“Identify”）窗口，该窗口显示了海南的相关信息；

④ 点击“识别”（“Identify”）窗口上的关闭按钮，关闭“识别”（“Identify”）窗口。

(3) 查询海南有哪些城市

① 点击“工具”（“Tools”）栏的“选择要素”（“Select Features”）图标；

② 点击地图窗口中的海南省，选中后海南会高亮显示；

③ 点击“选择（S）”（“Selection”）菜单；

④ 点击【按位置选择（L）…】（【Select By Location…】）菜单命令；

⑤ 在“按位置选择”（“Select By Location”）窗口中，“目标图层（T）:”（“Target layer（s）:”）选中“city”图层；

⑥“源图层:”（“Source layer:”）选择“Province”图层；

⑦“目标图层要素的空间选择方法（P）:”（“Spatial selection method for target layer feature（s）:”），选择“在源图层要素范围内”（“are within the source layer feature”）；

⑧ 单击【确定】（【OK】）按钮，此时海南的城市会被高亮显示；

⑨ 右键单击“内容列表”（“Table of Contents”）窗口中的“city”图层；

⑩ 在弹出的快捷菜单中选择【打开属性表（T）】（【Open Attribute Table】）菜单命令；

⑪ 单击“显示所选记录”（“Show selected records”）图标。

9.2 属性数据查询

实例 9-2 查看面积大于等于 50 万平方公里的省份

① 点击“工具”（“Tools”）栏上的“全图”（“Full Extent”）图标，把所有地物要素置于当前可视范围内；

② 点击“工具”（“Tools”）栏上的“清除所选要素”（“Clear Selected Features”）图标，取消已选中的要素；

名词解释：要素

要素即地物，与属性表中的记录相对应，一个要素对应一个地物。

③ 点击“选择（S）”（“Selection”）菜单；

④ 点击【按属性选择（A）…】（“Select By Attributes …”）菜单命令；

⑤ 在“按属性选择”（“Select By Attributes ”）窗口中，“图层（L）”（“Layer”）选择“Province”；

⑥ 双击“AREA”字段名；

⑦ 单击“>=”按钮；

⑧ 输入“500000”；

⑨ 点击【确定】（【OK】）按钮，此时面积大于等于50万平方公里的省份被选中。

小 结

本章主要介绍空间数据的查询方法和属性数据的查询方法，为了能熟练使用空间数据的查询方法，需要对数据之间的空间关系有必要的了解。空间数据的查询方法是本章学习的重点。

10 数据输入

本章学习目标

- ✔ 掌握地图文件的创建方法；
- ✔ 了解地图配准的方法；
- ✔ 掌握图层创建的方法；
- ✔ 掌握空间数据的输入方法；
- ✔ 掌握属性数据的输入方法。

为了方便以后的练习，请先在自己的硬盘上创建一个文件夹，如“D:\GIS”。然后将练习数据（文件夹“Exercises”）拷贝到该文件夹下。同时在GIS目录下创建一个新的文件夹“MyExercises”用于存放自己的练习数据。若在前一章中已完成上述操作可以跳过这些步骤。在“D:\GIS\MyExercises\”文件夹下创建文件夹“Chp04”，在文件夹“Chp04”下创建文件夹“data”。将“D:\GIS\Exercises\Chp04\data”文件夹下的“tjpu.jpg”文件拷贝到“D:\GIS\MyExercises\Chp04\data”文件夹下。

10.1 新建地图

实例 10-1 创建新地图文件

① 点击“标准工具”（“Standard”）栏上的“新建”（“New”）图标；

② 在“新建文档”（“New Document”）窗口中，选择“空白地图”（“Blank Map”）作为模板；

③ 点击【确定】（【OK】）按钮；

④ 此时如果有已打开的地图ArcMap会提示是否保存该地图，选择【是(Y)】（【Yes】）按钮；

⑤ 点击“标准工具”（“Standard”）栏上的“保存”（“Save”）图标；

⑥ 在“另存为”（“Save AS”）窗口中浏览至“D:\GIS\MyExercises\Chp04”文件夹下；

⑦ 文件名处输入“Chp04”；

⑧ 点击【保存】（【Save】）按钮，此时新的地图文件已经创建完成。

10.2 地图配准

名词解释：地图配准

栅格数据如扫描的地图，默认的坐标系统为行列坐标系统，即用行数和列数来表示任意一个栅格的位置，为了使栅格数据上的任意一个栅格都能有地理坐标，就需要为其指定地理坐标系统，这个过程称为地图配准。具体包括建立控制点列表，即已知地理坐标的栅格点列表，通过这套栅格点行列坐标与地理坐标的关系创建方程，再用该方程将所有行列坐标转换为地理坐标，即校正，来完成地图配准过程。

实例 10-2　地图配准

(1) 地图加载

① 点击“标准工具”（“Standard”）栏上的“添加数据”（“Add Data”）图标；

② 在“添加数据”（“Add Data”）窗口中浏览到文件夹“D:\GIS\MyExercises\Chp04\data”；

③ 选中“tjpu.jpg”文件；

④ 点击【添加】（【Add】）按钮；

⑤ 此时会出现“未知的空间参考”（“Unknown coordinate system”）警告窗口，点击【确定】（【OK】）按钮；

⑥ 右键点击工具栏，在弹出的快捷菜单中选择【地理配准】（【Georeferencing】）菜单命令，调出“地理配准”（“Georeferencing”）工具栏。

(2) 地图投影设置

① 右键单击“内容列表”（“Table Of Contents”）窗口的“图层”（“Layers”）数据框；

② 在弹出的快捷菜单中点击【属性（I）…】（【Properties…】）菜单命令；

③ 在“数据框属性”（“Data Frame Properties”）窗口中点击“坐标系”（“Coordinate System”）选项卡；

④ 展开“地理坐标系”（“Geographic Coordinate Systems”）下的“World”，选择“WGS 1984”；

⑤ 点击【确定】（【OK】）按钮。

(3) 地图配准

① 点击“工具”（“Tools”）栏上的“放大”（“Zoom In”）图标，把右上角1号标识点放大；

② 点击“地理配准”（“Georeferencing”）工具栏上的“添加控制点”（“Add Control Points”）图标；

③ 点击 1 号标识的圆心；

④ 右键点击地图窗口，在弹出的快捷菜单中点击【输入 X 和 Y…】（【Input X and Y…】）菜单命令；

⑤ 把表 10-1 中编号为 1 的 x，y 坐标分别输入到“输入坐标”（“Enter Coordinates”）窗口中对应的位置；

⑥ 点击【确定】（【OK】）按钮；

表 10-1 配准点的坐标

编号	x	y
1	117.112	39.071
2	117.112	39.058
3	117.099	39.071
4	117.099	39.058

⑦ 此时若地图不在视域，点击“工具”（“Tools”）栏上的“全图”（“Full Extent”）图标，就可以把底图显示出来；采用同样的方法输入编号为 2、3 和 4 的 x、y 坐标；

⑧ 点击“地理配准”（“Georeferencing”）工具栏上的“查看链接表”（“View Link Table”）图标，可以打开“链接”（“Link”）窗口，如果残差过大，可以重新输入，直至精度满足需求；

⑨ 点击“地理配准”（“Georeferencing”）工具栏上的“地理配准（G）”（“Georeferencing”）下拉菜单；

⑩ 在弹出的下拉菜单中点击【校正（Y）…】（【Rectify…】）菜单命令；

⑪ 在“另存为”（“Save AS”）窗口中把输出位置设置为“D:\GIS\MyExercises\Chp04\data”；

⑫ 名称设置为“tjpugeo. tif”；

⑬ 点击【保存】（【Save】）按钮，此时可以发现“D:\GIS\MyExercises\Chp04\data”文件夹下新增了文件“tjpugeo. tif”；

⑭ 点击“标准工具”（“Standard”）栏上的“保存”（“Save”）图标。

10.3 图层创建

实例 10-3 Shapefile 文件的创建

名词解释： Shapefile 文件

Shapefile 文件是由 ESRI 公司开发的用于描述空间数据的几何特征和属性特征的非拓扑实体矢量数据结构的一种格式。

一个 Shapefile 文件至少包括以下三个文件：

主文件（*.shp）：存储地理要素的几何图形的文件，它是一个直接存取、变长记录的文件。

索引文件（*.shx）：存储图形要素与属性信息索引的文件。

dBASE 表文件（*.dbf）：存储要素信息属性的 dBase 表文件。

除此之外还有可选的文件包括：空间参考文件（*.prj）、几何体的空间索引文件（*.sbn 和 *.sbx）、只读的 Shapefiles 的几何体的空间索引文件（*.fbn 和 *.fbx）、列表中活动字段的属性索引（*.ain 和 *.aih）、可读写 Shapefile 文件的地理编码索引（.ixs）、可读写 Shapefile 文件的地理编码索引（ODB 格式）（*.mxs）、dbf 文件的属性索引（*.atx）、以 XML 格式保存元数据（*.shp.xml）、用于描述 .dbf 文件的代码页，指明其使用的字符编码的描述文件（*.cpg）。

① 展开“目录”（“Catolog”）窗口中的“D：\ GIS \ MyExercises \ Chp04 \ data”文件夹；

② 右键单击“data 文件夹”；

③ 在弹出的快捷菜单中，用鼠标指向【新建（N）】（【New】）菜单命令；

④ 在下一级菜单中点击【Shapefile（S）…】（【Shapefile…】）菜单命令；

⑤ 在“创建新 Shapefile”（“Create New Shapefile”）窗口的“名称：”（“Name：”）文本框中输入“sportsground”；

⑥ 要素类型选择“面”（“Polygon”）；

⑦ 点击空间参考中的【编辑…】（【Edit…】）按钮；

⑧ 展开“空间参考属性”（“Spatial Reference Properties”）窗口中“地理坐标系”（“Geographic Coordinate Systems”）下的“World”，选择“WGS 1984”；

⑨ 点击【确定】（【OK】）按钮；

⑩ 点击“创建新 Shapefile”（“Create New Shapefile”）窗口的【确定】（【OK】）按钮，完成 shapefile 文件的创建，此时“sportsground”会被自动添加到 ArcMap 中；

⑪ 点击“标准工具”（“Standard”）栏上的“保存”（“Save”）图标。

10.4 空间数据输入

名词解释：数字化

数字化是将数据由模拟格式转化成数字格式的过程。使用数字化仪进行的数字化通常也称为手扶跟踪数字化。当前常采用的是屏幕数字化，即把纸质地图或影像进行扫描，将扫描后的图作为底图，在电脑上对地物进行跟踪提取。

实例 10-4　数字化操作

① 右键点击工具栏，在弹出的快捷菜单中选择【编辑器】（【Editor】）菜单命令，调出“编辑器”（“Editor”）工具栏；

② 点击“编辑器”（“Editor”）工具栏上的“编辑器（R）”（“Editor”）下拉菜单；

③ 点击【开始编辑（T）】（【Start Editing】）菜单命令，此时会自动打开“创建要素”（“Create Features”）窗口，如果“创建要素”（“Create Features”）窗口没有出现可以单击“编辑器”（“Editor”）工具栏上的“创建要素”（“Create Features”）图标来打开它；

④ 双击“创建要素”（“Create Features”）窗口中“sportsground”图层，此时会弹出“模板属性”（“Template Properties”）窗口；

⑤ 在“模板属性”（“Template Properties”）窗口中点击【确定】（【OK】）按钮此时“创建要素”（“Create Features”）窗口的构造工具处出现了可用的工具；

⑥ 右键点击“内容列表”（“Table Of Contents”）窗口中的“tjpu.jpg”图层；

⑦ 在弹出的快捷菜单中点击【缩放至图层（Z）】（【Zoom To Layer】）菜单命令；

⑧ 点击“工具”（“Tools”）栏上的“放大”（“Zoom In”）图标，把右上角的操场放到合适的大小；

⑨ 点击“创建要素”（“Create Features”）窗口的构造工具“面”（“Polygon”）；

⑩ 在地图窗口中可以点击操场的边界对其进行数字化，画到最后一点时，通过双击完成绘制，同样方法绘制左侧的操场；

⑪ 点击“编辑器”（“Editor”）工具栏上的“编辑器（R）”（“Editor”）下拉菜单；

⑫ 点击【保存编辑内容（S）】（【Save Edits】）菜单命令，完成数据的保存；

⑬ 点击“编辑器”（“Editor”）工具栏上的“编辑器（R）”（“Editor”）下拉菜单；

⑭ 点击【停止编辑（P）】（【Stop Editing】）菜单命令，停止编辑操作；

⑮ 在弹出的“保存”（“Save”）对话框中点击【是（Y）】（【Yes】）按钮；

⑯ 点击“标准工具”（“Standard”）栏上的“保存”（“Save”）图标。

10.5　属性数据输入

名词解释：属性数据

属性数据与空间数据相对应，空间数据用于描述地物的空间位置、几何特征等，而属性数据用于描述地物的非空间信息如数量、种类、名称等。

实例 10-5 属性数据输入

(1) 给属性表增加字段

① 右键点击“内容列表”（“Table Of Contents”）窗口中“sportsground”图层；

② 在弹出的快捷菜单中点击【打开属性表（T）】（【Open Attribute Table】）菜单命令；

③ 点击“表”（“Table”）窗口中“表选项”（“Table Options”）下拉菜单；

④ 点击【添加字段（F）…】（【Add Field …】）菜单命令；

⑤ 在弹出的“添加字段”（“Add Field”）窗口中的“名称（N）:”（“Name:”）文本框中输入“name”；

⑥ 在“类型（T）:”（“Type:”）选项中选择“文本”（“Text”）；

⑦ 在字段属性中的长度处输入“20”；

⑧ 点击【确定】（【OK】）按钮完成输入，此时可以看到属性表中增加了新的字段“name”。

(2) 属性数据的输入

① 点击“编辑器”（“Editor”）工具栏中“编辑器（R）”（“Editor”）下拉菜单；

② 点击【开始编辑（T）】（【Start Editing】）菜单命令；

③ 点击“name”字段下方的表格，在 FID 分别为“0”和“1”的记录的 Name 字段处分别输入“体育场 1”和“体育场 2”；

④ 点击“编辑器”（“Editor”）工具栏上的“编辑器（R）”（“Editor”）下拉菜单；

⑤ 点击【保存编辑内容（S）】（【Save Edits】）菜单命令，完成数据的保存；

⑥ 点击“编辑器”（“Editor”）工具栏上的“编辑器（R）”（“Editor”）下拉菜单；

⑦ 点击【停止编辑（P）】（【Stop Editing】）菜单命令，停止编辑操作；

⑧ 点击“标准工具”（“Standard”）栏上的“保存”（“Save”）图标，保存地图文档。

小 结

本章主要介绍了地图文件的创建方法、地图配准的方法、图层创建的方法、空间数据的输入方法以及属性数据的输入方法。空间数据的输入方法是本章学习的重点。

11 数据处理与分析

本章学习目标

- ✔ 掌握坐标定义与转换的方法；
- ✔ 掌握栅格数据分析的方法；
- ✔ 了解空间插值的方法；
- ✔ 掌握矢量数据分析的方法。

为了方便以后的练习，请先在自己的硬盘上创建一个文件夹，如“D:\GIS”。然后将练习数据（文件夹“Exercises”）拷贝到该文件夹下。同时在GIS目录下创建一个新的文件夹“MyExercises”用于存放你自己的练习数据。若在前一章中已完成上述操作可以跳过这些步骤。将“D:\GIS\Exercises\Chp05”文件夹拷贝到“D:\GIS\MyExercises\”文件夹下。

11.1 坐标定义与转换

实例 11-1 指定坐标系统

有时我们会拿到一些丢失坐标文件的数据，这时如果我们能够知道其真实的坐标系统，就可以给其指定坐标系统。

① 启动ArcMap，选择“空白地图”（“Blank Map”）作为模板；

② 点击【确定】（【OK】）；

③ 点击“标准工具”（“Standard”）栏上的“目录”（“Catalog”）图标；

④ 在“目录”（“Catalog”）窗口中展开“D:\GIS\MyExercises\Chp05”文件夹，分别将文件“bou1_4p.shp”、“bou2_4l.shp”拖拽至地图窗口；

⑤ 当添加“bou2_4l.shp”时，软件提示该数据缺少空间参考信息，点击【确定】（【OK】）按钮；

⑥ 双击“内容列表”（“Table Of Contents”）窗口中的“bu2_4l”图层；

⑦ 在弹出的“图层属性”（“Layer Properties”）窗口中，选择“源”（“Source”）选项卡，这时可以看到地理坐标系为：“<未定义>”；

⑧ 点击【确定】(【OK】)按钮退出"图层属性"("Layer Properties")窗口;

⑨ 点击"标准工具"("Standard")栏上的"ArcToolbox"("ArcToolbox")图标;

⑩ 在"ArcToolbox"窗口中依次展开"数据管理工具"⟶"投影和变换"("Data Management Tools"⟶"Projections and Transformations"),双击"定义投影"("Define Projection")工具;

⑪ 在弹出的"定义投影"("Define Projection")窗口中单击"输入数据集或要素类"("Input Dataset or Feature Class")下面的下拉框;

⑫ 选择"bou2_4l";

⑬ 点击"坐标系"("Coordinate System")右侧图标;

⑭ 在弹出的"空间参考属性"("Spatial Reference Properties")窗口中展开"图层"("Layers")文件夹,选择"GCS_Krasovsky_1940"投影;

⑮ 点击【确定】(【OK】)按钮;

⑯ 在"定义投影"("Define Projection")窗口中单击【确定】(【OK】)按钮,软件将进行计算,稍后提示任务完成;

⑰ 双击"内容列表"("Table Of Contents")窗口中的"bu2_4l"图层;

⑱ 在弹出的"图层属性"("Layer Properties")窗口中,选择"源"("Source")选项卡,这时可以看到地理坐标系为:"GCS_Krasovsky_1940";

⑲ 点击【确定】(【OK】)按钮。

实例 11-2 坐标系统转换

为了显示、处理或统一坐标系统的需要,我们经常需要把一种坐标系统的数据转换至另一坐标系统。

① 启动 ArcMap,选择"空白地图"("Blank Map")作为模板;

② 点击【确定】(【OK】)按钮;

③ 点击"标准工具"("Standard")栏上的"目录"("Catalog")图标;

④ 在"目录"("Catalog")窗口中展开"D:\GIS\MyExercises\Chp05"文件夹,再拖拽"points.shp"文件至地图窗口;

⑤ 双击"内容列表"("Table Of Contents")窗口中的"points"图层;

⑥ 在弹出的"图层属性"("Layer Properties")窗口中,选择"源"("Source")选项卡,这时可以看到地理坐标系为:"GCS_WGS_1984";

⑦ 点击【确定】(【OK】)按钮退出"图层属性"("Layer Properties")窗口;

⑧ 点击"标准工具"("Standard")栏上的"ArcToolbox"("ArcToolbox")图标;

⑨ 在"ArcToolbox"窗口中依次展开"数据管理工具"⟶"投影和变换"⟶"要素"("Data Management Tools"⟶"Projections and Transformations"⟶"Feature”)，双击“投影”（“Project”）工具；

⑩ 在弹出的“投影”（“Project”）窗口中单击“输入数据集或要素类”（“Input Dataset or Feature Class”）下面的下拉框；

⑪ 选择“points”；

⑫ 将“输出数据集或要素类”（“Output Dataset or Feature Class”）设置为“D:\GIS\MyExercises\Chp05\points_prj.shp”；

⑬ 点击“输出坐标系”（“Output Coordinate System”）右侧图标；

⑭ 在弹出的“空间参考属性”（“Spatial Reference Properties”）窗口中依次展开“地理坐标系”⟶“Asia”（“Geographic Coordinate Systems”⟶“Asia”），选择“Beijing_1954”投影；

⑮ 点击【确定】（【OK】）按钮；

⑯ 在“投影”（“Project”）窗口中单击【确定】（【OK】），软件将进行计算，稍后提示任务完成，投影转换后的新图层也会自动添加至系统；

⑰ 双击“内容列表”（“Table Of Contents”）窗口中的“points_prj”图层；

⑱ 在弹出的“图层属性”（“Layer Properties”）窗口中，选择“源”（“Source”）选项卡，这时可以看到地理坐标系为：“GCS_Beijing_1954”；

⑲ 单击【确定】（【OK】）按钮，关闭“图层属性”（“Layer Properties”）窗口。

11.2 空间插值

名词解释：空间插值

空间插值是用已知点的数值来估算未知点的数值的过程。例如，我们需要知道某一区域内任意点的温度与降水值，但是除了气象站点处有观测值其他地方并没有观测值，这时就可以用空间插值的方法来估算没有气象站点处的温度和降水值。空间插值的方法可以分成两类：全局方法和局部方法。这两种方法的区别在于控制点的使用，控制点就是数值已知的点。全局方法利用所有控制点来估算未知点的数值，即未知点的值受到所有控制点的影响，局部方法仅利用部分控制点来估算未知点的数值，即未知点的值仅受到局部控制点的影响。

实例 11-3 高程数据插值

① 点击“自定义（C）”（“Customize”）菜单栏；

② 选择【扩展模块（E）…】（【Extentions】）菜单命令；

③ 在弹出的“扩展模块”（“Extentions”）窗口中选中“Spatial Analyst”扩展模块；

④ 单击【关闭】（【Close】）按钮，关闭“扩展模块”（“Extentions”）窗口；

⑤ 点击“标准工具”（“Standard”）栏上的“ArcToolbox”（“ArcToolbox”）图标；

⑥ 在“ArcToolbox”窗口中依次展开“Spatial Analyst 工具”⟶“插值分析”（“Spatial Analyst Tools”⟶“Interpolation”），双击“反距离权重法”（“IDW”）工具；

⑦ 在弹出的“反距离权重法”（“IDW”）窗口中，单击“输入点要素”（“Input point features”）下的下拉框，选择“points _ prj”；

⑧ 在“反距离权重法”（“IDW”）窗口中，单击“Z 值字段”（“Z value field”）下的下拉框，选择“Z”；

⑨ 在“反距离权重法”（“IDW”）窗口中，点击“输出栅格”（“Output raster”）右侧的图标；

⑩ 在弹出的“输出栅格”（“Output raster”）窗口中的“名称：”（“Name：”）处输入“DEM. tif”；

⑪ 单击【保存】（【Save】）按钮，将要输出的插值结果保存在默认的位置；

⑫ 在“反距离权重法”（“IDW”）窗口中，将“输出像元大小（可选）”［“Output cell size (optional)”］设置为“0. 01”，其他选项保持默认；

⑬ 单击【确定】（【OK】）按钮，关闭“反距离权重法”（“IDW”）窗口，系统将会进行插值计算；

⑭ 点击取消“内容列表”（“Table Of Contents”）窗口中“points _ prj”和“points”左侧的选择框，关闭这两个图层的显示。

11.3 栅格数据分析

实例 11-4 坡向分析

① 在“ArcToolbox”窗口中依次展开“Spatial Analyst 工具”⟶“表面分析”（“Spatial Analyst Tools”⟶“Surface”），双击“坡向”（“Aspect”）工具；

② 在弹出的“坡向”（“Aspect”）窗口中，单击“输入栅格”（“Input raster”）下的下拉框；

③ 选择“DEM. tif”；

④ 在“坡向”（“Aspect”）窗口中，点击“输出栅格”（“Output raster”）右侧的图标；

⑤ 在弹出的“输出栅格”（“Output raster”）窗口中的“名称：”（“Name：”）处输入“Aspect. tif”；

⑥ 单击【保存】(【Save】) 按钮，将要输出的插值结果保存在默认的位置；

⑦ 在“坡向”(“Aspect”) 窗口中，单击【确定】(【OK】) 按钮，关闭“坡向”(“Aspect”) 窗口，系统将会计算坡向。

11.4 矢量数据分析

实例 11-5 缓冲区分析

名词解释：缓冲区（Buffer）

缓冲区是某一地物或地理现象的影响或服务范围。如某一超市的服务区为其周围 2 公里。

名词解释：缓冲区分析（Buffer Analysis）

缓冲区分析是指根据分析对象（可以是点状、线状或面状），在其周围建立一定距离的带状区，用以识别该对象对邻近区域的辐射和影响范围，以便为某项分析或决策提供依据。如进行道路扩建时，就需要进行缓冲区分析以便确定哪些住户应当拆迁。

① 启动 ArcMap，选择“空白地图”(“Blank Map”) 作为模板；

② 点击【确定】(【OK】)；

③ 点击“标准工具”(“Standard”) 栏上的“目录”(“Catalog”) 图标；

④ 在“目录”(“Catalog”) 窗口中展开“D:\GIS\MyExercises\Chp05”文件夹，分别将文件“River. shp”和“bou1_4p. shp”拖拽至地图窗口；

⑤ 点击“标准工具”(“Standard”) 栏上的“ArcToolbox”(“ArcToolbox”) 图标；

⑥ 在“ArcToolbox”窗口中依次展开“分析工具”⟶“邻域分析”(“Analysis Tools”⟶“Proximity”)，双击“缓冲区”(“Buffer”) 工具；

⑦ 在弹出的“缓冲区”(“Buffer”) 窗口中，单击“输入要素”(“Input Features”) 下的下拉框；

⑧ 选择“River”；

⑨ 在“缓冲区”(“Buffer”) 窗口中，点击“输出要素类”(“Output Feature Class”) 右侧的图标；

⑩ 在弹出的“输出要素类”(“Output Feature Class”) 窗口中的“名称:”(“Name:”) 处输入“buffer”；

⑪ 单击【保存】(【Save】) 按钮，将要输出的缓冲区结果保存在默认的位置；

⑫ 在“缓冲区”（“Buffer”）窗口中，在“线性单位”（“Linear unit”）下的文本框中输入“100”，单位设置为“千米”；

⑬“融合类型（可选）”［“Dissolve Type（optional）”］，选择“ALL”，其他参数保持默认；

⑭ 单击【确定】（【OK】）按钮，关闭“缓冲区”（“Buffer”）窗口，系统将会进行缓冲区计算。

小结

本章主要介绍了坐标定义与转换的方法、空间插值的方法、栅格数据分析的方法和矢量数据分析的方法。其中栅格数据分析的方法和矢量数据分析的方法是本章学习的重点。

12 地图设计与出版

本章学习目标

- 掌握地图布局设置的内容与方法；
- 了解网格设置的方法；
- 掌握地图图例的设置方法；
- 了解地图整饰的方法；
- 了解地图输出的方法。

为了方便以后的练习，请先在自己的硬盘上创建一个文件夹，如“D:\GIS”。然后将练习数据（文件夹“Exercises”）拷贝到该文件夹下。同时在GIS目录下创建一个新的文件夹“MyExercises”用于存放你自己的练习数据。若在前一章中已完成上述操作可以跳过这些步骤。将“D:\GIS\Exercises\Chp06”文件夹拷贝到“D:\GIS\MyExercises\”文件夹下。

12.1 布局设置

实例 12-1 数据加载

① 启动ArcMap，选择“空白地图”（“Blank Map”）作为模板；
② 点击【确定】（【OK】）；
③ 点击“插入（I）”（“Insert”）菜单；
④ 在下拉菜单列表中点击【数据框（D）】（【Data Frame】）菜单命令；
⑤ 单击第一个数据框名称“图层”（“Layers”）；
⑥ 稍后再次单击第一个数据框名称“图层”（“Layers”）；
⑦ 此时可以修改第一个数据框的名称，将其改为“主图”；
⑧ 重复以上步骤，把另外一个数据框的名称修改为“亚洲”；
⑨ 右键点击“主图”数据框；
⑩ 在弹出的快捷菜单中选择【激活（A）】（【Activate】）菜单命令，把该数据框设置成活动的数据框；

⑪ 激活的数据框的名称会加粗显示；

⑫ 点击“标准工具”（“Standard”）栏上的“添加数据”（“Add Data”）图标 ；

⑬ 在弹出的“添加数据”（“Add Data”）窗口中，找到数据所在位置，按住“Ctrl”键，选择除了“Asia. shp”外的所有图层；

⑭ 点击【添加】（【Add】）按钮，把数据添加到 ArcMap；

名词解释： 金字塔（Pyramid）

金字塔（Pyramid）是提高栅格数据显示速度的一种方法。它通过重采样的方式获取高空间分辨率栅格数据的低分辨率版本，这些不同的低分辨率的数据构成一个集合。根据检索时所指定的分辨率去调取合适分辨率的数据，而不是每次都调用最高分辨率的数据，从而起到提高加载速度的效果。

⑮ 若提示创建金字塔，点击【否（N）】（【No】）按钮；

⑯ 重复⑮步，不为任何栅格数据建立金字塔；

⑰ 重复⑯步，添加“Asia. shp”和“border. shp”两个图层至“亚洲”数据框。

实例 12-2 图层名更改

① 如实例 12-1 激活“主图”数据框，在“内容列表”（“Table Of Contents”）窗口中右键点击“主图”数据框下的“border”图层；

② 在弹出的快捷菜单中选择【缩放至图层（Z）】（【Zoom To Layer】）菜单命令；

③ 在“内容列表”（“Table Of Contents”）窗口中右键点击“stations”图层；

④ 在弹出的快捷菜单中选择【属性（I）…】（【Properties…】）菜单命令；

⑤ 在弹出的“图层属性”（“Layer Properties”）窗口中选择“常规”（“General”）选项卡；

⑥ 将图层名称改为“气象站点”；

⑦ 点击【确定】（【OK】）按钮；

⑧ 根据表 12-1，重复③～⑦步，将其他图层也进行更名。

表 12-1　图层名更改

原图层名	更改后的图层名
lakes	湖泊
rivers	河流
glaciers	冰川
mask	掩膜
border	边界
hs. tif	山体阴影
DEM. tif	DEM

实例 12-3　地图符号设置

名词解释：地图符号

地图符号是指在图上表示制图对象空间分布、数量、质量等特征的标志和信息载体，包括线划符号、色彩图形和注记。根据其几何特征，地图符号可以分为点状符号、线状符号和面状符号。点状符号用于表示可以在地图上忽略其实际大小或可视为点状的小面积地物，如村庄、城市、气象站点等。线状符号用于表示在地图上呈线性伸展的地物，如道路、河流、管线等。线状地物的实际长度须依比例尺表示，而宽度不用按比例尺表示，属于半依比例符号。面状符号用于表示呈面状分布的地物或地理现象，在地图上各个方向都须依比例尺对其进行表示，常见的面状地物有行政区、湖泊、植被覆盖等。地图符号的选择往往与制图的需要有关，如在一个小比例尺的地图上城市可以用点状地物表示，而在大比例尺的地图上则需要用面状地物表示。

① 双击气象站点图层的地图符号；

② 在弹出的“符号选择器”（“Symbol Selector”）窗口中，样式列表中选择“圆形 1”（“Circle 1”）地图符号；

③ 颜色设置为“火星红”（“Mars　Red”）；

④ 大小设置为“6.00”；

⑤ 点击【确定】（【OK】）按钮；

⑥ 双击河流图层的地图符号；

⑦ 在弹出的“符号选择器”（“Symbol Selector”）窗口中，将样式设置为“河流”（“River”）；

⑧ 点击【确定】（【OK】）按钮；

⑨ 重复以上步骤按表 12-2 的参数分别设置对应图层的地图符号；

表 12-2　设置对应图层的地图符号

数据框	图层	地图符号参数
主图	边界	填充颜色：无颜色（“No Color”） 轮廓宽度：1 轮廓颜色：火星红（“Mars　Red”）
	冰川	填充颜色：克里特蓝色（“Cretan Blue”） 轮廓颜色：无颜色（“No Color”）
	湖泊	样式：“湖泊”（“Lake”）
	掩膜	填充颜色：灰色 60%（“Gray 60%”） 轮廓颜色：灰色 60%（“Gray 60%”）
亚洲	border	填充颜色：火星红（“Mars　Red”） 轮廓颜色：无颜色（“No Color”）
	Asia	填充颜色：无颜色（“No Color”） 轮廓宽度：0.6 轮廓颜色：黑色（“Black”）

⑩ 在内容列表框中，双击 DEM 图层名称，打开“图层属性”（“Layer Properties”）窗口；

⑪ 单击“符号系统”（“Symbology”）选项卡；

⑫ 右键单击“色带（R）:”（“Color Ramp:”）下拉菜单；

⑬ 单击“图形视图（G）”（“Graphic View”），取消默认的“图形视图（G）”（“Graphic View”）选项；

⑭ 再次单击“色带（R）:”（“Color Ramp:”）下拉菜单；

⑮ 选择“高程 #1”（“Elevation 1”）；

⑯ 单击【确定】（【OK】）按钮。

实例 12-4 透明度设置

① 通过拖拽调整图层顺序；

② 在“内容列表”（“Table Of Contents”）窗口中，双击 DEM 图层名称，将打开“图层属性”（“Layer Properties”）窗口；

③ 单击“显示”（“Display”）选项卡；

④ 将“透明度（N）:”（“Transarency:”）设置为“45%”；

⑤ 单击【确定】（【OK】）按钮；

⑥ 重复②～⑤步，将“掩膜”图层的“透明度（N）:”（“Transarency:”）设置为“40%”。

实例 12-5 布局设置

① 点击菜单栏上的“视图（V）”（“View”）菜单；

② 在“视图（V）”（“View”）的下拉菜单中单击【布局视图（L）】（【Layout View】）菜单命令，此时，将切换至布局视图；

③ 点击菜单栏上的“文件（F）”（“File”）菜单；

④ 在“文件（F）”（“File”）下拉菜单中选择【页面和打印设置（U）…】（【Page and Print Setup】）菜单命令；

⑤ 在打开的“页面和打印设置（U）”（【Page and Print Setup】）窗口中“地图页面大小”（“Map Page Size”）部分点击“使用打印机纸张设置（P）”（“Use Printer Paper Settings”）前的选择按钮，取消该选择；

⑥ 把“宽度（W）:”（“Width:”）和“高度（H）:”（“Height:”）分别设置为 19.1 厘米和 11.6 厘米；

⑦ 单击【确定】（【OK】）按钮；

⑧ 如果“布局”（“Layout”）工具栏已经打开，跳过该步骤，否则右键点击菜单栏的空白处；

⑨ 在弹出的快捷菜单中选中“布局”（“Layout”）菜单命令；

⑩ 在“布局”（“Layout”）工具栏中选择缩放比例为“50%”；

⑪ 在“内容列表”（“Table Of Contents”）窗口中右键点击“主图”数据框，也可以在地图窗口中右键点击“主图”数据框；

⑫ 在弹出的快捷菜单中选择【属性（I）…】（【Properties…】）菜单命令；

⑬ 在“数据框属性”（“Data Frame Properties”）窗口中，单击选择“大小和位置”（“Size and Position”）选项卡；

⑭“X:”设置为“0.05cm”，“Y:”设置为“0.05cm”，“宽度”（“Width:”）设置为“19cm”，“高度（H）:”（“Height:”）设置为“11.5cm”；

⑮ 单击【确定】（【OK】）按钮；

⑯ 按照步骤⑪～⑯的方法把“亚洲”数据框大小和位置按表12-13参数进行设置；

表12-3 数据框的大小和位置参数

数据框	大小和位置参数
亚洲	X:14.2 cm Y:8 cm 宽度:4.8 cm 高度:3.5 cm

⑰ 右键点击“亚洲”数据框；

⑱ 在弹出的快捷菜单中选择【属性（I）…】（【Properties…】）菜单命令；

⑲在“数据框属性”（“Data Frame Properties”）窗口中选择“框架”（“Frame”）选项卡；

⑳ 单击“背景”（“Background”）颜色下拉菜单，将背景色设置为“白色”（“White”）；

㉑ 单击【确定】（【OK】）按钮。

12.2 格网设置

实例12-6 格网设置

如果“主图”数据框不是活动数据框执行①、②两步，否则跳过这两步。

① 右键点击“主图”数据框；

② 在弹出的快捷菜单中选择【激活（A）】（【Activate】）菜单命令，使“主图”数据框为当前活动数据框；

③ 双击内容列表框中的“主图”数据框；

④ 在弹出的“数据框属性”（“Data Frame Properties”）窗口中单击选中“格网”（“Grids”）选项卡；

⑤ 点击【新建格网（N）…】（【New Grid…】）按钮；

⑥ 在“格网和经纬网向导”（“Grids and Graticules Wizard”）窗口中，一直点击【下一步（N）〉】（【Next】）按钮，直至最后一步，点击【完成（F）】（【Finish】）按钮，创建具有默认选项值的格网；

⑦ 点击“数据框属性”（“Data Frame Properties”）窗口的【属性（R）…】“【Properties…】”按钮；

⑧ 在“参考系统属性”（“Reference System Properties”）窗口中点击选中“轴”（“Axes”）选项卡；

⑨ 选中“显示数据框内部的刻度”（“Display ticks inside of the datafram”）；

⑩ 在“参考系统属性”（“Reference System Properties”）窗口中点击选中“标注”（“Labels”）选项卡；

⑪ 将“大小：”（“Size：”）设置为“6”，将“标注偏移：”（“Label Offset：”）设置为“－6”磅；

⑫ 点击【其他属性…】（【Additional Properties …】）按钮；

⑬ 在“格网标注属性”（“Grid Label Properties”）窗口中，取消“显示零分”（“Show Zero Minutes”）选项；

⑭ 在“格网标注属性”（“Grid Label Properties”）窗口中，取消“显示零秒”（“Show Zero Seconds”）选项；

⑮ 点击“格网标注属性”（“Grid Label Properties”）窗口中的【确定】（【OK】）按钮；

⑯ 在“参考系统属性”（“Reference System Properties”）窗口中点击选中“线”（“Lines”）选项卡；

⑰ 单击选中“不显示线和刻度”（“Do Not Show Lines or Ticks”）选项；

⑱ 点击【确定】（【OK】）按钮。

12.3 图例设置

名词解释：图例

图例是地图上各种地理要素的表示方式说明，图例往往是地图的必要构成要素，它有利于地图使用者使用地图。

实例 12-7 插入图例

① 点击菜单栏上的“插入（I）”（“Insert”）菜单；

② 在“插入（I）”（“Insert”）菜单的下拉菜单中单击【图例（L）…】（【Legend…】）菜单命令；

③ 在“图例向导”（“Legend Wizard”）窗口中“图例项”（“Legend Items”）中

选择“边界”；

④ 点击移除按钮；

⑤ 重复③与④步，将“掩膜”、“DEM”、“山体阴影”等图例项删除；

⑥ 点击【下一步（N）〉】（【Next】）按钮；

⑦ 点击【下一步（N）〉】（【Next】）按钮；

⑧ 点击【下一步（N）〉】（【Next】）按钮；

⑨ 选中“河流”图例项；

⑩ 点击“线：”（“Line：”）右侧下拉选项卡，将“线：”（“Line：”）设置为“流水”（“Flowing Water”）；

⑪ 选中“冰川”图例项；

⑫ 点击“面积：”（“Area：”）右侧下拉选项卡，将“面积：”（“Area：”）设置为“自然区域”（“Natural Area”）；

⑬ 点击【下一步（N）〉】（【Next】）；

⑭ 点击【完成】（【Finish】）按钮。

实例 12-8　自定义图例

① 右键点击“图例”框；

② 在弹出的快捷菜单中选择【属性（I）…】（【Properties…】）菜单命令；

③ 点击选中“大小和位置”（“Size and Position”）选项卡；

④“X:”设置为“1.1cm”，“Y:”设置为“0.9cm”，“宽度”（“Width:”）设置为“2.6cm”，“高度（H）:”（“Height:”）设置为“3.2241cm”；

⑤ 点击选中“框架”（“Frame”）选项卡；

⑥ 在“背景”（“Background”）下拉菜单中选择“黄色”（“Yellow”）；

⑦“间距”（“Gap”）设置为：“X”：5 磅，“Y”：5 磅；

⑧ 单击【确定】（【OK】）按钮。

实例 12-9　比例尺设置

名词解释：比例尺

比例尺可以简单理解为图上一条线段的长度与地面相应线段的实际长度之比。比例尺有三种表示方法：数值比例尺、图示比例尺和文字比例尺。在建筑和工程部门，地图按比例尺可以划分为：

大比例尺地图：1∶500、1∶1000、1∶2000、1∶5000 和 1∶1 万的地图；

中比例尺地图：1∶2.5 万、1∶5 万、1∶10 万的地图；

小比例尺地图：1∶25 万、1∶50 万、1∶100 万的地图。

① 右键点击“主图”数据框；

② 在弹出的快捷菜单中选择【激活（A）】（【Activate】）菜单命令，使“主图”数据框为当前活动数据框；

③ 在“标准工具”（“Standard”）栏的比例尺设置处输入“1：5，362，719”，回车确定；

④ 重复①～③步，将“亚洲”数据框的比例尺都设置为“1：300，000，000”；

⑤ 激活不同的数据框，通过平移工具将各个图层拖放至合适位置；

⑥ 如步骤①与②激活“主图”数据框；

⑦ 点击菜单栏上的“插入（I）”（“Insert”）菜单；

⑧ 在“插入（I）”（“Insert”）菜单的下拉菜单中单击【比例尺（S）…】（【Scale Bar…】）菜单命令；

⑨ 在“比例尺选择器”（“Scale Bar Selector”）窗口中选择“黑白相间比例尺 2”（“Alternating Scale Bar 2”）；

⑩ 单击【确定】（【OK】）按钮；

⑪ 确保当前工具为“选择元素”（“Select Elements”）工具，双击刚插入到布局窗口中的比例尺符号；

⑫ 在弹出的“设置比例尺属性”（“Alternating Scale Bar Properties”）窗口中，单击选择“比例和单位”（“Scale and Units”）选项卡；

⑬ 将“主刻度数（V）：”（“Number of divisions：”）设置为“2”，“分刻度数（S）：”（“Number of subdivisions：”）设置为“0”，“主刻度单位（D）：”（“Division Units：”）设置为“千米”，“标注（L）：”（“Label：”）设置为“千米”；

⑭ 单击选中“数字和刻度”（“Numbers and Marks”）选项卡；

⑮ 单击“频数（F）：”（“Frequency：”）下拉框，选中“分割”（“divisions”）；

⑯ 单击选中“格式”（“Format”）选项卡；

⑰ 将文本“大小（S）：”（“Size：”）设置为“12”；

⑱ 单击选中“大小和位置”（“Szie and Position”）选项卡；

⑲ “X：”设置为“6cm”，“Y：”设置为“0.8cm”，“宽度”（“Width：”）设置为“5cm”，“高度（H）”（“Height：”）设置为“1cm”；

⑳ 点击选中“框架”（“Frame”）选项卡；

㉑ 在“背景”（“Background”）下拉菜单中选择“黄色”（“Yellow”）；

㉒ “间距”（“Gap”）设置为：“X”：2 磅，“Y”：2 磅；

㉓ 单击【确定】（【OK】）按钮。

12.4 地图整饰

实例 12-10 地图整饰

① 如果“绘图”（“Draw”）工具栏已经打开，跳过该步骤，否则右键点击菜单栏

的空白处；

② 在弹出的快捷菜单中选中【绘图】(【Draw】) 菜单命令；

③ 在“绘图”(“Draw”) 工具栏上点击选中“文本”(“Text”) 图标；

④ 在地图右上角亚洲地图上单击鼠标，在地图其他位置再次单击后，再在地图上刚出现的“文本”两个字上双击；

⑤ 在文本“属性”(“Properties”) 窗口中的文本区输入“亚洲”；

⑥ 单击文本“属性”(“Properties”) 窗口中的【更改符号（C）…】(【Change Symb-ol…】) 按钮；

⑦ 在弹出的“符号选择器”(“Symbol Selector”) 窗口中将字体“大小（S）:”(“Size:”) 设置为“10”；

⑧ 单击“符号选择器”(“Symbol Selector”) 窗口中的【确定】(【OK】) 按钮；

⑨ 在“属性”(“Properties”) 窗口中将“字符间距”(“Character spacing”) 设置为 100；

⑩ 单击文本“属性”(“Properties”) 窗口中的【确定】(【OK】) 按钮；

⑪ 通过拖拽将放置文本；

⑫ 点击“绘图”(“Draw”) 工具栏上“文本”(“Text”) 图标右侧的下拉箭头；

⑬ 在下拉框里选择【注释】(【Callout】) 菜单命令；

⑭ 点击右上角亚洲地图的红色区域（祁连山区），删除已有文字，输入“研究区”；

⑮ 点击“绘图”(“Draw”) 工具栏上“填充颜色”(“Fill Color”) 图标右侧的下拉箭头；

⑯ 在下拉框里选择“无颜色”(“No Color”)；

⑰ 通过拖拽调整注释文字。

⑱ 重复③～⑪步，在主图的中间输入“祁连山”，字体大小设置为：48，“字符间距”(“Character spacing”) 设置为：200，“角度”(“Angle”) 设置为：340，字体颜色设置为：白色（“White”），拖放文本至适当位置

⑲ 右键点击“内容列表”(“Table Of Content”) 窗口中的“湖泊”图层；

⑳ 在弹出的快捷菜单中选择【标注要素（L）】(【Label Features】) 菜单命令以标注湖泊名称。

12.5 地图输出

实例 12-11 地图导出

① 点击“文件（F）”(“File”) 菜单；

② 选择【导出地图（E）…】(【Export Map】) 菜单命令；

③ 在“导出地图”（“Export Map”）窗口中可以选择导出地图的位置，设置文件的名称、类型、分辨率等，在此，将“保存类型（T）：”（“Save as Type：”）设置为“TIFF”，“分辨率（R）：”（“Resolution：”）设置为“300dpi”；

④ 单击【保存（S）】（【Save】）按钮。

实例 12-12　地图打印

为保证能正确的打印需要事先装好打印机的驱动程序并连接好打印机。

① 点击“文件（F）”（“File”）菜单；

② 选择【打印（P）…】（【Print…】）菜单命令；

③ 在弹出的“打印”（“Print”）窗口中可以设置打印机、打印份数等参数，单击【确定】（【OK】）按钮进行打印。

小 结

本章主要介绍了地图布局设置的内容与方法、网格设置的方法、地图图例的设置方法、地图整饰的方法和地图输出的方法。其中地图布局设置的内容与方法和地图图例的设置方法是本章学习的重点。

重要概念

比例尺

比例尺可以简单理解为图上一条线段的长度与地面相应线段的实际长度之比。比例尺有三种表示方法：数值比例尺、图示比例尺和文字比例尺。在建筑和工程部门，地图按比例尺可以划分为：

大比例尺地图：1∶500、1∶1000、1∶2000、1∶5000和1∶1万的地图；

中比例尺地图：1∶2.5万、1∶5万、1∶10万的地图；

小比例尺地图：1∶25万、1∶50万、1∶100万的地图。

地理空间数据

地理空间数据是指包含有地理空间位置的数据，为描述地物或地理现象的数量、质量、运动状态、分布特征、联系和规律的数字、文字、图像、图形等。地理空间数据有两种常见的组织存储方式：矢量数据、栅格数据。矢量数据采用一系列的x，y坐标来存储信息，根据数据的几何特征，矢量数据又分为点数据、线数据和面（多边形）数据，它们分别由点状地物、线状地物和面状地物组成。shapefile格式的数据即为一种常见的矢量数据格式。ArcGIS中的要素（Feature）即表示矢量数据类型。栅格数据，将空间数据表示为一系列像元或像素，每个像元具有一定的属性值，最终把整个栅格存储为一个数字阵列。常用的栅格有遥感影像、空间数据插值的结果等。ArcGIS中的栅格（Raster）即表示栅格数据类型。

地图

地图是根据一定的数学法则，使用地图语言，通过制图综合，将地球（或其他星体）上的自然或人文现象表现在平面上，反映这些现象的空间分布、组合、联系、数量和质量特征及其在时间中的发展变化。

ArcGIS中把各种地物表示成点、线和面状图层，通过图层的叠加来表示一幅地图。

地图符号

地图符号是指在图上表示制图对象空间分布、数量、质量等特征的标志和信息载体，包括线划符号、色彩图形和注记。根据其几何特征，地图符号可以分为点状符号、线状符号和面状符号。点状符号用于表示可以在地图上忽略其实际大小或可视为点状的小面积地物，如村庄、城市、气象站点等。线状符号用于表示在地图上呈线性伸展的地物，如道路、河流、管线等。线状地物的实际长度须依比例尺表示，而宽度不用按比例尺表示，属于半依比例符号。面状符号用于表示呈面状分布的地物或地理现象，在地图上各个方向都须依比例尺对其进行表示，常见的面状地物有行政区、湖泊、植被覆盖等。地图符号的选择往往与制图的需要有关，如在一个小比例尺的地图上城市可以用点状地物表示，而在大比例尺的地图上则需要用面状地物表示。

地图配准

栅格数据如扫描的地图，默认的坐标系统为行列坐标系统，即用行数和列数来表示任意一个栅格的位置，为了使栅格数据上的任意一个栅格都能有地理坐标，就需要为其指定地理坐标系统，这个过程称为地图配准。具体包括建立控制点列表，即已知地理坐标的栅格点列表，通过这套栅格点行列坐标与地理坐标的关系创建方程，再用该方程将所有行列坐标转换为地理坐标，即校正，来完成地图配准过程。

地图投影

地图投影是从地球曲面到平面的转化，转换过程往往要依据一定的数学规则，以建立起球面到平面的一一映射关系。地图投影方法很多，但是在投影过程中都会发生不同程度的变形，根据其变形性质的不同，可以将地图投影分为三类：第一类，等角投影。此类投影中，投影面与地球椭球表面上相应的夹角相等，使地物形状在投影后得以较好保持，但是地物长度、面积因地而异的变形较大。第二类，等积投影。投影前后地物的面积相等，但是图形的轮廓形状发生了较大的变化。第三类，任意投影。投影后角度、面积和长度均发生变形。其中有一种所谓的“等距投影”能够保持一个方向上的长度不变性质。投影类型及参数的选择往往要根据研究的需要以及地物的空间位置、大小、形状进行选择。常用的地图投影有西安 80 投影、北京 54 投影、克拉索夫斯基投影等。

GIS

GIS 是地理信息系统（Geographic Information Systems）的英文缩写，它是在计算机软、硬件系统支持下，对地理数据进行采集、存储、管理、处理、分析、显示和输出的技术系统。

个人地理数据库（Personal Geodatabase）

个人地理数据库（Personal Geodatabase）是一个基于微软 Access 的数据库格式的数据库，它可以用来存储、查询和管理空间数据和非空间数据。因为它们以 Access 的数据库格式进行存储，所以个人地理数据库的文件最大不能超过 2GB。另外，个人地理数据库不允许多个用户同时对其进行编辑。

缓冲区（Buffer）

缓冲区是某一地物或地理现象的影响或服务范围。如某一超市的服务区为其周围 2 公里。

缓冲区分析（Buffer Analysis）

缓冲区分析是指根据分析对象（可以是点状、线状或面状），在其周围建立一定距离的带状区，用以识别该对象对邻近区域的辐射和影响范围，以便为某项分析或决策提供依据。如当我们要进行道路扩建时，我们就需要进行缓冲区分析以便确定哪些住户应当拆迁。

记录

记录是某一事物（数据库术语为实体）一组属性值的集合，如城市的属性包括名称、面积、人口，那么“北京市”，“16410.54”平方千米，“2170”万人这组属性值就构成了一条记录。

金字塔（Pyramid）

金字塔（Pyramid）是提高栅格数据显示速度的一种方法。它通过重采样的方式获取高空间分辨率栅格数据的低分辨率版本，这些不同的低分辨率的数据构成一个集合。根据检索时所指定的分辨率去调取合适分辨率的数据，而不是每次都调用最高分辨率的数据，从而起到提高加载速度的效果。

空间插值

空间插值是用已知点的数值来估算未知点的数值的过程。例如，我们需要知道某一区域内任意点的温度与降水值，但是除了气象站点处有观测值其他地方并没有观测值，这时就可以用空间插值的方法来估算没有气象站点处的温度和降水值。空间插值的方法可以分成两类：全局方法和局部方法。这两种方法的区别在于控制点的使用，控制点就是数值已知的点。全局方法利用所有控制点来估算未知点的数值，即未知点的值受到所有控制点的影响，局部方法仅利用部分控制点来估算未知点的数值，即未知点的值仅受到局部控制点的影响。

shapefile 文件

Shapefile 文件是由 ESRI 公司开发的用于描述空间数据的几何和属性特征的非拓扑实体矢量数据结构的一种格式。

一个 Shapefile 文件至少包括三个文件。

主文件（*.shp)：存储地理要素的几何图形的文件，它是一个直接存取，变长记录的文件。

索引文件（*.shx)：存储图形要素与属性信息索引的文件。

dBASE 表文件（*.dbf)：存储要素信息属性的 dBase 表文件。

除此之外还有可选的文件包括：

空间参考文件（*.prj)、几何体的空间索引文件（*.sbn 和 *.sbx)、只读的 Shapefiles 的几何体的空间索引文件（*.fbn 和 *.fbx)、列表中活动字段的属性索引（*.ain 和 *.aih)、可读写 Shapefile 文件的地理编码索引（.ixs)、可读写 Shapefile 文件的地理编码索引（ODB 格式）（*.mxs)、dbf 文件的属性索引（*.atx)、以 XML 格式保存元数据（*.shp.xml)、用于描述 .dbf 文件的代码页，指明其使用的字符编码的描述文件（*.cpg）。

属性数据

属性数据与空间数据相对应，空间数据用于描述地物的空间位置、几何特征等，而属性数据用于描述地物的非空间信息如数量、种类、名称等。

数字化

数字化是将数据由模拟格式转化成数字格式的过程。使用数字化仪进行的数字化通常也称为手扶跟踪数字化。当前常采用的是屏幕数字化，即把纸质地图或影像进行扫描，将扫描后的图作为底图，在电脑上对地物进行跟踪提取。

图层

图层是 ArcGIS 中的数据组织方法，把各种地物表示成点、线和面状图层，通过图层的叠加来表示一幅地图。

图例

图例是地图上各种地理要素的表示方式说明，图例往往是地图的必要构成要素，它有利于地图使用者使用地图。

要素

要素即地物，与属性表中的记录相对应，一个要素对应一个地物。

字段

字段表示某一事物的一个属性，如城市的名称即为城市的一个属性，用数据库的术语来表述即为城市这个表的一个字段为“名称”。

坐标系

在定位地球表面某点的位置时，栅格数据与矢量数据都依赖 x、y 值。存储数据集的数值和单位的选择称为坐标系（Coordinate System）。根据坐标系的参考系不同可以分为地理坐标系（Geographic Coordinate System，GCS）和平面坐标系统（Projected Coordinate System）。ArcGIS 支持不同坐标系的相互转换。

参 考 文 献

[1] 刘南，刘仁义．地理信息系统．北京：高等教育出版社，2002.

[2] Maribeth Price（美），李玉龙等译．ArcGIS 地理信息系统教程．第5版．北京：电子工业出版社，2012.

[3] Kang-tsung Chang（美），陈健飞等译．地理信息系统导论．北京：科学出版社，2003.

[4] 黄杏元，马劲松，汤勤．地理信息系统概论．修订版．北京：高等教育出版社，2001.

[5] 边馥苓．地理信息系统原理和方法．北京：测绘出版社，1996.

[6] ESRI 公司．ArcGIS10.1 产品白皮书．http：//download. esrichina. com. cn/bps/ArcGIS10.1 产品白皮书．pdf.

[7] 百度百科 ． 地 图 ．http：//baike. baidu. com/link？ url ＝ XVeZXabBxtJUWoORKm6t6u6s1U8h9olBsWd5hXFJiD6ZBelJTyHrI9quSye9M3NrC7xpDTHjNb7JnmXSS-LtWQTtZaYXM _ -nsrZTsBcyL6i.

[8] 刘沁萍，田洪阵，杨永春．基于 GIS 和遥感的中国城市分布与自然环境关系的定量研究［J］地理科学．2012，32（6）：686-693.

[9] Hongzhen TIAN，Taibao YANG，Hui LV，Chengxiu LI，Yingbin HE，2016. Climate Change and Glacier Area Variations in China during the Past Half Century. Journal of Mountain Science，12（8）：1345-1357.

[10] Hongzhen TIAN，Taibao YANG，Qinping LIU，2014. Climate Change and Glacier Area Shrinkage in the Qilian Mountains，China，from 1956 to 2010. Annals of Glaciology，55（66）：187-197.

[11] Qinping LIU，Yongchun YANG，Hongzhen TIAN，Bo Zhang，Lei GU，2014. Assessment of Human Impacts on Vegetation in Built-up Areas in China Based on AVHRR，MODIS and DMSP _ OLS Nighttime Light Data，1992-2010. Chinese Geographical Science，24（2）：231-244.